工 科 系
量 子 力 学

慶應義塾大学名誉教授
工学博士

椎 木 一 夫 著

裳 華 房

QUANTUM MECHANICS FOR ENGINEERING

by

Kazuo SHIIKI, Dr. Eng.

SHOKABO

TOKYO

序

　大学で教えてみると，量子力学はむずかしいというのが学生の大方の感想である．量子力学に興味をもっていても，SF的な面白さを期待して授業を受ける学生にとって，量子力学に現れる微分方程式や行列などの数式は耐え難いものらしい．しかも，量子力学の概念は日常生活からかけ離れたところがあるので，直感的にも受け入れにくく，とっつきが悪いと思われる．ただでさえ学生の物理離れが言われる中，量子力学は敬遠されがちな学問になりつつある．一方，著者が長年勤めた企業の工学分野においては，量子力学の知識はますます重要なものとなっている．日本の地盤沈下をくい止め，国際的な競争力をつけるには，量子力学のような基礎的な学問を身につけることが必須と考えられる．

　そこで，この本では工学系の学生向け教科書として，主に2つのことを目指した．まず，本書の前半はできるだけやさしい説明に努め，量子力学が嫌いにならないように，少しでも興味をもってもらえるように考えたつもりである．たとえば，理解に必要となる数学は本書の中で簡単に復習し，数学の理解不足が量子力学嫌いに結びつかないようにした．つぎに後半には，実際に役立てるために必要となる高度な内容を盛り込んだが，数式の変形はできるだけ省略せずに，自分がノートで式変形するように書いたつもりである．これは勉強の途中で挫折したとしても，量子力学が必要になったときに読み返して自習できるようにと考えたからである．

　この本の内容は，通年，およそ25回にわたる授業の講義ノートからおこし，インターネットで公開し，ご批判を仰いだ原稿をもとにしている．また，大学院生の長谷場幸雄氏，海住英生氏には，通読をお願いし，誤りの修正に務めた．ここにご協力頂いた皆様に厚くお礼申し上げたい．しかし未だ

不十分の点も多いと思われる．内容の不備な点について読者のご批判をお願いしたい．

2002 年 12 月

著者しるす

目　　次

1. はじめに ・・・・・・・・・・・・・・・1

2. 波でもあるし粒子でもある量子力学的存在

§2.1　光は波でもあるし，
　　　粒子でもある　・・・・6
§2.2　電子は粒子でもあるし，
　　　波でもある　・・・・・9
§2.3　粒子と同時に波であることを
　　　表す数学　・・・・・・10
§2.4　量子力学的存在　・・・・12
問　題　・・・・・・・・・・・13

3. 粒子の状態を表すにはどうすればよいか

§3.1　量子力学の世界を支配する
　　　方程式をみつける　・・15
§3.2　量子力学の世界を支配する
　　　方程式の意味と拡張　・・19
§3.3　やさしい"シュレーディンガー
　　　方程式の作り方"　・・・21
　3.3.1　シュレーディンガー方程式
　　　　を作るには　・・・・・21
　3.3.2　1個の自由電子に対する
　　　　シュレーディンガー方程式
　　　　・・・・・・・・・・22
　3.3.3　水素原子に対するシュレー
　　　　ディンガー方程式　・・23
　3.3.4　ヘリウム原子に対する
　　　　シュレーディンガー方程式
　　　　・・・・・・・・・・24
§3.4　時間を含むシュレーディンガー
　　　方程式への拡張　・・・25
問　題　・・・・・・・・・・・28

4. 物理量はどのように表されるか

§4.1　波動関数の意味　・・・・・29
§4.2　実験との対応　・・・・・・31

§4.3 波動関数の性質 ・・・・・33
§4.4 物理量を表すには
　　　どうしたらいいか ・・・35
問　題 ・・・・・・・・・・・39

5.　箱の中に閉じ込められた粒子

§5.1 1次元の箱に閉じ込められた
　　　1つの粒子 ・・・・・40
　5.1.1 シュレーディンガー方程式
　　　　とその解 ・・・・・40
　5.1.2 波動関数の規格化と直交性
　　　　・・・・・・・・・46
　5.1.3 粒子の位置と運動量 ・・48
§5.2 閉じ込められた粒子は動き回る
　　　・・・・・・・・・・50
§5.3 ポテンシャルエネルギーの
　　　高さが有限の場合 ・・・51
問　題 ・・・・・・・・・・・54

6.　同種粒子は区別できない

§6.1 1次元の箱に閉じ込められた
　　　複数個の粒子 ・・・・・55
§6.2 フェルミ粒子とボース粒子・57
§6.3 パウリの原理とボース凝縮・60
§6.4 箱の中に閉じ込められた粒子
　　　のエネルギー準位 ・・・63
問　題 ・・・・・・・・・・・67

7.　物理量を表す演算子

§7.1 演算子と交換関係 ・・・・68
§7.2 物理量演算子の性質 ・・・72
§7.3 固有値の意味 ・・・・・・74
§7.4 交換子の演算規則 ・・・・77
問　題 ・・・・・・・・・・・79

8.　角運動量とスピン

§8.1 角運動量と角運動量演算子・80
§8.2 角運動量演算子から
　　　スピンを導く ・・・・・85
§8.3 磁石の素 ・・・・・・・・91
問　題 ・・・・・・・・・・・93

9. 量子力学は物理量の値を決められない

- §9.1 プランク定数の意味 ・・・94
- §9.2 不確定性原理 ・・・・・・95
  - 9.2.1 不確定性関係 ・・・・96
  - 9.2.2 光学レンズの分解能 ・100
  - 9.2.3 バネ系のエネルギー ・101
  - 9.2.4 1次元の箱の中に閉じ込められた粒子 ・・・・102
- §9.3 軌道概念の否定 ・・・・・103
- §9.4 不確定性原理のフーリエ変換を使った説明 ・・・・・105
- 問題 ・・・・・・・・・・・・106

10. 結晶の中の粒子に対する簡単なモデル

- §10.1 1次元格子中の自由粒子モデル ・・・108
- §10.2 状態密度 ・・・・・・・114
- §10.3 超伝導体では，なぜ抵抗なしに電流が流れるか ・・116
- 問題 ・・・・・・・・・・・・119

11. 解析力学の方法

- §11.1 最小作用の原理 ・・・・120
- §11.2 一般化座標と一般化運動量 ・・・・・・・・・・・123
- §11.3 磁場中の荷電粒子に対するハミルトニアン ・・・126
- 問題 ・・・・・・・・・・・・129

12. 水素原子の問題(I)

- §12.1 原子の状態 ・・・・・・131
- §12.2 極座標で表したシュレーディンガー方程式 ・・・132
- §12.3 変数分離による解法 ・・135
- §12.4 角運動量と球面調和関数 ・138
  - 12.4.1 角度変数 ϕ に関する微分方程式の解 ・・138
  - 12.4.2 角度変数 θ に関する微分方程式の解 ・・139
  - 12.4.3 球面調和関数と角運動量 ・・・・・・・・142
- 問題 ・・・・・・・・・・・・144

13. 水素原子の問題(II)

§13.1 動径波動関数 ・・・・・145
 13.1.1 動径シュレーディンガー方程式 ・・・・・145
 13.1.2 動径波動関数とエネルギー準位 ・・148
§13.2 水素原子のエネルギー準位 ・・・・・・・・・・150
問題 ・・・・・・・・・・155

14. 量子力学の近似解法(I)(摂動論)

§14.1 定常で縮退がない場合の摂動近似 ・・・・・156
 14.1.1 摂動近似の方法 ・・・156
 14.1.2 定常で縮退がない場合の1次摂動近似 ・・・158
 14.1.3 定常で縮退がない場合の2次摂動近似 ・・・162
§14.2 ヘリウム原子の電子状態（摂動近似）・・・・164
§14.3 定常で縮退がある場合の摂動近似 ・・・・・167
§14.4 遷移確率(非定常的な場合の摂動近似)・・・・・170
問題 ・・・・・・・・・・174

15. 量子力学の近似解法(II)(変分法)

§15.1 変分原理と変分法 ・・・175
§15.2 ヘリウム原子の電子状態（変分法）・・・・178
§15.3 ハイトラー–ロンドンの方法 ・・・・・・・・・・181
§15.4 水素分子の電子状態（ハイトラー–ロンドン法）・・・・・・・・・・183
問題 ・・・・・・・・・・187

16. 散乱の問題

§16.1 散乱断面積 ・・・・・188
§16.2 中心力場による散乱 ・・191
§16.3 グリーン関数による解法 ・197
問題 ・・・・・・・・・・202

17. 行列力学の基礎

§17.1 ディラックの表記法 ・・203
§17.2 行列力学 ・・・・・・・206
問 題 ・・・・・・・・・・・212

18. さらに奥深く量子力学を学ぶために

§18.1 場の演算子 ・・・・・・213
 18.1.1 物理量の交換関係による定義 ・・・・・・・213
 18.1.2 ボース粒子の生成・消滅演算子 ・・215
 18.1.3 フェルミ粒子の生成・消滅演算子 ・217
§18.2 生成・消滅演算子の応用例 ・・・・・・・・・・221
§18.3 ボゴリューボフ変換 ・・224
問 題 ・・・・・・・・・・・227

付録

A1. ハイゼンベルクの運動方程式 ・・・・・・・・・・228
A2. 水素原子の問題に現れる微分方程式 ・・・・230
 A2.1 球面調和関数の固有値 ・230
 A2.2 動径シュレーディンガー方程式の解 ・・・・233
A3. 摂動論の例題 ・・・・・・237
 A3.1 一様な電場中に置かれた水素原子(基底状態) ・237
 A3.2 一様な電場中に置かれた水素原子(励起状態) ・240

参考書 ・・・・・・・・・・・・・・・242
索 引 ・・・・・・・・・・・・・・・243

1
はじめに

　この本は応用物理学系の工学部2年生が学ぶ量子力学の入門用教科書として書かれている．したがって，大学1年生の物理学および数学の知識を一応前提としている．しかし，できるだけ基礎に立ち返った説明に心がけ，予備知識がなくてもある程度わかるようにした．波動の式や微分方程式，フーリエ変換など，もし習っていないことや忘れてしまったことが出てきたとしても，読み進めて大丈夫なようにしてある．あまり細かいことにこだわらず，とりあえず60%理解できれば先に進むことをおすすめする．わからないことは時間があるときに復習してみてほしい．逆に，十分な基礎知識をもっている人には退屈な部分もあると思うが，その場合には読み飛ばしてもらいたい．また，入門者には必ずしも必要ないが知っておいた方がよいことは付録にまとめてあるので，余裕のある人は勉強してほしい．

　この本では章の最初に，そこで理解してもらいたい内容をポイントとして示した．章の内容すべてを完全に理解する必要はないので，ポイントに気をつけて読み進み，章の最後にポイントがわかったかどうかを自分でチェックしてもらいたい．

　さてこの本では，ちょっと奇妙な量子力学の世界を勉強する．量子力学は，光，電子や原子などのミクロな世界を理解する理論として，20世紀初

めに作られた．量子力学によれば，それ以前には説明できなかった非常に多くの実験事実を理解することができるので，今のところこの理論は正しいと信じられている．しかし，量子力学の言っていることは，一見すると奇妙で，日常の常識やわれわれの感覚とは合わない．そのため量子力学は取りつきにくい学問で，むずかしく理解しがたいと思われている．しかし，むしろわれわれの住む世界が自然界の特殊なケースと考えるべきなのである．そこで量子力学の勉強を始めるにあたって，まず今までもっていた常識にはとらわれないように注意しなければならない．

科学が進歩する仕組を図 1.1 に表してみた．まず，われわれは現象を観察し，それをどう解釈するか推測して仮説を立てる．たとえば，太陽や金星の動きを毎日観察し，「これらの天体は地球の周りを回っている」という仮説を立てるわけである．

つぎに，その仮説に基づいて実験や計算を行う．そこから得られる結果を観察結果と比較して，矛盾があれば仮説を立て直し，矛盾がなければ仮説をとりあえず法則とする．つまり，地球の周りを回っていると仮定して天体の

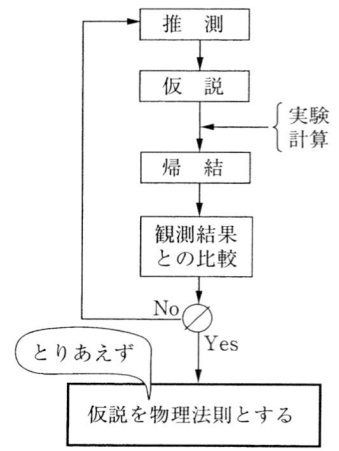

図 1.1　科学の進歩過程

位置を予測してみる．その結果が予測通りにならなければ，他の仮説，たとえば「地球や金星は太陽の周りを回っている」という仮説を立てて天体の位置を予測し，予測が観察結果と一致するかどうかを調べる．一致していれば，これを法則とするわけである．

しかし得られた法則だけを見てみると，それまでにわれわれがもっていた感覚とは一致しないこともある．昔の人にとっては，「太陽が地球の周りを回っている」ことは常識であって，「地球が太陽の周りを回っている」ことを理解するには時間がかかるのである．地球が丸くて宙に浮いていると考えるよりは世界には果てがあるとする方が考えやすい．現在われわれが真理を比較的容易に理解しているのは，経験によって頭が固くなる前の子供時代に行われた教育の成果である．もう一度幼児にもどって，素直な心で量子力学を受け入れてもらいたい．

ただし，得られた物理法則が正しいということは決して証明できない．量子力学の前に作られた力学，通常，古典力学またはニュートン力学と呼ばれている力学は，およそ300年の間，身のまわりの自然現象をよく説明できたので物理法則として信じられてきた．たとえば，土星の軌道計算の結果と観測結果との比較から，海王星の存在を予言したことは古典力学の輝かしい成果である．しかしながら，溶鉱炉の光の色から炉の温度を決めたり，原子核の周りの電子の運動などを理解することなど，ミクロな世界に関することは，どうもうまくいかなかった．逆に巨大な世界においても，水星の軌道についての計算結果と観察結果のわずかな相違は未発見の惑星（たとえば，ちょうど地球と太陽を挟んで反対側にあるために観察できないとされる"第十番惑星"）によっては説明できず，新しい学問（相対論）による説明が必要であった．現在の量子力学も実は正しくなくて，近似的にしか成り立たないということが明らかになるときが将来あるかもしれない．

物理は必ずしも真理を明らかにしてくれるわけではないし，われわれは必ずしも真理を知らなくてはならないわけでもない．ただ，物理はより簡単で

もっともらしい原理から複雑な現象を説明し，少ない仮定から多くの現象を理解することができる．原子や電子から，鉄の塊と窒素ガスなど，見かけ上全く違うものを統一的に理解できる．原子や電子は素粒子によって統一的に理解される．すべてを統一的に理解できる理論は今のところまだないが，たとえ真理に到達できなくても物理をうまく使えば，新しい機能物質を作り出したり，いろいろな現象をわれわれの生活に役立てることができるわけである．量子力学もむずかしい理屈がわからなくても，使いようによっては十分に役に立つ．

今では，古典力学を記述するニュートンの運動方程式は，ある条件下で近似的に成立するものであり，より厳密には量子力学や相対論が必要であることがわかっている．かといって，古典力学がもはや不必要であるということではもちろんない．古典力学が近似的に成立する場合は，古典力学の直感的で簡単な計算の方が，量子力学のわかりにくく面倒な計算よりはずっと役に立つ．これは，地球が丸いからといって必ずしも地図を球面上に描く必要はないのと同じである．普通は平面の地図の方が持ち運びに便利で直感的にわかりやすい．

ところが，観測範囲が広がり，特に光や原子，電子などのミクロな世界が開け，観測もより正確になってくると，古典力学では説明できない現象が数多く発見された．その結果考えられた新しい仮説が量子力学である．

その仮説は「波と粒子の二重性」と「不可弁別性」に集約される．（もっとも，この二つは互いに関係しているので，一つに集約されると考えた方が妥当かもしれない．） 波と粒子の二重性については第2章で述べるが，これはすべてのものが波の性質と粒子の性質をもっているとする仮説である．われわれには普通，海の波が海辺にころがっている石の塊と同じような性質を示すとは到底思えないが，量子力学の世界ではあらゆるものが波のように見え，同時に塊（粒子）として振舞う．これがミクロな世界の常識であるので，あきらめて素直に従わなければならない．

不可弁別性については第6章で勉強する．量子力学の世界では同じ種類の粒子（波）を区別できない．われわれの世界では，一口に女の人，男の人と言っても，それぞれに個性があって個人を区別することができるが，量子力学の世界では同じ種類の塊（波）はどれがどれだか区別できないのである．これも，すぐには受け入れがたいかもしれないが，認めることにしよう．

　この本では，昔にもどって量子力学が作られてきた過程を勉強することはしない．そこで，試行錯誤の結果得られた以上2つの量子力学の仮説を認めることから始めることになるが，それは今のところそう考えておけばミクロな世界を矛盾なく説明できる仮説だと気楽に考えて，日常世界の常識に合わないからといって，わからないとあきらめたり，悩んだりしないようにしてもらいたい．

　この本の目指すところは，皆さんにまず量子力学の世界になじんでもらうことである．したがって，数学的な厳密性に欠けていたり，物理的に必ずしも正確ではない書き方があるかもしれない．この本の前半，第2章から第10章は特に気楽にこの世界を楽しんでもらうようにした．後半，第11章から第18章の内容は，かなり高度なものであるのですべてを理解しなくてもよい．ここには筆者としては伝えたい内容を盛り込んだが，わからない点はとりあえず飛ばして，新しい知識を得ることを楽しんでもらいたい．そこで気が向けばさらに奥深く勉強してもらえばいいし，嫌になればそういう世界もあるのだということだけを心に刻んでもらえればいい．

　量子力学の世界がある程度理解できれば，われわれの世界を一層豊かなものにすることができる．先輩達はすでにこの世界を利用してLSI（大規模集積回路）などのデバイスを設計し高性能のコンピューターを作り出したし，自然には得られない新機能材料の設計を行っている．

　では，われわれの前に新しい世界が開けることを夢見て，量子力学の勉強を始めることにしよう．

2

波でもあるし粒子でもある量子力学的存在

　君達は自分が波のような存在だと感じたことはないか？　自然界のすべてのものは波動的な側面と粒子的な側面とをもっている．この章ではミクロな世界に住む住人の代表として，光と電子をとり上げ，波と粒子の二重性について勉強する．光は波のように見えることがあるし，粒子のように見えることもある．電子は粒子のように見えることがあるし，波のように見えることもある．波の性質と粒子の性質を結びつける式「アインシュタイン－ド・ブロイの式」を勉強する．また，このような二重性は数学的に矛盾無く記述できることを学ぶ．最後の演習問題を解いて，自分が波だと感じたことがない理由が納得できればこの章は卒業である．
　［ポイント］　波と粒子の二重性

§2.1　光は波でもあるし，粒子でもある

　光は波の性質をもっているが，粒子の性質ももっている．実際はわれわれの日常の世界では，光は波のように見えることが多い．日常世界の常識では，波のように広く広がったものが，つぶつぶの塊が区別できる粒子と，同じものとは到底思えない．しかし量子力学は波と粒子の**二重性**（duality）を認めることによって成り立っている．なぜ二重性をもつかその理由については量子力学は必ずしも答を与えてはくれないが，ここでは二重性を認めると自然がよく説明できて役に立つという理由で認めることにしよう．
　古典力学では説明できなかった代表的な問題の一つに空洞輻射の問題がある．これは簡単に言うと，「ある温度に熱せられた物体はどういう光を出す

か」という問題である．これが正確にわかると，たとえば溶鉱炉の温度を正確に測ったり，遠い星の温度を知ることができるので，非常に重要である．ところが，古典力学からは正しい解は得られなかった．古典力学の解は次のレイリー‐ジーンズの公式で与えられることがわかっている．

$$U(\nu)\,d\nu = \frac{8\pi kT}{c^3}\nu^2 d\nu$$

ここで，c は光速，k はボルツマン定数，ν は周波数である．この式は絶対温度 T の物体（厳密に言えば完全黒体）から放出される光の周波数の分布，すなわち，周波数が ν と $\nu+d\nu$ の間にある光の強さ $U(\nu)$ を表している．この式が現実的でないことは，温度によらず周波数の高い成分が ν の 2 乗に比例して急激に増大してしまい無限大になることからみて明らかである．実際，われわれは物体の温度が低い間は物を見ることができる．また，温度が上がるにつれて光の強さが増してまぶしくなると同時に，赤色から青白く色も変わることを経験している．これは空洞輻射の実験から得られるスペクトルがピークをもっており，ピークを示す周波数は温度とともに高い方に移り，ピークの強度が大きくなることに対応している．レイリー‐ジーンズの

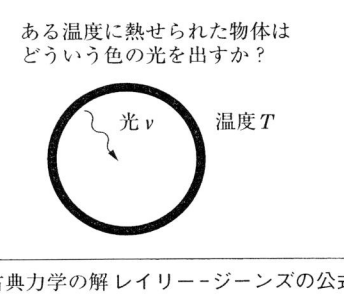
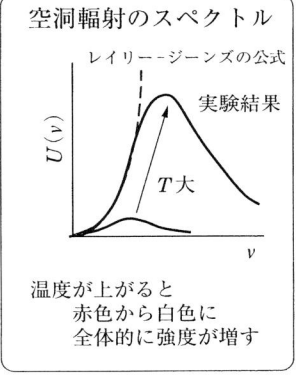

図 2.1　空洞輻射の問題

公式は実験結果を説明できないことがわかる．

Planck はこの矛盾を解決するため 1900 年に**量子仮説** (quantum hypothesis) を提案した．彼は「すべての物体が連続体ではなく，それ以上分割できない原子からできているのと同様に，エネルギーも限りなく小さく分けられるような連続量ではなく，基本単位からできているのではないか」と考え，量子仮説に到達した．それは「周波数 ν の光が放出されたり吸収されるときは，エネルギー E が $h\nu$ という値を単位として，その整数倍でしかやりとりしない」という内容である．ここで，h はプランク定数とよばれる定数である．この仮説を基に計算された空洞輻射のスペクトルは実験結果をよく説明できた．光のエネルギーは連続的に変化せず，とびとびの値しか許されない，つまり当時，波と考えられていた光を粒子であると仮定して，実験結果が説明されたわけである．なぜこのような仮説に至ったのか，興味深いが本書ではその経過は割愛させて頂く．レイリー - ジーンズの公式やスペクトルの計算等を含め，量子力学の黎明期については朝永振一郎博士の著書「量子力学」にくわしいので，参考にされたい．

自然界はディジタルというのが量子仮説である．Planck およびその後 Einstein らによって立てられた量子仮説は，次のような式で表せる．

$$E = h\nu, \qquad p = \frac{h}{\lambda} \qquad (2.1)$$

周波数 ν や波長 λ はもともと波についての概念であり，エネルギー E や運動量 p は粒子に関する概念であるが，波の性質と粒子の性質は式(2.1)で関係づけられるのである．周波数が ν で波長が λ の光の波は，エネルギー E で運動量 p の粒子として振舞う．光の場合は c を光速度として $E = cp$ という関係があるので $c = E/p = h\nu/(h/\lambda) = \nu\lambda$ となり，通常の波の速度，周波数，波長の関係が矛盾なく成立している．なお，h は**プランクの定数** (Planck constant) であって，実験によって求められた値は

$$h = 6.62 \times 10^{-34} \, \text{J s} \qquad (2.2)$$

である．なぜこのような値になるのか，異なる定数値の世界が存在するのかは，他の物理定数，たとえば光速度の値などと同様に，われわれにはわからない．

§2.2　電子は粒子でもあるし，波でもある

電子の「子」とは"小さいもの"という意味なので，電子は電気をもった小さいものを意味しており，もともと粒子を表している言葉と思われる．実際われわれの日常の世界では，電子は粒子のように振舞うことが多いが，電子線回折のように波の性質も利用されている．日常世界では，粒子と波の二重性は不思議に思えるが，10^{-10} m 程度のスケールの原子の世界では粒子と波の二重性が常識なのである．光の二重性から推測すると，電子の場合も式(2.1)と同じような粒子性と波動性を結びつける関係があると考えられる．Einstein と de Broglie は質量が m_e の電子に対して次のような関係式が成立するとした．

$$E = \frac{p^2}{2m_e}, \qquad p = \frac{h}{\lambda} \tag{2.3}$$

この式を**アインシュタイン‐ド・ブロイの関係式**（Einstein‐de Broglie's formula）という．

ここで，$E = h\nu$ としていない理由は，もともと粒子の性質として，エネルギー E と運動量 p との間の関係は $E = p^2/2m_e$ で与えられているためである．もし光と同じように $E = h\nu$ とすると，速度 $v = p/m_e = 2E/p = 2\nu\lambda$ となり波の性質に合わなくなる．そこで，この矛盾をなくすために粒子の性質と波の性質の関係を式(2.3)で与えたのである．このような違いは，光は質量をもっていないが，電子はもっていることから生じている．式(2.3)の関係を満たす電子の波を**ド・ブロイ波**（de Broglie waves）というが，この関係式は電子に限らず質量をもっている粒子について一般的に成り立つ．

§2.3 粒子と同時に波であることを表す数学

粒子と波という一見矛盾する状態は数学的には**フーリエ変換**（Fourier transformation）などによって表すことができる．フーリエ変換によると，一般的に関数 $f(x)$ は次のように書ける．

$$f(x) = \frac{1}{2\pi} \int_{-\infty}^{\infty} F(k)\, e^{ikx}\, dk \tag{2.4}$$

ここで，i は虚数単位で，$i = \sqrt{-1}$ である．式(2.4)の中にある e^{ikx} という複素関数は $\cos kx + i \sin kx$ を意味しており，x とともに振動的に変化するものを表している．つまり，式(2.4)は「x の関数 $f(x)$ が，適当な重み $F(k)$ をつけて周期の異なる振動を足し合わせた(積分した)もので表せる」ことを示している．

［問］ 両辺をテイラー展開して比べることによって，$e^{ikx} = \cos kx + i \sin kx$ であることを示しなさい．

ここで，k は振動の様子を表す量で 2π の長さ当りに波（波面）がいくつ見えるかに対応しているので，**波数**（wave number）とよばれる．われわれは普通，座標 x などで表示される実空間で物事を見ているので，式(2.4)の左辺のように x を変数とする関数 $f(x)$ の取扱いに慣れてきたが，波数 k で表示される波数空間で物事を考えることもできるのである．式(2.4)はこれらの2つの空間をつなぐ式である．

また，式(2.4)の $F(k)$ は次式によって与えられることがわかっている．

$$F(k) = \int_{-\infty}^{\infty} f(x)\, e^{-ikx}\, dx \tag{2.5}$$

このように書くと，関数 $F(k)$ は k を変数とする関数として表され，x を変数とする関数 $f(x)$ を別の見方で表したことがはっきりすると思う．なお，第10章で勉強するように波数 k は運動量と関係しているので，波数空間は

§2.3　粒子と同時に波であることを表す数学

運動量空間と解釈することもできる．

ところで，大きさ a の粒子が位置 $x = x_0$ にいることを数学的に表現すると，粒子の存在確率 $P(x)$ を

$$\left.\begin{array}{rl} P(x) = \dfrac{1}{a} & \quad x_0 - \dfrac{a}{2} < x < x_0 + \dfrac{a}{2} \\ = 0 & \quad x \leqq x_0 - \dfrac{a}{2}, \quad x_0 + \dfrac{a}{2} \leqq x \end{array}\right\} \tag{2.6}$$

と表すことに相当している．$x \leqq x_0 - a/2$ および $x_0 + a/2 \leqq x$ には粒子はないので確率はゼロであり，全空間で存在確率が1というように規格化しておけば，式(2.6)で表されることはすぐにわかる．この確率関数 $P(x)$ を式(2.5)によってフーリエ逆変換して，

$$F(k) = \frac{1}{a} \int_{x_0-a/2}^{x_0+a/2} e^{-ikx} \, dx$$

を求めれば，

$$P(x) = \frac{1}{2\pi} \int_{-\infty}^{\infty} F(k) \, e^{ikx} \, dk$$

のように，存在確率 $P(x)$ をいろいろ振動する成分の和として表せることに

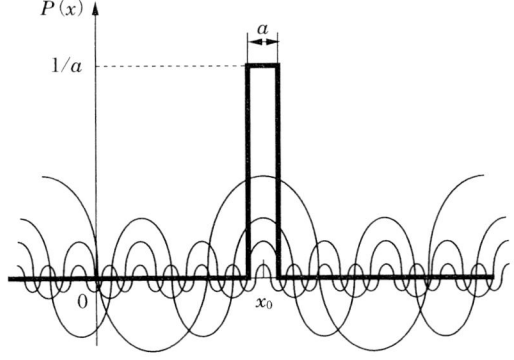

図2.2　塊は波の重ね合せで表せる．

なる．つまり，$P(x)$で表せる粒子のような塊が，波のように振動するフーリエ成分の和として表せる．電子を粒子として捉えるときは左辺の$P(x)$のような見方をしているのであり，波の側面は振動の成分e^{ikx}を見ていると思えばよい．このようにフーリエ変換またはこれと類似の数学を使えば，波であると同時に粒子である光や電子の状態を表すことができる．

§2.4 量子力学的存在

光や電子は粒子としての性質も示すし，波としての性質も示す．逆にいうと，光や電子は，われわれがこれまでにもっていた概念である「粒子」でも「波」でもない．光や電子はわれわれの感覚では捉えられない量子力学的な存在と考えるべきである．これらの量子力学的な存在の一族を表す総称としてウェービクル（wavickle：wave + particle）などの用語が用いられたこともあるが，最近ではあまり使われないようである．しかし，いちいち量子力学的存在と長い名前でよぶのは面倒なので，以下の章では単に"粒子"ということにする．ただし，"粒子"といっても，波の性質も合わせもっていることを忘れないようにしてもらいたい．

なお，量子力学的存在を意識的に表す名前が特別につけられていることがあるので，次にその一族の名前の一部を紹介しておく．たとえば，単に光（photo-）というとわれわれが普通 目にする波で日常用語であるが，量子力学的存在を意識する場合はこれに「子」(n)をつけて，光子（photon）という．磁石（mag-net）は日常的に使われる言葉であるが，磁気の量子は磁子（magnon）という．このような例をいくつか次の表に示した．普通，日本語では「子」，英語では"(o)n"を最後につけて，量子力学的存在であることを表す．

問　　　題　　　　　　　　　　　　　　　　13

量子力学的存在の一族

日常用語	量子力学的存在を表す言葉
光	光子　photon（フォトン）
電子	電子　electron（エレクトロン）
音	音子　phonon（フォノン）
磁気	磁子　magnon（マグノン）
分極	分極子　polaron（ポーラロン）

問　　　題

[1] 波長 600 nm の光のエネルギーを求めなさい．

[2] Ra の原子核から放出されたエネルギー 5 MeV の α 粒子の波長を求めなさい．ただし，α 粒子は He の原子核で中性子 2 個と陽子 2 個からなる．中性子と陽子の質量は 1.6×10^{-27} kg としなさい．また，1 eV $= 1.6 \times 10^{-19}$ J である．

[3]　(a) 速度 10^5 cm/s で飛んでいる質量 1 g のボールの波長を求めなさい．
　　　(b) 速度 10^8 cm/s で動いている金属中の電子の波長を求めなさい．
ただし，電子の質量は 9.1×10^{-31} kg である．

（注意 1：　ボールはほとんど一様な，大きく広がった空間を運動しており，(a)で求めたボールの波長はその空間に対して無視できる大きさであるので波としての性質は無視できる．また，人間が普通に認識できる大きさは 数 mm 程度以上であり，ボールの波長はそれを見ている人間が認識できる長さよりもずっと小さいので，人間は波として感じることがない．電子は結晶格子の中を動き回っているが，(b)で求めた電子の波長は電子がいる結晶格子の大きさ 数 Å（数 10^{-10} m）と同程度であるので，電子は結晶格子の存在を感じ波として振舞う．電子は原子が規則正しく並んでいるのを感じて周期的に力を受けて干渉するなど，波としての性質を現す．）

（注意 2：　ボールや電子は有限の質量をもっている粒子であるから，運動エ

ネルギー E を求めてから，$E = h\nu$ と波について成り立つ関係式 $v = \nu\lambda$ を使って波長 λ を求めるのは誤りである．$E = h\nu$ が成り立つのは光など質量をもたない粒子の場合で，質量をもつ粒子の場合は $E = p^2/2m$ としなければならない．)

3

粒子の状態を表すにはどうすればよいか

　この章では，量子力学の世界を支配する方程式をSchrödingerのやり方に従って導く．さらに，この方程式（シュレーディンガー方程式）の簡便な作り方を勉強する．いろいろな問題に対してシュレーディンガー方程式が立てられるようになればよい．

　［ポイント］　シュレーディンガー方程式の作り方

§3.1　量子力学の世界を支配する方程式をみつける

　電子は波のように振舞う（ド・ブロイ波）としたので，波の方程式から出発する．まず，速度 v で1次元空間を x 方向に伝わる波を考える．この波の大きさ F は位置 x と時間 t の関数であって，次の偏微分方程式で記述できる．

$$\frac{\partial^2 F}{\partial x^2} = \frac{1}{v^2}\frac{\partial^2 F}{\partial t^2} \tag{3.1}$$

この偏微分方程式の解は

$$F = A\,e^{i2\pi(x/\lambda - \nu t)} \tag{3.2}$$

である．解であることを確かめるには式(3.2)を式(3.1)に代入してみればよい．式(3.2)を代入して左辺を計算すると x に関して2階の微分を行い，

$$左辺 = -\left(\frac{2\pi}{\lambda}\right)^2 A\,e^{i2\pi(x/\lambda - \nu t)}$$

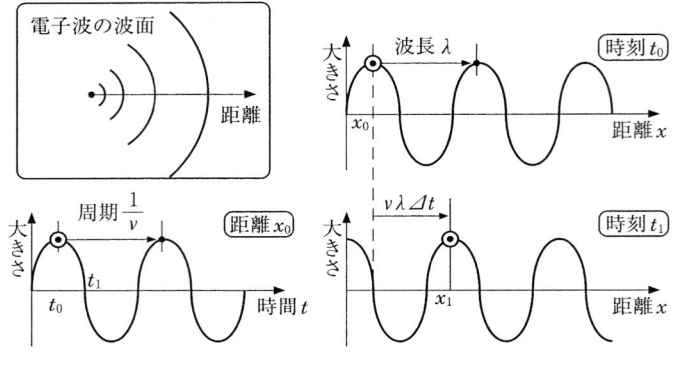

図 3.1 電子波の様子

一方，右辺は t に関する2階の微分を行って

$$右辺 = -\frac{(2\pi\nu)^2}{v^2} A\, e^{i2\pi(x/\lambda - \nu t)}$$

であるから，

$$\frac{1}{\lambda^2} = \frac{\nu^2}{v^2}, \qquad v = \nu\lambda \tag{3.3}$$

であれば，確かに式(3.1)を満たすことがわかる．式(3.3)は波について成り立つ重要な関係式で，周波数 $\nu[\mathrm{s}^{-1}]$ と波長 $\lambda[\mathrm{m}]$ との積が速度 $v[\mathrm{m/s}]$ であることを表している．

次に，式(3.2)が実際に波を表していることを確かめてみよう．まず，ある時刻 t_0 において，位置 x が λ, 2λ, 3λ, … だけ違う場所を見ると，指数の肩の部分は $i2\pi$ だけ変わるが，$e^{i2\pi} = 1$ であるから，関数 F の値は同じである．つまり，関数 $F(x, t)$ は x 方向にくり返し周期的に変化しており，その1周期の長さである波長は λ であることがわかる．同じように，ある場所 x で，時間 t が $1/\nu$, $2/\nu$, $3/\nu$, … だけたったとしても，関数 F の値は同じであるから，関数 $F(x, t)$ は時間に対して周期的に変化しており，その振動の数(周波数)は ν であることがわかる．また，時刻 $t = t_0$,

§3.1 量子力学の世界を支配する方程式をみつける

位置 $x = x_0$ における関数 F の値は $A\,e^{i2\pi(x_0/\lambda - \nu t_0)}$ であるが，時間が Δt だけたった $t_1 = t_0 + \Delta t$ の時点でこの状態は x 座標の異なる位置 $x_1 = x_0 + \nu\lambda\Delta t$ に移っている．なぜなら，

$$F(x_0 + \nu\lambda\Delta t, t_0 + \Delta t) = A\,e^{i2\pi\{(x_0 + \nu\lambda\Delta t)/\lambda - \nu(t_0 + \Delta t)\}}$$
$$= A\,e^{i2\pi(x_0/\lambda - \nu t_0)}$$
$$= F(x_0, t_0)$$

だからである．同じ状態をとる位置は時間とともに移っていく．これは波が伝わっていく性質を表しており，速度 v，周波数 ν，波長 λ の間には式(3.3)で表されるような波の関係が満たされていることがわかる．

さて，式(3.1)を3次元の場合に拡張し，電子が波だとして，電子の状態が次のような波の方程式で表されるとしよう．

$$\nabla^2 F - \frac{1}{v^2}\frac{\partial^2 F}{\partial t^2} = 0 \tag{3.4}$$

ここで，∇^2(ナブラの2乗)は2階の偏微分を3次元で行うことを表した記号で

$$\nabla^2 = \frac{\partial^2}{\partial x^2} + \frac{\partial^2}{\partial y^2} + \frac{\partial^2}{\partial z^2}$$

である．いま，周波数が ν の波として，$F(\boldsymbol{r}, t) \equiv \phi(\boldsymbol{r})e^{-i2\pi\nu t}$ と置き，式(3.4)に代入すると，$\nabla^2\phi(\boldsymbol{r})e^{-i2\pi\nu t} - (1/v^2)(i2\pi\nu)^2\phi(\boldsymbol{r})e^{-i2\pi\nu t} = 0$ であるから次式が得られる．

$$\nabla^2\phi(\boldsymbol{r}) + \frac{4\pi^2\nu^2}{v^2}\phi(\boldsymbol{r}) = 0 \tag{3.5}$$

式(3.3)の波の関係から波長 λ を使って書き直すと，

$$\nabla^2\phi(\boldsymbol{r}) + \frac{4\pi^2}{\lambda^2}\phi(\boldsymbol{r}) = 0 \tag{3.6}$$

であるが，さらに前章で勉強したアインシュタイン-ド・ブロイの関係式(2.3)を用いて，運動量 p を使って書き直すと，

$$\nabla^2 \phi(\boldsymbol{r}) + \frac{4\pi^2 p^2}{h^2} \phi(\boldsymbol{r}) = 0$$

となる．ここで，$\hbar = h/2\pi$ という記号を使って書けば，

$$\nabla^2 \phi(\boldsymbol{r}) + \frac{p^2}{\hbar^2} \phi(\boldsymbol{r}) = 0 \tag{3.7}$$

と表すことができる．なお，定数 $h/2\pi$ は量子力学ではよく出てくる定数であるので，$\hbar$（エッチバー）という特別な記号で表す約束になっている．

いま，簡単のために電子一つの問題を考えることにする．電子のエネルギー ε は一般に運動エネルギーとポテンシャルエネルギーの和で与えられる．運動エネルギー T は電子の質量を m_e，速度を $\boldsymbol{v}$ として，$m_e \boldsymbol{v}^2/2$ で与えられるが，あとあと都合のいいように，ここでは変数として速度は使わずに**運動量**(momentum) $\boldsymbol{p} = m_e \boldsymbol{v}$ を使って表しておく．すると，運動エネルギーは $T = \boldsymbol{p}^2/2m_e$ と表される．ポテンシャルエネルギーを $U(\boldsymbol{r})$ と表すと，エネルギーは次式で表されることになる．

$$\varepsilon = \frac{p^2}{2m_e} + U(\boldsymbol{r}) \tag{3.8}$$

つまり，$p^2 = 2m_e\{\varepsilon - U(\boldsymbol{r})\}$ であるから，これを式(3.7)に代入して次式が得られる．

$$\nabla^2 \phi(\boldsymbol{r}) + \frac{2m_e}{\hbar^2}\{\varepsilon - U(\boldsymbol{r})\}\phi(\boldsymbol{r}) = 0 \tag{3.9}$$

さらに整理し直して最終的に得られる式が，波と粒子の性質を示す量子力学的存在である電子の状態を表す，すなわち，量子力学の世界を支配する方程式である．

$$\left\{-\frac{\hbar^2}{2m_e}\nabla^2 + U(\boldsymbol{r})\right\}\phi(\boldsymbol{r}) = \varepsilon\, \phi(\boldsymbol{r}) \tag{3.10}$$

この式を一電子に対する時間を含まない（time-independent）**シュレーディンガー方程式**（Schrödinger equation）という．

ここではシュレーディンガー方程式がいかにも自然に導かれるかのように説明したが，実際には導かれたわけではない．仮説の一つがシュレーディンガー方程式であって，それが生き残った理由はシュレーディンガー方程式が実験結果をよく説明しているからである．

§3.2　量子力学の世界を支配する方程式の意味と拡張

式(3.10)を見ると，この式は

（演算子）	（関数）	=	（数）	·	（関数）
⇓	⇓		⇓		⇓
$-\dfrac{\hbar^2}{2m_e}\nabla^2 + U(\bm{r})$	$\phi(\bm{r})$		ε		$\phi(\bm{r})$

という形をしていることがわかる．**演算子**（operator）についてはあとでくわしく説明するが，関数に対して微分や掛算などの作用をする部分をひとまとめにしたものが演算子である．この演算子の中には，最後に $U(\bm{r})$ というポテンシャルエネルギーの項があるので，演算子全体はエネルギーに対応するものを表していると考えるべきである．このような演算子には，**ハミルトニアン**（Hamiltonian）という特別な名前がつけられている．一電子に対するハミルトニアンは

$$\mathcal{H} = -\frac{\hbar^2}{2m_e}\nabla^2 + U(\bm{r}) \tag{3.11}$$

である．また，前節の説明から関数 $\phi(\bm{r})$ は電子波（ド・ブロイ波）の様子を表していると考えられ，数 ε は実際に電子がとるエネルギーの値になっている．

以上の話を拡張すると，量子力学の世界を支配する方程式は一般的に

$$\mathcal{H}\phi = \varepsilon\phi \tag{3.12}$$

のような形であることが想像できる．ここで，$\mathcal{H}$ は系のハミルトニアンで，

系のエネルギーに対応する演算子である．関数 ϕ は系の状態を表しており特別に**波動関数**（wave function）と呼ばれる．また，数 ε は実際にその系がとるエネルギーである．式(3.12)が一般化された時間を含まないシュレーディンガー方程式であり，系の**定常状態**（stationary state）を記述している．

式(3.12)のような形の問題，すなわち演算子が関数に作用したとき関数の定数倍となる特別な場合をみつける問題は，数学では**固有値問題**（eigenvalue problem）として知られるもので，量子力学の問題の解を求めることは，数学的には固有値問題を解くことに相当する．

そこで，固有値問題について簡単に説明しておく．一般に演算子を関数に作用させると別の関数になる．たとえば，「微分する」ことを表す"演算子 $D = \partial/\partial x$"を関数 x^2 に作用させると $2x$ という関数が得られ，関数系が変わってしまう．しかし，e^{2x} のような特別な関数に作用させると $2e^{2x}$ となり，もともとの関数と同じ関数系で定数倍しか違わない．このような関数を求めることが固有値問題で，関数をこの演算子の**固有関数**（eigenfunction），定数を**固有値**（eigenvalue）という．シュレーディンガー方程式の固有値問題では演算子はハミルトニアンであり，固有関数は特別に波動関数と呼ばれる関数，固有値は系が実際にとりうるエネルギーである．

量子力学の世界を支配する方程式が固有値問題になる理由は次のように考えれば納得できる．ハミルトニアンは系の状態を表す関数にはたらきかけて，一般に別の関数，つまり別の状態を作り出す．これは，ハミルトニアンが全エネルギーに対応する演算子であったことから想像して，系の状態と全エネルギーが次から次へと変わってしまうことに相当すると考えられる．つまり，全エネルギーが決まった値をもたず保存しないことになってしまう．しかし，現実に存在する系ではエネルギーが保存されるので，ハミルトニアンが作用しても状態は本質的には変わらないものでなければならない．したがって，現実に存在する系は固有値問題を満足する特別な条件に対してだけ

存在するのである．

　さて，ハミルトニアンを表している式(3.11)の第2項はポテンシャルエネルギー $U(\boldsymbol{r})$ であるから，想像力をはたらかせてみると，第1項は運動エネルギーに対応しており，運動エネルギーの演算子に違いないと推定できる．ところで，運動エネルギーは $T = \boldsymbol{p}^2/2m_e$ であるから，第1項は運動エネルギーの中の運動量 $\boldsymbol{p}$ を $(\hbar/i)\nabla$ で置き換えたことに相当していることがわかる．

§3.3　やさしい"シュレーディンガー方程式の作り方"
3.3.1　シュレーディンガー方程式を作るには

　前節の話に基づいて，順を追ってやさしいシュレーディンガー方程式の作り方を説明する．ただし，この方法は厳密ではないことを頭の片隅に置いておいてほしい．たとえば，第11章で述べるように，座標と運動量の定義などは解析力学に基づいて行うべきである．しかし，磁場中の電子の問題など特別な場合を除いて，大抵の場合はここで勉強する方法を知っていれば十分である．

> ① 古典力学（ニュートン力学）で系のエネルギーを表す．エネルギー E は，運動エネルギー T とポテンシャルエネルギー U の和で与えられる．
> $$E = T + U$$
> ② エネルギーを空間の座標 $\boldsymbol{r}$ と運動量 $\boldsymbol{p}$ を変数として表す．大抵の場合，運動エネルギーは運動量 $\boldsymbol{p}$ の関数であり，ポテンシャルエネルギーは空間の座標 $\boldsymbol{r}$ の関数であるが，もしそうでない場合はこの節のやり方は使えないので，より厳密なやり方にしたがわなければならない．
> ③ エネルギーの中の運動量 $\boldsymbol{p}$ の部分を $(\hbar/i)\nabla$ で置き換えたものが

ハミルトニアン $\mathcal{H}$ である．

④ Ψ を波動関数として作られる $\mathcal{H}\Psi = \varepsilon\Psi$ という固有値問題がこの系のシュレーディンガー方程式である．

最初に①で表したエネルギーはあくまで古典力学の世界だけで通用するものであって，量子力学の世界では正しいエネルギーではなく，ハミルトニアンを作るための便宜上のパラメーターである．最終的に求められる固有値が量子力学の世界におけるエネルギーである．

なお③では，$\boldsymbol{p}$ を $i\hbar\nabla$ で置き換えたとしても結果は同じになる．ただし，最初にどちらかに決めたら，計算の途中などで勝手に置き換え方を変えてはいけない．量子力学が作られたときに $\boldsymbol{p}$ を $(\hbar/i)\nabla$ で置き換えたとして，体系ができあがってしまっているので，われわれもそれにしたがうことにしよう．

この固有値問題を解いて，系の状態を表す波動関数 Ψ と，その状態に対応するエネルギー ε を求めれば，量子力学の問題は解けたことになる．ただし，現実の物理状態を表す波動関数はいろいろな条件を満たす必要があるので注意しなければならないが，波動関数の性質については第4章で勉強することにしよう．

次に，いくつか簡単な例についてシュレーディンガー方程式を実際に作ってみよう．

3.3.2 1個の自由電子に対するシュレーディンガー方程式

古典力学においては力がはたらいていない自由電子のエネルギー E は，電子の質量を m_e，速度を $\boldsymbol{v}$ として，運動エネルギー $T = m_e\boldsymbol{v}^2/2$ で与えられる．約束に従って，変数を $\boldsymbol{r}$ と運動量 $\boldsymbol{p} = m_e\boldsymbol{v}$ にとって表せば，

$$E = \frac{\boldsymbol{p}^2}{2m_e}$$

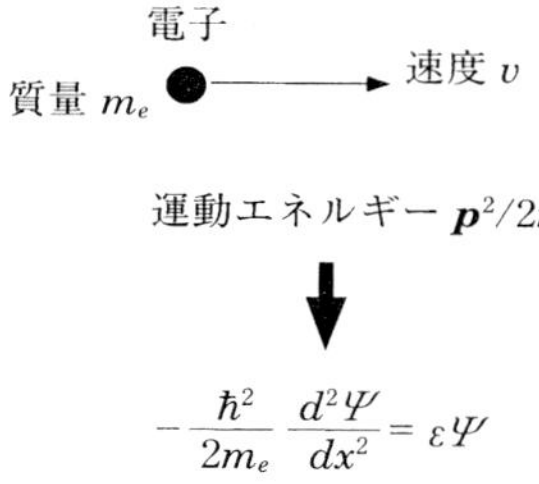

§3.3 やさしい"シュレーディンガー方程式の作り方" 23

電子
質量 m_e ● → 速度 v

運動エネルギー $\boldsymbol{p}^2/2m_e$

↓

$$-\frac{\hbar^2}{2m_e}\frac{d^2\Psi}{dx^2}=\varepsilon\Psi$$

図 3.2 自由電子に対するシュレーディンガー方程式

である．ハミルトニアン $\mathcal{H}$ は $\boldsymbol{p}$ を $(\hbar/i)\nabla$ で置き換え，

$$\mathcal{H}=\frac{1}{2m_e}\left(\frac{\hbar}{i}\nabla\right)^2=-\frac{\hbar^2}{2m_e}\nabla^2$$

となる．なお，注意するまでもないと思うが，演算子 $(\hbar/i)\nabla$ の 2 乗は $((\hbar/i)\nabla)((\hbar/i)\nabla)$ の意味で，定数は微分と入れ替えてもよいので，

$$\frac{\hbar}{i}\frac{\hbar}{i}\nabla\nabla=\frac{\hbar^2}{-1}\nabla^2$$

である．∇^2 は ∇ という演算を 2 回続けて行うことを意味している．

したがって，1 個の自由電子に対するシュレーディンガー方程式は

$$-\frac{\hbar^2}{2m_e}\nabla^2\Psi=\varepsilon\Psi \tag{3.13}$$

である．

3.3.3 水素原子に対するシュレーディンガー方程式

水素原子は質量 M_p，正電荷 $+e$ を有する陽子と，質量が m_e 電荷が $-e$ の電子からなる．陽子の質量は電子の質量のおよそ 1836 倍と非常に重いので，陽子は動かないで電子が陽子の周りを動いているとしてもよいであろう．そこで，電子の空間座標を，陽子の中心を原点にとって表すことにする．したがって，電子の運動エネルギーは $T=m_e\boldsymbol{v}^2/2$ で与えられ，ポテンシャルエネルギーは電子と陽子とのクーロン相互作用で表され，距離 r

に反比例し電荷に比例するので真空中の誘電率を ϵ_0 として，

$$U(r) = \frac{(+e)(-e)}{4\pi\epsilon_0 r}$$

である．ハミルトニアン $\mathcal{H}$ は $\boldsymbol{p}$ を $(\hbar/i)\nabla$ で置き換え，

$$\mathcal{H} = \frac{1}{2m_e}\left(\frac{\hbar}{i}\nabla\right)^2 - \frac{e^2}{4\pi\epsilon_0 r} = -\frac{\hbar^2}{2m_e}\nabla^2 - \frac{e^2}{4\pi\epsilon_0 r}$$

となる．したがって，水素原子に対するシュレーディンガー方程式は

$$\left\{-\frac{\hbar^2}{2m_e}\nabla^2 - \frac{e^2}{4\pi\epsilon_0 r}\right\}\Psi(\boldsymbol{r}) = \varepsilon\Psi(\boldsymbol{r})$$

と求められる．

3.3.4 ヘリウム原子に対するシュレーディンガー方程式

ヘリウム原子は質量 $\sim 4M_p$，正電荷 $+2e$ の原子核(2個の陽子と，陽子とほぼ同じ質量をもつ中性子2個からなる)と，質量が m_e，電荷が $-e$ の電子2個からなる．原子核の質量は電子の質量に比較して非常に大きく重いので，原子核は動かないものとする．図3.3に示すように，電子1，2の空間座標を原子核の中心を原点にとって表し，$\boldsymbol{r}_{1,2}$ とする．したがって，電子の運動エネルギーは $T = (m_e v_1^2/2) + (m_e v_2^2/2)$ で与えられる．ポテンシャルエネルギーは電子1と原子核，電子2と原子核，電子1と電子2との間のクーロン相互作用で表されるので，

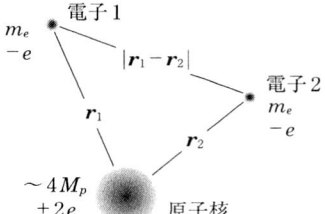

図3.3　ヘリウム原子

$$U(\boldsymbol{r}_1, \boldsymbol{r}_2) = \frac{1}{4\pi\epsilon_0}\left\{\frac{(-e)(+2e)}{|\boldsymbol{r}_1|} + \frac{(-e)(+2e)}{|\boldsymbol{r}_2|} + \frac{(-e)(-e)}{|\boldsymbol{r}_2 - \boldsymbol{r}_1|}\right\}$$

である．ハミルトニアン $\mathcal{H}$ は $\boldsymbol{p}_{1,2}$ を $(\hbar/i)\nabla_{1,2}$ で置き換え，

$$H = \left[-\frac{\hbar^2}{2m_e}\nabla_1^2 - \frac{\hbar^2}{2m_e}\nabla_2^2 + \frac{1}{4\pi\epsilon_0}\left\{-\frac{2e^2}{|\boldsymbol{r}_1|} - \frac{2e^2}{|\boldsymbol{r}_2|} + \frac{e^2}{|\boldsymbol{r}_2 - \boldsymbol{r}_1|}\right\}\right]$$

となる．したがって，ヘリウム原子に対するシュレーディンガー方程式は

$$\left[-\frac{\hbar^2}{2m_e}\nabla_1^2 - \frac{\hbar^2}{2m_e}\nabla_2^2 + \frac{1}{4\pi\epsilon_0}\left\{-\frac{2e^2}{|\boldsymbol{r}_1|} - \frac{2e^2}{|\boldsymbol{r}_2|} + \frac{e^2}{|\boldsymbol{r}_2 - \boldsymbol{r}_1|}\right\}\right]\varPsi(\boldsymbol{r}_1, \boldsymbol{r}_2)$$
$$= \varepsilon\,\varPsi(\boldsymbol{r}_1, \boldsymbol{r}_2)$$

である．なお，ここで ∇_1^2 や ∇_2^2 等の記号はそれぞれ電子 1，電子 2 の座標 (x_1, y_1, z_1) または (x_2, y_2, z_2) で 2 階の偏微分をすること，すなわち $\partial^2/\partial x_1^2 + \partial^2/\partial y_1^2 + \partial^2/\partial z_1^2$ または $\partial^2/\partial x_2^2 + \partial^2/\partial y_2^2 + \partial^2/\partial z_2^2$ を表している．

§3.4　時間を含むシュレーディンガー方程式への拡張

　さて，前節に述べたシュレーディンガー方程式の作り方では時間依存性が現れないが，これは日常世界を表すニュートンの運動方程式などが時間変化を含んでいることを考えると，不思議に思える．そこで，時間に対する取扱いをここで考えておく．

　われわれの世界では，1999 年の東京というように，物事を表すのに空間の位置と時間を指標として用いる．空間は x, y, z(直角座標)や r, θ, ϕ(極座標)などの 3 つの座標で表され，時間は t の 1 つの座標で表せるから，われわれの世界は 4 次元の世界であるといえる．ところで，量子力学とほぼ同時期に古典力学の別の問題を解決するために作られた相対論では，時間を空間と同等に扱うべきであることが明らかにされた．

　Einstein は 4 次元世界においては，座標を (x, y, z, ict) のような 4 次元ベクトルの成分としてとるべきであることを示した．ここで，c は光速であるが，ベクトル成分の単位を合わせるための変換係数である．つまり，位置の

単位たとえば [m] と，時間の単位たとえば [s] を合わせるために使われている．また，i は虚数単位であるが，これは 4 次元世界における距離（座標変換に対する不変量）が $x^2 + y^2 + z^2 - (ct)^2$ で与えられるためである．同様に，運動量 (p_x, p_y, p_z) とエネルギー E は 1 組で表される量で，($p_x, p_y, p_z, iE/c$) が 4 次元世界における運動量 4 元ベクトルであることがわかっている．

前節においては運動量 $\bm{p}$ を $(\hbar/i)\nabla$ で置き換えたが，相対論にしたがって時間と空間を対等に扱うとすると，同時に第 4 のベクトル成分 iE/c を $\dfrac{\hbar}{i}\dfrac{\partial}{\partial(ict)}$ で置き換えるべきである．つまりエネルギー E は $\dfrac{c}{i}\dfrac{\hbar}{i}\dfrac{\partial}{\partial(ict)}$ $= i\hbar\dfrac{\partial}{\partial t}$ で置き換えるべきことになる．この置き換えを行うとシュレーディンガー方程式は

$$\mathscr{H}\,\Psi(\bm{r}, t) = i\hbar \frac{\partial \Psi(\bm{r}, t)}{\partial t} \qquad (3.14)$$

のように表される．この式を時間を含むシュレーディンガー方程式(time-dependent Schrödinger equation)という．

いま，ハミルトニアンが時間変化を含まない場合を考える．波動関数 $\Psi(\bm{r}, t)$ を $R(\bm{r})\,T(t)$ のように時間 t の関数と空間座標 $\bm{r}$ の関数の積で与え，式(3.14)に代入すると，

$$\{\mathscr{H}\,R(\bm{r})\}\,T(t) = i\hbar\,R(\bm{r})\,\frac{dT(t)}{dt}$$

となるので，両辺を $R(\bm{r})\,T(t)$ で割算し，t に関する項と $\bm{r}$ に関する項を分離して整理すると次式が得られる．

$$\frac{\mathscr{H}\,R(\bm{r})}{R(\bm{r})} = i\hbar\,\frac{1}{T(t)}\,\frac{dT(t)}{dt}$$

この式の右辺は t だけを変数とする関数であり，左辺は $\bm{r}$ だけを変数とす

§3.4 時間を含むシュレーディンガー方程式への拡張

る関数である．このように，変数の異なる関数同士が等しいというのは両辺が変数 r にも t にもよらない定数の場合だけである．そこで，その定数を ε と置いて書き直すと次の2つの式が得られる．

$$\mathcal{H} R(r) = \varepsilon R(r)$$

$$\varepsilon = i\hbar \frac{1}{T(t)} \frac{dT(t)}{dt}$$

第1の式は時間を含まないシュレーディンガー方程式に合致している．

第2の式は

$$\left. \begin{aligned} \frac{dT}{T} &= -i\frac{\varepsilon}{\hbar} dt \\ \ln T &= -i\frac{\varepsilon}{\hbar} dt + c_1 \\ T &= c\, e^{-i(\varepsilon/\hbar)t} \end{aligned} \right\} \tag{3.15}$$

となって，波動関数のうち，時間に依存する関数の部分が求められた．なお，ここで c_1, c 等は積分定数であってその決め方は第4章で勉強する．このようにハミルトニアンが時間に依存しない場合は，時間依存性はいちいち求める必要はなく，必ず式(3.15)の時間ファクタで表されるのである．

つまり，ハミルトニアンが時間に依存しない，定常的な問題を解く場合は前節で述べた，時間を含まないシュレーディンガー方程式を解けば十分であることが結果としてわかる．本書では，特に断らない限りは時間を含まないシュレーディンガー方程式を解くものとする．しかし，いつも波動関数が時間依存性として式(3.15)のファクタをもつことは暗黙の了解となっているので注意しておく必要がある．

なお，時間を含むシュレーディンガー方程式(3.14)においても，実は空間と時間の取扱い方が対等になっていない．実際にシュレーディンガー方程式を立ててみればすぐわかることであるが，ハミルトニアンの中に空間座標の2階微分が現れるのに対し，時間については1階の微分しか出てこない．こ

れでは相対論とは相容れないことになる．しかし，電子の速度が光速に比較して十分に遅い通常の問題では，シュレーディンガー方程式はよい近似であることがわかっているので，ここではこれ以上時間の取扱い方に深入りすることはやめる．なお，空間と時間を完全に対等に扱った相対論的量子力学は Dirac によって作られているので，量子力学を深く究めたい人は将来勉強してほしい．

問　　題

[1]　D^2 を 2 階微分の演算子とする．関数 e^{2x} はこの演算子の固有関数となっていることを確かめ，この固有関数に対する固有値を求めなさい．

[2]　Li 原子に対するシュレーディンガー方程式を立てなさい．ただし，Li 原子は正電荷を有する原子核と 3 個の電子からなり，全体としては中性である．原子核の質量は電子に比較して非常に大きいので，原子核は動かないと近似してよい．

[3]　一様な電場の中の電子に対するシュレーディンガー方程式を求めなさい．ただし，電荷 $-e$ を有する電子に電場 K が z 方向に加わっているとする．

（ヒント：　電場の定義から，電子に加わる力 $\boldsymbol{f}$ は大きさが $-eK$ で，方向は z 方向である．力がこのように表されるためにはポテンシャルエネルギー V を eKz ととればよい．なぜなら，$\boldsymbol{f} = -\operatorname{grad} V = -eK\boldsymbol{k}$．（$\boldsymbol{k}$ は z 方向の単位ベクトル））

4

物理量はどのように表されるか

　波動関数はいったい何を表しているのだろう．この章では波動関数の意味と性質について学ぶ．また，演算子と波動関数を使って，われわれが実際に観察する物理量がどのように表せるのか，勉強する．種々の物理量の求め方がわかればよい．
　［ポイント］　物理量の表し方

§4.1　波動関数の意味

　第3章で導いたように，波動関数は系の状態を表す波である．普通，日常世界の波は，海の波のように大きさが場所と時間の関数として変わるのを見ることができ，$\Psi = a\sin(kx - \omega t)$のように表される．しかし，光や電子の波は，海の波とは違って，振動して動いているところをわれわれが直接認識することはできない．われわれは光を認識するとき，光が直接波として動いているところを見ているわけではなく，エネルギーとして感じている．ところで，波のエネルギーは波の大きさ(振幅 a)の2乗に比例するから，振幅の2乗 a^2 を感じているわけである．これと同じように電子などの波も実体を感じることはできず，振幅の2乗だけを感じることができる．
　量子力学の世界で状態を表している波動関数 Ψ はそれ自身は実感できず，実感できるのは $|\Psi|^2$ であるが，それは次のように解釈されている．

4. 物理量はどのように表されるか

> 粒子が時刻 t に，座標 $\boldsymbol{r}=(x,y,z)$ 付近の微小体積 $d\boldsymbol{r}=dx\,dy\,dz$ に見出される確率は
> $$|\Psi(\boldsymbol{r},t)|^2\,d\boldsymbol{r} = \Psi^*(\boldsymbol{r},t)\,\Psi(\boldsymbol{r},t)\,d\boldsymbol{r} \tag{4.1}$$
> に比例する．

ただし，$\Psi^*(\boldsymbol{r},t)$ は $\Psi(\boldsymbol{r},t)$ の複素共役である．波動関数は一般に複素数であるが，実際にわれわれにとって意味がある量は実数であるので，その大きさを表すのに絶対値の2乗を用いた．$Z=x+iy$ の複素共役は $Z^*=x-iy$ であるから，$|Z|^2=Z^*Z=x^2+y^2$ は大きさの2乗，つまり振幅の2乗に相当する量を表している．

通常，全確率は1としておくことが便利であるから，粒子の存在しうる全空間についての積分を

$$\int |\Psi(\boldsymbol{r},t)|^2\,d\boldsymbol{r} = 1 \tag{4.2}$$

として，**規格化** (normalization) する．微分方程式であるシュレーディンガー方程式を解いたときに現れる積分定数はこの規格化の条件を満足するように決定する．規格化された波動関数を用いれば式(4.1)は確率そのものになり，$|\Psi(\boldsymbol{r},t)|^2$ は粒子の存在確率を表す密度関数となる．

このように，量子力学では粒子は存在確率で表される．古典力学では粒子はある場所に実体の塊が存在する．しかし，量子力学では粒子は図4.1のように，雲や炎のようなぼんやりとしたものとしか表現できない．これは量子

古典力学的粒子　　量子力学的粒子

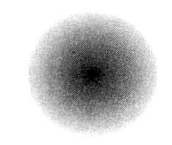

図 4.1　粒子像

力学的存在である粒子が塊であると同時に，波のように広がったものだからである．

§4.2　実験との対応

われわれは波動関数そのものを実感することはできない．しかし，実験結果を説明するために前節に述べたような意味づけが行われたのである．ここでは，Feynmanなどの有名な物理学者達の説明を借用して，その意味づけを考えてみよう．

図4.2を見て頂きたい．ここで，Dには電子を感知する検出器が縦に並べてあり，電子が来るとその位置，たとえばj番目にある検出器がそれを感知するものとする．十分遠方に電子を発射する銃Sが置かれており，SとDの間でDの近くに電子をさえぎる遮蔽板Wを置くことにする．まず，遮蔽板に1つの穴Aがあいている場合を考える．電子はこの穴Aを通ってDに到達する．このとき，j番目の位置の検出器が，ある時間にn_j個の電子を検出したとする．実験時間が十分に長くなれば，$n_j \Big/ \sum_j n_j$の値は一定値に近づき，この実験をくり返し何回行っても同じ値になるであろう．この一定値を$P_j^{(A)}$とすると，$P_j^{(A)}$はj番目の位置に電子がたどりつく確率を表していることになる．これをグラフで表すと，ある点で最大となり両側で単調に減少する**ガウス曲線**（Gaussian curve，誤差曲線ともいう）になる．古典力学（ニュートン力学）で電子を粒と考えると，いつもある決まった位置だけに来るはずであるが，実際には分布するのである．これは，電子が波の性質をもっているからである．さて，同様に，遮蔽板に別の1つの穴Bがあいている場合について同じ実験を行うと，当然同じような結果が得られるはずであるので，この確率を$P_j^{(B)}$としておこう．

さて，問題は遮蔽板に2つの穴AとBが同時にあいている場合である．われわれのこれまでの常識では，j番目の位置に電子がたどりつく確率$P_j^{(A+B)}$は$P_j^{(A)} + P_j^{(B)}$となりそうに思うが，実験結果はそうはならず図に示

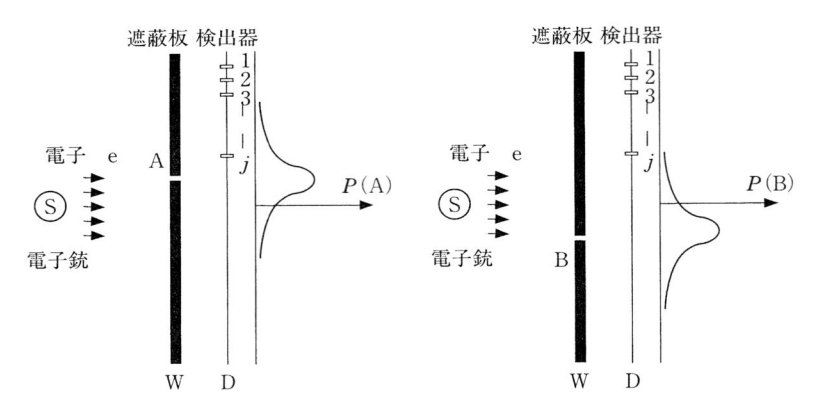

(a) 遮蔽板に穴Aがあいているとき

(b) 遮蔽板に穴Bがあいているとき

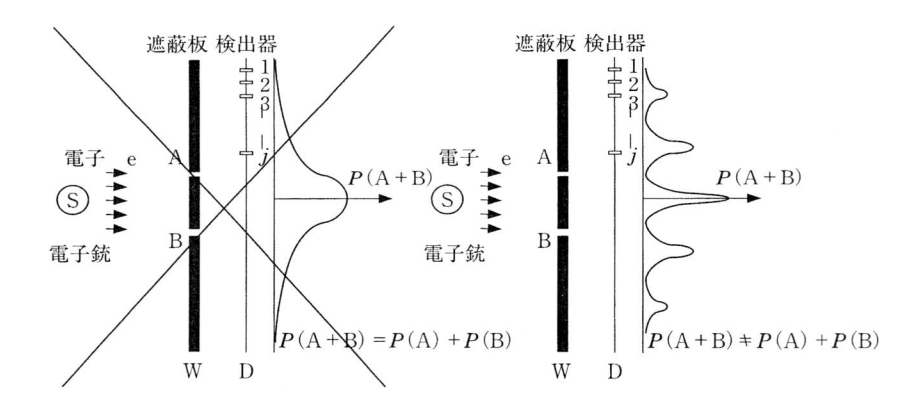

(c) 遮蔽板に穴A,Bがあいているとき
（常識的な考え方の誤り）

(d) 遮蔽板に穴A,Bがあいているとき
（量子力学による正しい考え方）

図4.2 電子の干渉実験

すような波打った結果が得られるのである．この結果を説明するには，第1節に述べた波動関数の解釈が必要である．Aだけに穴があいた状態は波動関数 Ψ_A で，Bだけに穴があいた状態は波動関数 Ψ_B で表されているとする．すると，確率 $P_j{}^{(A)}$ は $P_j{}^{(A)} = |\Psi_A|^2$ であり，確率 $P_j{}^{(B)}$ は $P_j{}^{(B)} = |\Psi_B|^2$ であ

る．さて，AとBに穴があいた状態は波動関数 $\Psi_A + \Psi_B$ で表されるから，この場合の確率 $P_j{}^{(A+B)}$ は $P_j{}^{(A+B)} = |\Psi_A + \Psi_B|^2$ で $P_j{}^{(A+B)} = |\Psi_A|^2 + |\Psi_B|^2 + \Psi_A{}^*\Psi_B + \Psi_A\Psi_B{}^*$ となるわけで，確率の和の法則は成立しなくてよい．実際，実験結果は $P_j{}^{(A+B)} = |\Psi_A + \Psi_B|^2$ で説明できるのである．

§4.3　波動関数の性質

　固有値問題における，固有関数と固有値に関する厳密な証明は数学に譲るとして，当面，ハミルトニアンの固有関数，すなわち波動関数の性質として，知っておかなければならないのは次の2点である．

1．波動関数とその微分は連続である．

　時間を含む1粒子のシュレーディンガー方程式は

$$-\frac{\hbar^2}{2m_e}\nabla^2\Psi(\bm{r}) + V(\bm{r})\Psi(\bm{r}) = i\hbar\frac{\partial\Psi(\bm{r})}{\partial t} \tag{4.3}$$

である．また，この式の複素共役をとった式は

$$-\frac{\hbar^2}{2m_e}\nabla^2\Psi(\bm{r})^* + V(\bm{r})\Psi(\bm{r})^* = -i\hbar\frac{\partial\Psi(\bm{r})^*}{\partial t} \tag{4.4}$$

となるので，式(4.3)に左から Ψ^* を掛け，式(4.4)に右から Ψ を掛けた式と引き算をすれば，

$$-\frac{\hbar^2}{2m_e}\{\Psi(\bm{r})^*\nabla^2\Psi(\bm{r}) - \Psi(\bm{r})\nabla^2\Psi(\bm{r})^*\} = i\hbar\frac{\partial\Psi(\bm{r})^*\Psi(\bm{r})}{\partial t}$$

が得られる．この式は

$$\rho \equiv \Psi^*\Psi, \qquad \bm{s} \equiv \frac{\hbar}{2m_e i}\{\Psi(\bm{r})^*\nabla\Psi(\bm{r}) - \Psi(\bm{r})\nabla\Psi(\bm{r})^*\}$$

と置いて，

$$\frac{\partial\rho}{\partial t} = -\operatorname{div}\bm{s}$$

と書き換えられ，ちょうど流れに対する連続の方程式に対応している．ρ は

式(4.1)の定義からわかるように粒子の存在確率を表す密度であるので，s は**確率の流れ**を表すと考えられる．このような，流れが連続であるためには，波動関数とその1階微分は連続でなければならない．

これは，もし波動関数が滑らかな関数でないとすると，粒子が湧き出してきたりすることになるからであり，波動関数が波と同時に粒子を表していることからして，当然の制約である．

 2．**異なるエネルギー固有値に対応する波動関数は互いに直交する**．

2つの関数 Ψ_a，Ψ_b が**直交** (orthogonal) するとは，次の条件を満たすことである．

$$\int \Psi_b{}^*(\boldsymbol{r}, t)\, \Psi_a(\boldsymbol{r}, t)\, d\boldsymbol{r} = 0 \tag{4.5}$$

ただし，積分の範囲は関数が定義されている全領域である．式(4.5)の意味は次のように考えるとわかりやすい．3次元の2つのベクトル $\boldsymbol{a}(a_x, a_y, a_z)$，$\boldsymbol{b}(b_x, b_y, b_z)$ が直交していることは，ベクトルの内積 $\boldsymbol{a} \cdot \boldsymbol{b}$ が零であることによって表される．つまり，$a_x b_x + a_y b_y + a_z b_z = 0$ である．関数 $\Psi_a(\boldsymbol{r}, t)$，$\Psi_b(\boldsymbol{r}, t)$ を無限次元のベクトル $(\Psi_{a_1}, \Psi_{a_2}, \ldots\ldots, \Psi_{a_i}, \ldots\ldots)$，$(\Psi_{b_1}, \Psi_{b_2}, \ldots\ldots, \Psi_{b_i}, \ldots\ldots)$ と考えて成分 $\Psi_{a_i}\Psi_{b_i}$ を掛け合わせ，その和 $\sum$ を積分 $\int$ に拡張したと思えば式(4.5)が直交性を表していることが理解できる．ただし，一般に関数は複素関数でもいいので，同じ3次元ベクトルの内積がベクトルの大きさの2乗になることに対応させて，同じ複素ベクトルの内積が大きさの2乗になるように複素共役を表す $*$ がついているのである．さて，3次元ベクトルが直交しているのは x 方向のベクトルと y 方向のベクトルのように互いに独立な場合である．このことから類推すると，波動関数が直交していることは，エネルギー固有値の異なる状態が互いに独立であることに相当すると考えることができる．

§4.4 物理量を表すにはどうしたらいいか

第2章においてシュレーディンガー方程式を導くときに，運動量 $\boldsymbol{p}$ を $(\hbar/i)\nabla$ という微分演算子で置き換えた．このように量子力学の世界では一般に物理量は演算子で表現される．このような量を普通の数と区別して，**q数**（q-number：quantum mechanical number）とよぶことがある．これに対応して，古典力学に現れるような普通の数を，**c数**（c-number：cardinal number）という．

演算子については第7章でくわしく勉強することにするが，演算子とは関数に作用して演算を行うものである．たとえば $D = \partial/\partial x$ という演算子は何か関数 $f(x)$ に作用して1階の微分を行う．具体的には，関数が $f(x) = x^2$ であれば，$Dx^2 = 2x$ と計算されるわけである．位置 $\boldsymbol{r}$ や時間 t は一見，演算子ではないように見えるが，これらもそれぞれ $\boldsymbol{r}$ を掛ける，t を掛ける演算を行うと解釈すれば，演算子と考えてよい．

このように演算をするもので，どのように物理量が表されるかを考えてみる．§4.1で述べた波動関数の意味を思い出せば，時刻 t に粒子がもっとも存在しそうな位置，すなわち位置の**期待値**（expectation value）は演算子 $\boldsymbol{r}$ を用いて，

$$\langle \boldsymbol{r} \rangle = \int \boldsymbol{r} |\Psi(\boldsymbol{r}, t)|^2 d\boldsymbol{r}$$
$$= \int \Psi^*(\boldsymbol{r}, t) \, \boldsymbol{r} \, \Psi(\boldsymbol{r}, t) \, d\boldsymbol{r}$$

と表せるであろう．すなわち，物理量 $\boldsymbol{r}$ に存在確率の重みをつけて和をとったものが「粒子がもっとも存在しそうな位置」と考えられる．ここで，〈 〉は期待値を示す記号で，粒子が「$\langle \boldsymbol{r} \rangle$ にいることが期待される」または「平均として $\langle \boldsymbol{r} \rangle$ にいる」ことを表している．期待値は演算子ではなく普通の数（c数）である．

量子力学では，粒子は存在確率として表されるので，物理量も確率的な表現でしかとらえられない．たとえば，量子力学の世界では粒子の位置をはかっても，はかるたびごとにその値はばらつき，どこにいるときちんとは決めることができないことに注意しよう．位置をはかったとき，1回目は 1.0 cm, 2回目は 1.2 cm, 3回目は 0.8 cm, …… となり，平均は 1.0 cm であるとわかっても，実際にはかったとき，その値がいくつであるかは量子力学は答えることができない．もし全く同じ条件で何回も測定できれば，ここにいることが期待される，または平均としてここにいるとしか言えない．これは，量子力学的存在が粒子のように見えても，波として見ることもできる漠然としたものであるから，しかたがない．

さて，これまでの話を拡張すれば，量子力学の世界では物理量を表す演算子 A の期待値は次式で表せると類推できる．

$$\langle A \rangle = \int \Psi^*(\boldsymbol{r}, t) A \, \Psi(\boldsymbol{r}, t) \, d\boldsymbol{r} \tag{4.6}$$

ここで，積分の中を $A|\Psi(\boldsymbol{r}, t)|^2$ と書かずに，$\Psi^*(\boldsymbol{r}, t) A \, \Psi(\boldsymbol{r}, t)$ としてあることに注意しよう．$\boldsymbol{r}$ などの単なる掛算を表す演算子はどのように書いても問題ないが，微分演算子など一般的な演算子は書かれる位置と順番によって結果が変わってしまうので，どのように書くかは重要である．つまり，$\Psi^*(\boldsymbol{r}, t) A \, \Psi(\boldsymbol{r}, t)$ と書けば，$\Psi(\boldsymbol{r}, t)$ に A を演算した（たとえば微分した）結果に $\Psi^*(\boldsymbol{r}, t)$ を掛けることになるし，$A|\Psi(\boldsymbol{r}, t)|^2$ と書けば，積 $\Psi^*(\boldsymbol{r}, t) \Psi(\boldsymbol{r}, t)$ に A を演算する（たとえば微分する）ことになるので，結果は異なる．たとえば，ハミルトニアンの期待値を式(4.6)の定義にしたがって求めてみると，

$$\langle \mathcal{H} \rangle = \int \Psi^*(\boldsymbol{r}, t) \mathcal{H} \, \Psi(\boldsymbol{r}, t) \, d\boldsymbol{r}$$

である．いま，定常的な場合を考えることにして，時間を含まないシュレーディンガー方程式 $\mathcal{H}\Psi(\boldsymbol{r}) = \varepsilon \Psi(\boldsymbol{r})$ の関係を使えば，

§4.4 物理量を表すにはどうしたらいいか

$$\langle \mathcal{H} \rangle = \int \Psi^*(r) \mathcal{H} \, \Psi(r) \, dr$$

$$= \int \Psi^*(r) \varepsilon \, \Psi(r) \, dr$$

$$= \varepsilon \int \Psi^*(r) \, \Psi(r) \, dr$$

$$= \varepsilon$$

となり，確かにハミルトニアンの期待値はエネルギーの値を表しており矛盾がない．もし，期待値の定義を $\langle A \rangle = \int A |\Psi(r,t)|^2 \, dr$ とすると，ハミルトニアンの中にある微分演算子は $\Psi^*(r,t) \Psi(r,t)$ の積に作用することになるので，結果が異なってしまう．このことから，期待値の定義として式 (4.6) が適当であることがわかる．

さて，次に例として $\mathcal{H} - \varepsilon$ や $(\mathcal{H} - \varepsilon)^2$ などの期待値を求めてみよう．まず $\langle \mathcal{H} - \varepsilon \rangle$ は

$$\langle \mathcal{H} - \varepsilon \rangle = \int \Psi^*(r,t) \, (\mathcal{H} - \varepsilon) \, \Psi(r,t) \, dr$$

$$= \int \Psi^*(r,t) \{ \mathcal{H} \, \Psi(r,t) - \varepsilon \, \Psi(r,t) \} dr$$

$$= 0$$

であるが，これは，$\langle \mathcal{H} \rangle$ の期待値が ε であることと同じ内容を表している．次に，$\langle (\mathcal{H} - \varepsilon)^2 \rangle$ は

$$\langle (\mathcal{H} - \varepsilon)^2 \rangle = \int \Psi^*(r,t) \, (\mathcal{H} - \varepsilon)^2 \, \Psi(r,t) \, dr$$

$$= \int \Psi^*(r,t) \, (\mathcal{H} - \varepsilon) \, (\mathcal{H} - \varepsilon) \, \Psi(r,t) \, dr$$

$$= \int \Psi^*(r,t) \, (\mathcal{H} - \varepsilon) \{ \mathcal{H} \, \Psi(r,t) - \varepsilon \, \Psi(r,t) \} dr$$

$$= 0$$

である．$\langle (\mathcal{H} - \varepsilon)^2 \rangle$ のような期待値（平均値）からのずれの 2 乗平均の

平方根は平均2乗誤差または標準偏差と呼ばれ，分布の広がりを表す尺度として用いられる量である．標準偏差が0ということは期待値（平均値）からのずれがないことを意味している．つまり，定常的な場合はエネルギーをはかるといつも同じ値になり，その状態のエネルギーの値はいつもきちんと決まっていることがわかる．これはエネルギーの保存則に対応している．エネルギーのような保存量は標準偏差が0である特別な量である．

しかし，いつも標準偏差が0になるとは限らない．第5章に示すように，位置や運動量の標準偏差は0にならない場合がある．このことは，粒子の位置や運動量をはかると，測定された値はばらついて分布しており，測定頻度を調べてみると図4.3のような棒グラフとなり，平均はある一定値であるが，実際に測定される値はそのときそのときで異なり，決まった値ではないことを表している．これはエネルギーの場合と異なる．

量子力学は，物理量を式(4.6)で定義される期待値として与えるが，実際にその物理量を測定したときどのような値が得られるかについては何も言えないのである．

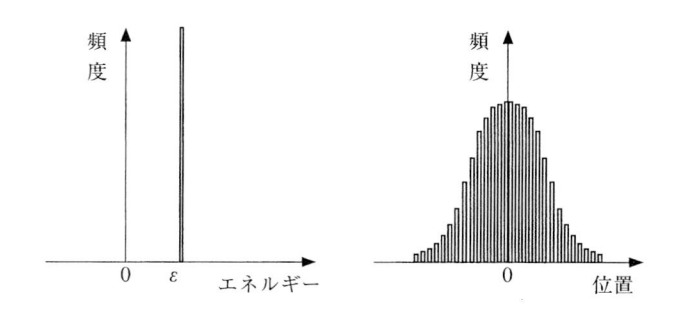

図 4.3　物理量の測定頻度

問　　　題

[1] 1次元の系において，波動関数が $\Psi(x) = c\exp[-\alpha^2 x^2/2]$ のような形に表されているとする．ここで，係数 c を規格化の条件から決めなさい．また，位置の期待値 $\langle x \rangle$ と 2 乗の期待値 $\langle x^2 \rangle$ を求めなさい．ただし，定積分の公式

$$\int_{-\infty}^{\infty} e^{-\alpha^2 x^2}\,dx = \frac{\sqrt{\pi}}{\alpha}, \quad \int_{-\infty}^{\infty} x\,e^{-\alpha^2 x^2}\,dx = 0, \quad \int_{-\infty}^{\infty} x^2 e^{-\alpha^2 x^2}\,dx = \frac{\sqrt{\pi}}{2\alpha^3}$$

を使いなさい．

[2] 1次元の系において，波動関数が $\Psi(x) = c/(x^2 + a^2)$ のような形に表されているとする．ここで，係数 c を規格化の条件から決めなさい．またこの場合，運動量の期待値 $\langle p \rangle$ と 2 乗の期待値 $\langle p^2 \rangle$ を求めなさい．（定積分は複素積分を利用するか，部分積分を行うことによって求められる．積分が不得意な読者は式を書くに留め，値を求めなくてもよい．）

5

箱の中に閉じ込められた粒子

　量子力学の例題として，箱の中に閉じ込められた粒子について勉強する．1次元の近似で，ある領域に閉じ込められた粒子に対するシュレーディンガー方程式を立て，これを解いて波動関数と固有値を実際に求めてみる．第4章で勉強したことを思い出して，波動関数の意味を復習し，粒子がとりうる状態とその状態のエネルギーを求めてみる．その結果は古典力学の常識からは考えられないゼロ点運動やトンネル効果などの量子力学的現象を示すことに感激しよう．

　[ポイント]　粒子がとりうる状態とその状態のエネルギー

§5.1　1次元の箱に閉じ込められた1つの粒子

　たとえば非常に小さな金属微粒子の中にある電子はモデル化して箱に閉じ込められた粒子として扱うことができる．これは現在，最先端の物理の世界で興味をもたれている問題と類似している．あるいはLSIなどの非常に細い幅の薄膜電気配線の中にある電子なども簡単化して同様に扱うことができるので重要な問題である．ここでは，1次元の箱に閉じ込められた1つの自由粒子の問題を量子力学の例題として勉強してみよう．

5.1.1　シュレーディンガー方程式とその解

　1次元近似で，粒子はx方向に，幅Lの中に閉じ込められており，その中では粒子に力が加わっていないとする．この粒子の運動エネルギーは，質

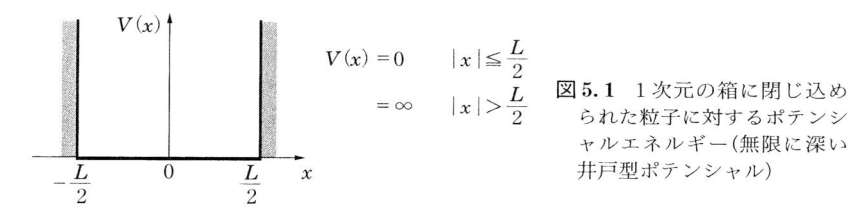

§5.1 1次元の箱に閉じ込められた1つの粒子

図 5.1 1次元の箱に閉じ込められた粒子に対するポテンシャルエネルギー(無限に深い井戸型ポテンシャル)

$$V(x) = 0 \quad |x| \leq \frac{L}{2}$$
$$= \infty \quad |x| > \frac{L}{2}$$

量を m_e，速度を v として $T = m_e v^2/2$ であり，運動量 $p_x = m_e v$ を変数としてとれば，$T = p_x^2/2m_e$ と表せる．ポテンシャルエネルギー U を，図5.1に示すように，次の $V(x)$ のようにとれば

$$\begin{aligned} V(x) &= 0 & -\frac{L}{2} \leq x \leq \frac{L}{2} \\ &= \infty & x < -\frac{L}{2}, \quad \frac{L}{2} < x \end{aligned} \tag{5.1}$$

幅 L の中ではポテンシャルエネルギーが 0 なので何も力が加わらず，外では ∞ なので粒子は幅 L の範囲からは出られず閉じ込められていることが表される．このようなポテンシャルは井戸のような形をしているので**井戸型ポテンシャル** (square-well potential) という．特に，量子効果を扱う場合は量子井戸などの用語が使われることもある．

さて，ポテンシャルが時間に依存しないので，第3章の約束にしたがって，$p_x \to (\hbar/i)(\partial/\partial x)$ と置いてハミルトニアンを作り，時間を含まないシュレーディンガー方程式を立てると次式が得られる．

$$\left\{ -\frac{\hbar^2}{2m_e}\frac{d^2}{dx^2} + V(x) \right\} \Psi(x) = \varepsilon \Psi(x)$$

ここで，この式は式(5.1)のポテンシャルエネルギーの表式を使えば

$$-\frac{\hbar^2}{2m_e}\frac{d^2 \Psi(x)}{dx^2} = \varepsilon \Psi(x) \quad -\frac{L}{2} \leq x \leq \frac{L}{2} \tag{5.2}$$

と表される．

5. 箱の中に閉じ込められた粒子

$$k^2 \equiv \frac{2m_e\varepsilon}{\hbar^2} \tag{5.3}$$

と置けば，式(5.2)は

$$\frac{d^2\Psi(x)}{dx^2} = -k^2\Psi(x) \tag{5.4}$$

となる．

粒子は箱の外に出られないので，粒子の状態を表している波動関数 Ψ は外側では0である．したがって，式(5.4)を $\Psi(-L/2) = \Psi(L/2) = 0$ の境界条件をつけて解けば，箱の中の粒子の状態が求められる．式(5.4)の一般解は，積分定数を a, b として，

$$\Psi(x) = a\,\mathrm{e}^{ikx} + b\,\mathrm{e}^{-ikx} \tag{5.5}$$

である．これが解であることは，1回微分して $\Psi' = aik\,\mathrm{e}^{ikx} - bik\,\mathrm{e}^{-ikx}$，もう1回微分して $\Psi'' = -k^2 a\,\mathrm{e}^{ikx} - k^2 b\,\mathrm{e}^{-ikx} = -k^2(a\,\mathrm{e}^{ikx} + b\,\mathrm{e}^{-ikx})$ であることから確かめられる．境界条件は

$$\Psi\left(-\frac{L}{2}\right) = \Psi\left(\frac{L}{2}\right) = 0$$

であるから，式(5.5)に $x = \pm L/2$ を代入して0と置けば

$$a\,\mathrm{e}^{i\frac{kL}{2}} + b\,\mathrm{e}^{-i\frac{kL}{2}} = 0 \qquad ①$$

$$a\,\mathrm{e}^{-i\frac{kL}{2}} + b\,\mathrm{e}^{i\frac{kL}{2}} = 0 \qquad ②$$

でなければならない．ここで，指数関数 e^{iz} は三角関数を使って書き直すと $\mathrm{e}^{iz} = \cos z + i\sin z$ であるので，

$$a\left(\cos\frac{kL}{2} + i\sin\frac{kL}{2}\right) + b\left(\cos\frac{kL}{2} - i\sin\frac{kL}{2}\right) = 0$$

$$\rightarrow \quad (a+b)\cos\frac{kL}{2} + i(a-b)\sin\frac{kL}{2} = 0 \qquad ①'$$

$$a\left(\cos\frac{kL}{2} - i\sin\frac{kL}{2}\right) + b\left(\cos\frac{kL}{2} + i\sin\frac{kL}{2}\right) = 0$$

§5.1 1次元の箱に閉じ込められた1つの粒子

$$\rightarrow \quad (a+b)\cos\frac{kL}{2} - i(a-b)\sin\frac{kL}{2} = 0 \quad \text{②}'$$

となり，

①′ + ②′ : $\quad 2(a+b)\cos\dfrac{kL}{2} = 0$

①′ − ②′ : $\quad 2i(a-b)\sin\dfrac{kL}{2} = 0$

を満たさなければならないことがわかる．ところで，$a=b=0$ の場合はこの条件を満足するが，$\varPsi(x)=0$ となりこれは粒子がないという意味になるので，問題の設定と合わない．したがって，$a=b=0$ の場合は解から除外する．

$\varPsi(x)$ が意味のある解であって境界条件を満たすためには，次の2つの場合（Ⅰ），（Ⅱ）のいずれかの条件を満足しなければならない．

（Ⅰ）$\quad a=b \quad$ かつ $\quad \cos\dfrac{kL}{2} = 0$

さて，$\cos\dfrac{kL}{2} = 0$ の条件を満たすには，k は

$$\frac{k_j L}{2} = (2j-1)\frac{\pi}{2} \quad (j = 1, 2, 3, \cdots)$$

を満足する特別な値でなければならない．このとき，状態を表す波動関数 $\varPsi$ と，エネルギー ε は整数 j に対応して，

$$\varPsi_j(x) = c_j \cos k_j x \tag{5.6}$$

$$\varepsilon_j = \frac{\hbar^2 k_j^2}{2m_e}$$

と求められる．ただし，波動関数の係数は $c \equiv 2a = 2b$ と置いたが，実際には規格化条件によって決まる積分定数である．また，エネルギーは式(5.3)の関係から求められる．

（Ⅱ）$\quad a=-b \quad$ かつ $\quad \sin\dfrac{kL}{2} = 0$

$\sin\dfrac{kL}{2}=0$ の条件を満たすには k は

$$\dfrac{k_j L}{2}=j\pi \qquad (j=1,2,3,\cdots)$$

を満足する特別な値でなければならない．このとき，$j=0$ の場合は恒等的に 0 となり，つまり粒子がないことになるので解ではないことに注意されたい．状態を表す波動関数 $\varPsi_j$ と，対応するエネルギー ε_j は次のように求まる．ただし，$d_j=2ia_j=-2ib_j$ である．

$$\varPsi_j(x)=d_j\sin k_j x \tag{5.7}$$

$$\varepsilon_j=\dfrac{\hbar^2 k_j^{\,2}}{2m_e}$$

以上 (I)，(II) の結果をまとめると，エネルギーは

$$\varepsilon_n=\dfrac{1}{2m_e}\left(\dfrac{\hbar\pi}{L}\right)^2 n^2 \qquad (n=1,2,3,\cdots) \tag{5.8}$$

と表され，$k=n\pi/L$ と書くと，波動関数は n が奇数の場合は $\cos kx$，偶数の場合は $\sin kx$ と書けることがわかる．ここで n が奇数の場合は(I)に，偶数の場合は(II)に対応している．定常状態の問題では，解はその状態のエネルギー固有値を ε として $\mathrm{e}^{-i\frac{\varepsilon}{\hbar}t}$ の時間依存性をもつことが暗黙の了解であったことを思いだそう．時間依存性はいつも $\exp[-i\varepsilon_n t/\hbar]$ であるから，波動関数 $\cos kx$ または $\sin kx$ 等の状態は場所ごとに異なった一定の振幅で時間的に振動している定在波を表していることがわかる．

さて，x を $-x$ で置き換えると，$\cos kx$ は $\cos(-kx)=\cos kx$ であるからそれ自身に，$\sin kx$ は $\sin(-kx)=-\sin kx$ であるから符号が変わったものになるので，波動関数はそれぞれ偶関数と奇関数である．波動関数の **偶奇性**（パリティーともいう：parity）は問題の対称性を反映しており，このような対称性を利用すると一層簡単に解が求められる．シュレーディンガー方程式を

§5.1 1次元の箱に閉じ込められた1つの粒子

$$\left\{-\frac{\hbar^2}{2m_e}\frac{d^2}{dx^2} + V(x)\right\}\Psi(x) = \varepsilon\,\Psi(x)$$

と書き，x を $-x$ で置き換えてみよう．さらに，いまの問題はポテンシャルエネルギーが原点に対し対称な偶関数で，$V(x) = V(-x)$ であることを使えば，

$$\left\{-\frac{\hbar^2}{2m_e}\frac{d^2}{dx^2} + V(x)\right\}\Psi(-x) = \varepsilon\,\Psi(-x)$$

が成立する．これは $\Psi(x)$ が固有値 ε に対する解であれば，$\Psi(-x)$ も同じ固有値に対する解で波動関数であることを意味しており，どちらも同じ状態を表しているので，その違いは定数倍の違いでしかないはずである．したがって，その定数を c と書けば $\Psi(-x) = c\Psi(x)$ である．さらに左辺の x を $-x$ と置き換えれば，$\Psi(x) = c\Psi(-x) = c^2\Psi(x)$ であるから，$c = \pm 1$ となり，波動関数は偶関数か奇関数かのどちらかになる．このように，ポテンシャルエネルギーが偶関数であれば，波動関数は偶関数か奇関数になることは解を求めなくてもわかる．そこで最初から，解として偶関数または奇関数を想定すれば $\sin kx$ または $\cos kx$ の形はすぐに求められたわけである．

さて，箱の中に閉じ込められた粒子の状態とエネルギーは連続的には変化せず，とびとびの値を**エネルギー準位**（energy level）としてもち，ディジタル化されていることがわかる．これは量子力学の重要な結果である．古典力学ではとびとびになる理由はなく，連続的である．

なお，エネルギーがとびとびになる原因は**境界条件**（boundary condition）にあることを注意しておこう．ここで，とびとびになることを示す整数 n のような数を**量子数**（quantum number）という．

とびとびのエネルギー間の間隔 $\varDelta$ を見積ってみる．$\varDelta \sim \dfrac{1}{2m_e}\left(\dfrac{\hbar\pi}{L}\right)^2$ であるから，$L = 1\,\text{cm}$ で電子の場合を計算してみると $0.5 \times 10^{-16}\,\text{eV}$ とな

る．これはわれわれが住んでいる世界の温度，室温(300 K)のエネルギー 0.03 eV に比べて非常に小さいので $\varDelta \sim 0$ とみなせ，われわれにとっては，とびとびと言っても事実上連続的に変化するように見える．これは $L = 1$ cm というような大きな箱の中に粒子を入れても量子力学的な効果はわからないことを意味している．ところで，$L = 1$ Å $(10^{-10}$ m$)$ と固体の原子間隔程度の大きさの中に電子が閉じ込められたとすると $\varDelta = 0.5$ eV であって連続的変化とはみなせなくなる．このように原子レベルのミクロの世界では量子力学的な効果が重要になるのである．

5.1.2 波動関数の規格化と直交性

次に，積分定数である波動関数の係数 $c_j (= 2a_j = 2b_j)$, $d_j (= 2ia_j = -2ib_j)$ を，第4章で勉強した規格化条件に基づいて決めておこう．積分定数は式 (4.2) の規格化条件が満たされるように決めなければならない．たとえば，いまの例ではエネルギーが一番低い状態 ($n = 1$) の波動関数は $c_1 \cos \frac{\pi}{L} x$ であるが，規格化の条件から

$$\int_{-L/2}^{L/2} \left(c_1 \cos \frac{\pi}{L} x \right)^* \left(c_1 \cos \frac{\pi}{L} x \right) dx = 1$$

積分 $= |c_1|^2 \int_{-L/2}^{L/2} \cos^2 \frac{\pi}{L} x \, dx = |c_1|^2 \int_{-L/2}^{L/2} \frac{1 + \cos \frac{2\pi}{L}}{2} dx = |c_1|^2 \frac{1}{2} L$

であり，$c_1 = \sqrt{\frac{2}{L}}$ となるから，波動関数は $\varPsi_1 = \sqrt{\frac{2}{L}} \cos \frac{\pi}{L} x$ と決められる．ただし，絶対値が1のファクタだけは自由度があるので，たとえば $-\sqrt{\frac{2}{L}} \cos \frac{\pi}{L} x$ としてもよい．波動関数の絶対値の2乗だけに意味があるとしたので，自由度があることは別に問題ではない．ここで，積分の範囲 $-L/2 \sim L/2$ は粒子が存在しうる全範囲をとった．エネルギーが一番低い

§5.1 1次元の箱に閉じ込められた1つの粒子   47

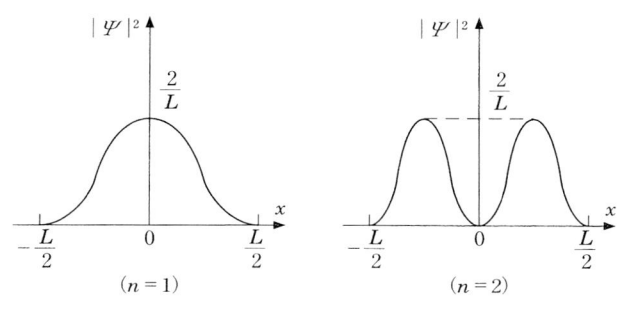

図 5.2 粒子の存在確率

状態にある粒子の存在確率は $|\Psi_1|^2 = \dfrac{2}{L} \cos^2 \dfrac{\pi}{L} x$ となり，これを図 5.2 に示してみると中央の $x = 0$ で存在確率が高いことがわかる．同様にして，次にエネルギーが低い状態 ($n = 2$) の波動関数は $d_1 \sin \dfrac{2\pi}{L} x$ であったが，規格化条件から，$d_1 = \sqrt{\dfrac{2}{L}}$ となり，波動関数は $\Psi_2 = \sqrt{\dfrac{2}{L}} \sin \dfrac{2\pi}{L} x$ となる．存在確率は $|\Psi_2|^2 = \dfrac{2}{L} \sin^2 \dfrac{2\pi}{L} x$ となり，中央の $x = 0$ で小さい．このように，粒子のエネルギーと状態が異なれば，粒子の存在確率も異なることがわかる．

さらに，1次元の箱の中に閉じ込められた粒子を例にとって波動関数の直交性を確かめておく．エネルギーが一番低い状態 ($n = 1$) の波動関数は $\Psi_1 = \sqrt{\dfrac{2}{L}} \cos \dfrac{\pi}{L} x$ であり，2 番目にエネルギーが低い状態 ($n = 2$) の波動関数は $\Psi_2 = \sqrt{\dfrac{2}{L}} \sin \dfrac{2\pi}{L} x$ である．このエネルギーが異なる2つの状態の波動関数が直交していることは次のようにして確かめられる．

$$\int_{-L/2}^{L/2} \Psi_1^* \Psi_2 \, dx = \int_{-L/2}^{L/2} \left(\sqrt{\dfrac{2}{L}} \cos \dfrac{\pi}{L} x \right)^* \left(\sqrt{\dfrac{2}{L}} \sin \dfrac{2\pi}{L} x \right) dx$$

$$= \left(\frac{2}{L}\right) \int_{-L/2}^{L/2} \cos\frac{\pi}{L} x \sin\frac{2\pi}{L} x \, dx = 0$$

最後の定積分の値は真面目に計算すれば，もちろんゼロになるが，奇関数の対称領域 $-L/2 \sim L/2$ の積分であるからゼロになることはすぐにわかるであろう．

5.1.3 粒子の位置と運動量

さて，1次元の箱に閉じ込められた粒子を例にとって，さらにくわしく勉強してみよう．まず，粒子の位置の期待値 $\langle x \rangle$ を求めてみる．エネルギーが一番低い粒子 ($n=1$) に対し，位置の期待値を求めてみると，波動関数は $\Psi_1 = \sqrt{\frac{2}{L}} \cos\frac{\pi}{L} x$ であるから，定義にしたがって期待値は

$$\langle x \rangle = \int_{-L/2}^{L/2} \left(\sqrt{\frac{2}{L}} \cos\frac{\pi}{L} x\right)^* x \left(\sqrt{\frac{2}{L}} \cos\frac{\pi}{L} x\right) dx$$

$$= \frac{2}{L} \int_{-L/2}^{L/2} x \cos^2 \frac{\pi}{L} x \, dx = 0$$

である．定積分はまじめに計算してもよいが，奇関数の対称な領域に対する定積分であるからゼロであることはすぐにわかる．問題の対称性から考えても，平均がゼロになることは当然予測される結果である．

エネルギーが2番目に低い粒子 ($n=2$) に対しても，同様に $\langle x \rangle$ を求めてみると，波動関数は $\Psi_2 = \sqrt{\frac{2}{L}} \sin\frac{2\pi}{L} x$ であるので，定義にしたがって計算すれば，

$$\langle x \rangle = \int_{-L/2}^{L/2} \left(\sqrt{\frac{2}{L}} \sin\frac{2\pi}{L} x\right)^* x \left(\sqrt{\frac{2}{L}} \sin\frac{2\pi}{L} x\right) dx$$

$$= \frac{2}{L} \int_{-L/2}^{L/2} x \sin^2 \frac{2\pi}{L} x \, dx = 0$$

である．同様にして，他のエネルギー準位の粒子に対する期待値を求めることができるが，その値は，この問題の場合はいずれもゼロである．

次に，粒子の位置のばらつきの目安として，期待値からのずれ $x - \langle x \rangle$ の2乗平均 $\langle (x - \langle x \rangle)^2 \rangle$ を求めてみる．いま $\langle x \rangle = 0$ であるから，$\langle x^2 \rangle$ を計算すればよい．エネルギーが一番低い状態で $\langle x^2 \rangle$ を求めると粒子の波動関数は $\Psi_1 = \sqrt{\dfrac{2}{L}} \cos \dfrac{\pi}{L} x$ であるから，定義にしたがって計算すれば

$$\langle x^2 \rangle = \int_{-L/2}^{L/2} \left(\sqrt{\frac{2}{L}} \cos \frac{\pi}{L} x \right)^* x^2 \left(\sqrt{\frac{2}{L}} \cos \frac{\pi}{L} x \right) dx$$

$$= \frac{2}{L} \int_{-L/2}^{L/2} x^2 \cos^2 \frac{\pi}{L} x \, dx$$

$$= \frac{1}{12} \left(1 - \frac{6}{\pi^2} \right) L^2$$

と求まる．なお，定積分の値は部分積分によって求めることができる．同様にして，他のエネルギー準位の粒子のばらつきを求めることができる．その値はいずれもゼロではない．このことから，粒子の位置をはかると，測定された値はばらついて分布しておりその平均はゼロであるが，実際に測定される値はそのときそのときで異なり，決まった値ではないことがわかる．これは第4章で述べたエネルギーの場合とは異なる．

また，運動量の期待値とばらつきも同じように求められる．エネルギーが一番低い粒子について，$\langle p_x \rangle$ を求めると，

$$\langle p_x \rangle = \int_{-L/2}^{L/2} \left(\sqrt{\frac{2}{L}} \cos \frac{\pi}{L} x \right)^* \frac{\hbar}{i} \frac{\partial}{\partial x} \left(\sqrt{\frac{2}{L}} \cos \frac{\pi}{L} x \right) dx$$

$$= \frac{2}{L} \frac{\hbar}{i} \int_{-L/2}^{L/2} \cos \frac{\pi}{L} x \left(-\frac{\pi}{L} \sin \frac{\pi}{L} x \right) dx$$

$$= -\frac{\pi}{L^2} \frac{\hbar}{i} \int_{-L/2}^{L/2} \sin \frac{2\pi}{L} x \, dx = 0$$

である．ここで，$\langle p_x \rangle = 0$ となるのは，系の対称性から，x のプラス方向に進む粒子とマイナス方向に進む粒子が同数あると考えれば当然の結果である．また，運動量のばらつきの目安として $\langle p_x^2 \rangle$ を計算し，その結果を示せば，

$$\langle p_x{}^2 \rangle = \int_{-L/2}^{L/2} \left(\sqrt{\frac{2}{L}} \cos \frac{\pi}{L} x \right)^* \left(\frac{\hbar}{i} \right)^2 \frac{\partial^2}{\partial x^2} \left(\sqrt{\frac{2}{L}} \cos \frac{\pi}{L} x \right) dx$$

$$= \frac{2}{L} \hbar^2 \int_{-L/2}^{L/2} \cos \frac{\pi}{L} x \left\{ \left(\frac{\pi}{L} \right)^2 \cos \frac{\pi}{L} x \right\} dx$$

$$= \frac{\hbar^2 \pi^2}{L^2}$$

となり，ゼロではない．

式(5.8)から，この状態のエネルギー ε_1 は，$\varepsilon_1 = \frac{1}{2m_e} \left(\frac{\hbar \pi}{L} \right)^2$ であって，$\langle p_x{}^2 \rangle$ の値とは，ちょうど $\langle p_x{}^2 \rangle = 2m_e \varepsilon_1$ の関係になっている．いま，ポテンシャルエネルギーはゼロであるから，古典力学で考えられる全エネルギーは運動エネルギー $p^2/2m_e$ であって，この関係とちょうど対応していることがわかる．位置 x の場合と同様，p_x のばらつきはゼロではないので，測定される平均値がゼロであっても，決まった値をもつわけではない．

§5.2　閉じ込められた粒子は動き回る

箱に閉じ込められた粒子がもつ最低のエネルギーは式(5.8)を見ればわかるように，$n=1$ の場合で，

$$\varepsilon_1 = \frac{1}{2m_e} \left(\frac{\hbar \pi}{L} \right)^2$$

であり，ゼロではない．

ここで，念のために $n=0$ の場合が解でないことを再確認しておこう．$n=0$ は5.1.1節で解を求めた場合の(II)における $j=0$ の場合に当る．$j=0$ の場合は，$k_0=0$ であるので，式(5.7)から波動関数は $\Psi_0 = d_0 \sin k_0 x = 0$ と恒等的に0になってしまい粒子がないことになってしまう．したがって，$n=0(j=0)$ の場合は解ではないので除外されているわけである．

いま，箱の中ではポテンシャルエネルギーはゼロであるから，粒子がゼロでないエネルギーをもつということは，運動エネルギーをもっていることを

示している．つまり，一番エネルギーの低い安定な状態でも粒子は動き回っていることを示している．このように，ゼロでない最低のエネルギーを**ゼロ点エネルギー**（zero-point energy）といい，その運動を**ゼロ点運動**（zero-point motion）という(零点エネルギー，零点運動という場合もある)．ゼロ点運動の状態を表す波動関数は式(5.6)の $j=1$ の場合で $\Psi_1 = \sqrt{\dfrac{2}{L}} \cos \dfrac{\pi}{L} x$ である．

なお，エネルギーが2番目に低い状態は，波動関数 $\Psi_2 = \sqrt{\dfrac{2}{L}} \sin \dfrac{2\pi}{L} x$ の状態であって，そのエネルギーは $\varepsilon_2 = \dfrac{4}{2m_e}\left(\dfrac{\hbar\pi}{L}\right)^2$ である．

§5.3　ポテンシャルエネルギーの高さが有限の場合

ポテンシャルエネルギー $V(x)$ が

$$
\begin{aligned}
V(x) &= 0 & -\frac{L}{2} &\leqq x \leqq \frac{L}{2} \\
&= V_0 & x &< -\frac{L}{2},\quad \frac{L}{2} < x
\end{aligned}
\tag{5.9}
$$

で与えられ，ポテンシャルエネルギーの高さが無限でなく有限の場合を考えてみよう．粒子は幅 L で有限高さ V_0 のポテンシャルエネルギーの井戸の中にあり，その中では粒子に力が加わっていない．この粒子の運動エネルギーは，質量を m_e，速度を v として $T = m_e v^2/2$ であり，運動量 $p_x = m_e v$ を変数としてとれば，$T = p_x^2/2m_e$ である．p_x を微分演算子で置き換えて，ハミルトニアンを作ると，シュレーディンガー方程式は x の値によって異なり，

$$
\frac{d^2\Psi(x)}{dx^2} = -k^2\Psi(x) \qquad -\frac{L}{2} \leqq x \leqq \frac{L}{2} \tag{5.10}
$$

$$
\frac{d^2\Psi(x)}{dx^2} = \kappa^2\Psi(x) \qquad x < -\frac{L}{2},\quad \frac{L}{2} < x \tag{5.11}
$$

と書ける．ただし，いま，粒子がポテンシャルエネルギーの井戸の中に閉じ込められている，$\varepsilon < V_0$ の場合を考えているので

$$k^2 = \frac{2m_e\varepsilon}{\hbar^2}, \qquad \kappa^2 = \frac{2m_e(V_0 - \varepsilon)}{\hbar^2}$$

と置いた．

　ポテンシャルエネルギーは偶関数であるので，波動関数は偶関数または奇関数であることに注意しよう．式(5.10)の解はすでにみつけたので，それを使えば $c \cos kx$ または $d \sin kx$ である．また，式(5.11)の特解は $\mathrm{e}^{-\kappa x}$ または $\mathrm{e}^{\kappa x}$ であることは，これらを代入してみれば式を満足することから確かめられる．ただし $x < -L/2$ の領域では，$\mathrm{e}^{-\kappa x}$ は $x \to -\infty$ で発散してしまうので物理的に意味のある解ではないし，$L/2 < x$ の領域では，$\mathrm{e}^{\kappa x}$ は $x \to \infty$ で発散してしまうので同様に解ではない．以上のことから，解は次のように書ける．

（I）　波動関数が偶関数の場合

$$\begin{aligned}
\Psi(x) &= c \cos kx & -\frac{L}{2} \leqq x \leqq \frac{L}{2} \\
&= a\,\mathrm{e}^{-\kappa x} & x > \frac{L}{2} \\
&= a\,\mathrm{e}^{\kappa x} & x < -\frac{L}{2}
\end{aligned} \qquad (5.12)$$

（II）　波動関数が奇関数の場合

$$\begin{aligned}
\Psi(x) &= d \sin kx & -\frac{L}{2} \leqq x \leqq \frac{L}{2} \\
&= a\,\mathrm{e}^{-\kappa x} & x > \frac{L}{2} \\
&= -a\,\mathrm{e}^{\kappa x} & x < -\frac{L}{2}
\end{aligned} \qquad (5.13)$$

さて，第4章で述べたように，波動関数とその微分は連続でなければならない．この条件を使えば，$\Psi(x)$ と $d\Psi(x)/dx$ はそれぞれ $x = \pm L/2$ で連続でなければならないから，

§5.3 ポテンシャルエネルギーの高さが有限の場合

(I) 波動関数が偶関数の場合

$$c \cos \frac{kL}{2} = a\, e^{-\kappa L/2}$$

$$ck \sin \frac{kL}{2} = a\kappa\, e^{-\kappa L/2}$$

$$\therefore \quad k \tan \frac{kL}{2} = \kappa \tag{5.14}$$

(II) 波動関数が奇関数の場合

$$d \sin \frac{kL}{2} = a\, e^{-\kappa L/2}$$

$$dk \cos \frac{kL}{2} = -a\kappa\, e^{-\kappa L/2}$$

$$\therefore \quad k \cot \frac{kL}{2} = -\kappa \tag{5.15}$$

である．式(5.14)または，式(5.15)を解けばエネルギーが求められる．ただし，解析的には解は求められないので，数値的に解くことになるが，その結果は§5.1と同じように特別なとびとびのエネルギーだけが許されることになる．また，定数 c と a または d と a との間の関係が求められるので，§5.1の問題の場合と同様に積分定数を除いて波動関数が決められたことになる．積分定数は規格化条件によって決められる．しかし，ここでは実際に

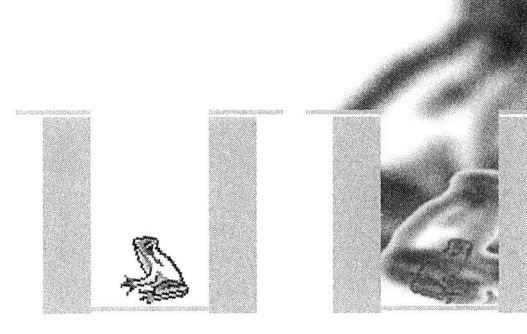

図5.3 有限の高さの井戸の中の蛙

古典力学的蛙　　量子力学的蛙

解を求めることはせず，波動関数の特徴に注意することに留めよう．式 (5.12)または(5.13)を見ると，波動関数 Ψ は $x < -L/2$ または $L/2 < x$ の領域でも有限の値をもっていることがわかる．つまり，粒子の波はポテンシャルエネルギーの外側にしみ出してきているわけである．古典力学では粒子のエネルギー ε がポテンシャルの高さ V_0 より低い場合は，粒子は外側には絶対に出てこない．たとえば，井戸型ポテンシャルの中の自由電子にたとえて，図5.3のような井戸の中の蛙を考えると，蛙はジャンプのエネルギー以上に相当する高さの井戸からは絶対に外に出てこられない．しかしこの節の結果は，量子力学の世界では蛙が外にしみ出してこられることを意味している．このように，粒子が有限の高さのポテンシャルエネルギー障壁を越えるような，量子力学の世界に特有の現象を**トンネル効果**（tunnel effect）という．

問　　　題

[1] 1次元の箱の中に閉じ込められた粒子のエネルギーと波動関数を，エネルギーが低い順番に下から5番目のエネルギー準位まで書きなさい．

[2] 1次元の箱の中に閉じ込められた粒子について，エネルギー準位が下から3番目である粒子の存在確率を位置の関数として図示しなさい．

[3] 1次元の箱の中に閉じ込められた粒子について，エネルギー準位が下から2番目である粒子と3番目である粒子の波動関数が直交していることを確かめなさい．

6

同種粒子は区別できない

　量子力学では同種粒子は区別できない．仮に，2つの電子に1，2と名前をつけて区別しても，見分けがつかなくなってしまう．これを粒子の不可弁別性といい，古典力学と大きく異なる点である．不可弁別性からこの世には2種類の粒子，フェルミ粒子とボース粒子が存在することがわかる．フェルミ粒子に関するパウリの原理と，ボース粒子のボース凝縮について勉強する．
　［ポイント］　粒子の不可弁別性

§6.1　1次元の箱に閉じ込められた複数個の粒子

　前章につづき，1次元の箱の中に2個以上の粒子が閉じ込められている問題を考えてみよう．粒子間にはクーロン相互作用などの何らかの相互作用がある．しかし，ここでは簡単のために，粒子間の相互作用を無視する．比較的大きな箱の中に少数の粒子を閉じ込めたような場合には，粒子は独立に存在し相互作用はないとしてもよいであろう．このとき，ポテンシャルエネルギーは式(5.1)と同じように書け，運動エネルギーは複数個の粒子の和となる．したがって，この問題に対するシュレーディンガー方程式は，粒子1，2，3，…の座標を $x_1, x_2, x_3, \cdots$ として，

$$\left\{-\frac{\hbar^2}{2m_e}\frac{\partial^2}{\partial x_1^2} - \frac{\hbar^2}{2m_e}\frac{\partial^2}{\partial x_2^2} - \frac{\hbar^2}{2m_e}\frac{\partial^2}{\partial x_3^2} - \cdots\right\}\Psi = \varepsilon\Psi \quad (6.1)$$

のように書けるので，この微分方程式を次の境界条件の基に解けば解が得ら

れる．

$$\Psi\left(-\frac{L}{2}, x_2, x_3, \cdots\right) = \Psi\left(\frac{L}{2}, x_2, x_3, \cdots\right) = 0$$

$$\Psi\left(x_1, -\frac{L}{2}, x_3, \cdots\right) = \Psi\left(x_1, \frac{L}{2}, x_3, \cdots\right) = 0$$

$$\Psi\left(x_1, x_2, -\frac{L}{2}, \cdots\right) = \Psi\left(x_1, x_2, \frac{L}{2}, \cdots\right) = 0$$

$$\vdots$$

ここで，全体系の波動関数を次のように変数分離形で与え，

$$\Psi = \varphi_A(x_1)\,\varphi_B(x_2)\,\varphi_C(x_3)\cdots$$

と置いて，これを式(6.1)に代入すれば，

$$\left\{-\frac{\hbar^2}{2m_e}\frac{\partial^2}{\partial x_1^2} - \frac{\hbar^2}{2m_e}\frac{\partial^2}{\partial x_2^2} - \frac{\hbar^2}{2m_e}\frac{\partial^2}{\partial x_3^2} - \cdots\right\}\varphi_A(x_1)\,\varphi_B(x_2)\,\varphi_C(x_3)\cdots$$
$$= \varepsilon\,\varphi_A(x_1)\,\varphi_B(x_2)\,\varphi_C(x_3)\cdots$$

が得られる．この式の両辺を全体系の波動関数で割ると，

$$-\frac{\hbar^2}{2m_e}\frac{1}{\varphi_A(x_1)}\frac{d^2\varphi_A(x_1)}{dx_1^2} - \frac{\hbar^2}{2m_e}\frac{1}{\varphi_B(x_2)}\frac{d^2\varphi_B(x_2)}{dx_2^2}$$
$$-\frac{\hbar^2}{2m_e}\frac{1}{\varphi_C(x_3)}\frac{d^2\varphi_C(x_3)}{dx_3^2} - \cdots = \varepsilon$$

となる．この式の左辺の第1項は変数が x_1 だけの関数，第2項は変数が x_2 だけの関数，第3項は変数が x_3 だけの関数，……であり，右辺は $x_1, x_2, \cdots$ にはよらない定数であるので，左辺の各項が定数でなければこの式は成立しない．そこで，その定数を $\varepsilon_A, \varepsilon_B, \varepsilon_C, \cdots$ とすると

$$-\frac{\hbar^2}{2m_e}\frac{1}{\varphi_A(x_1)}\frac{d^2\varphi_A(x_1)}{dx_1^2} = \varepsilon_A$$

$$-\frac{\hbar^2}{2m_e}\frac{1}{\varphi_B(x_2)}\frac{d^2\varphi_B(x_2)}{dx_2^2} = \varepsilon_B$$

$$-\frac{\hbar^2}{2m_e}\frac{1}{\varphi_C(x_3)}\frac{d^2\varphi_C(x_3)}{dx_3^2} = \varepsilon_C$$

$$\vdots$$

である．ただし，$\varepsilon_A + \varepsilon_B + \varepsilon_C + \cdots = \varepsilon$ である．また，境界条件は次のように書ける．

$$\varphi_A\left(-\frac{L}{2}\right) = \varphi_A\left(\frac{L}{2}\right) = 0$$

$$\varphi_B\left(-\frac{L}{2}\right) = \varphi_B\left(\frac{L}{2}\right) = 0$$

$$\varphi_C\left(-\frac{L}{2}\right) = \varphi_C\left(\frac{L}{2}\right) = 0$$

$$\vdots$$

これらの式はおのおの粒子1個の問題に対する式と同じで，全体の状態を表す波動関数は各粒子の波動関数の積で，全体のエネルギーは各粒子のエネルギーの和で表されることがわかる．この結果は最初に，粒子間に相互作用がなく独立であるとしたので当然の結果である．

では，各粒子は実際にどのようなエネルギーをもつかについて，次に考えてみよう．単純にどの粒子もエネルギーが一番低い状態をとるとしてよいであろうか．

§6.2　フェルミ粒子とボース粒子

量子力学の世界では同種粒子は区別できない．これを**不可弁別性**（indistinguishability）という．

われわれの世界では，たとえば人間は互いに区別できる．区別できるということは名前がつけられるということである．たとえば，いろいろな人がいる部屋に花子さんが入っていったとする．その部屋にもとからいた太郎さんと，入ってきた花子さんは区別できる．時間がたって，人が混じり合っても花子さんは花子さん，太郎さんは太郎さんである．

花子さんがバーゲンセールで混雑したデパートに入って，買い物をして出てきたとする．花子さんのあとをつけて，デパートの入り口で待っていたストーカーには出てきた花子さんがすぐわかる．つまり，人間は区別できるわ

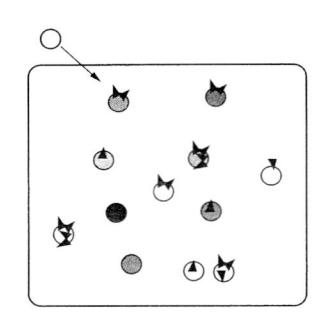

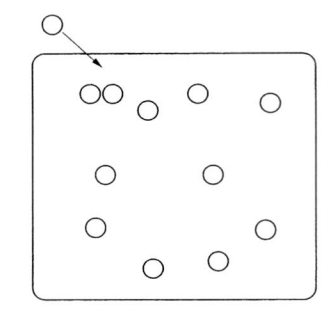

図6.1 古典力学では，花子粒子と太郎粒子は区別できる

量子力学では区別できない
→ フェルミ粒子 or ボース粒子

図 6.1　同種粒子は区別できない

けである．量子力学の世界では同種粒子は区別できない．"花子さん電子"が，すでに多数の電子がある箱の中に入り，その後箱の中から電子が飛び出してきたとする．その電子が"花子さん電子"であるか，あるいは他の"太郎さん電子"なのか，誰にもわからない．つまり，同種粒子は区別できないのである．

　不可弁別性を同種粒子が衝突するような場合を例にとってさらに説明してみよう．古典力学では粒子の位置や速度はある決まった値であるので，粒子の位置を時々刻々，追って見ることができる．ある粒子に注目して名前をつけ，その粒子を追跡することができるので，他の粒子とは区別できる．2つの粒子が接近し，衝突したあとも，それぞれの粒子が何であるのか区別できる．ところが，量子力学では，電子の位置や運動量は一般に確率でしか与えられない．仮に，ある電子を花子，別の電子を太郎と名づけたとしても，花子さん電子のいる位置も太郎さん電子のいる位置も確率でしか与えられない．したがって2つの電子が接近すると，どちらが花子さんか太郎さんかわからなくなってしまう．このように量子力学では，不可弁別性は本質的なのである．

　さて，「粒子が区別できない」ことを数学的に表現してみよう．いま，簡

§6.2 フェルミ粒子とボース粒子

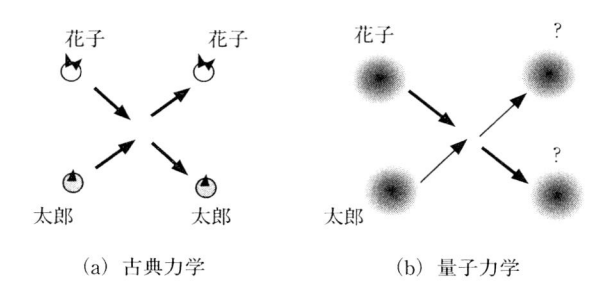

(a) 古典力学　　(b) 量子力学

図 6.2　同種粒子の衝突

単のために2個の同種粒子からなる系を考える．この系の状態は波動関数 $\Psi(r_1, r_2)$ で表されるとする．ただし，r_1, r_2 は各粒子の座標である．粒子は区別できないので，粒子を取り替えても同じ状態でなければならない．すなわち，

$$\Psi(r_1, r_2) = c\,\Psi(r_2, r_1) \tag{6.2}$$

である．ここで，定数 c 倍だけ違ってもよい理由は Ψ と $c\Psi$ が同じエネルギー固有値 ε に対し，同じシュレーディンガー方程式を満たす，つまり $\mathcal{H}\Psi = \varepsilon\Psi$ であれば $\mathcal{H}(c\Psi) = c(\mathcal{H}\Psi) = c(\varepsilon\Psi) = \varepsilon(c\Psi)$ であるので，同じ状態を表していると考えられるからである．関数の中の変数はどのような記号で書いても意味は同じであるから，式 (6.2) において r_1 を新たに r_2，r_2 を新たに r_1 と書くと $\Psi(r_2, r_1) = c\,\Psi(r_1, r_2)$ である．この関係を式 (6.2) の右辺に使えば次の結果が得られる．

$$\Psi(r_1, r_2) = c\,\Psi(r_2, r_1) = c^2 \Psi(r_1, r_2)$$
$$\therefore\quad c^2 = 1 \;\rightarrow\; c = \pm 1 \tag{6.3}$$

したがって，さらに一般化して書けば，次の2種類の波動関数がありその波動関数で状態が表される2種類の粒子が存在することになる．

① $\Psi(r_1, r_2, \cdots, r_i, \cdots, r_j, \cdots) = \Psi(r_1, r_2, \cdots, r_j, \cdots, r_i, \cdots)$

　　粒子（i 粒子と j 粒子）を入れ替えても波動関数が全く同じである場合，波動関数が**対称**（symmetric）であるという．この関係を満たす

粒子を**ボース粒子**（boson，または bose particle）という．光子（photon），音子（phonon）および，ボース粒子が複数個集まってできた複合粒子や，あとで述べるフェルミ粒子が，偶数個集まってできた複合粒子などの状態は対称な波動関数で表され，ボース粒子である．

② $\Psi(r_1, r_2, \cdots, r_i, \cdots, r_j, \cdots) = -\Psi(r_1, r_2, \cdots, r_j, \cdots, r_i, \cdots)$

粒子を入れ替えると波動関数の符号が変わる場合，波動関数が**反対称**（antisymmetric）であるという．この関係を満たす粒子を**フェルミ粒子**（fermion, fermi particle）という．電子（electron），陽子（proton），および，フェルミ粒子を奇数個含む複合粒子の状態は反対称な波動関数で表され，フェルミ粒子である．

量子力学の世界では同種粒子は区別できないが，その結果として，フェルミ粒子とボース粒子の2種類の粒子が存在することがわかる．

通常の金属中で，電気を運ぶのはフェルミ粒子の電子である．しかし，超伝導体の中では2つの電子がフォノンを媒介として結合した複合粒子のクーパーペア（Cooper pair）が電気を運んでいる．クーパーペアは2個のフェルミ粒子と1個のボース粒子から構成され，ボース粒子である．フェルミ子とボース粒子の違いは，第10章で勉強するように，電流を流したときに金属は有限の電気抵抗を示すが，超伝導体中では抵抗ゼロで電流が流れるなどの，性質の違いに反映される．

§6.3 パウリの原理とボース凝縮

簡単のために，相互作用していない2個の同種粒子からなる系を考える．各粒子に対するシュレーディンガー方程式は

$$\mathcal{H}_1 \phi_A(r_1) = \varepsilon_A \phi_A(r_1), \qquad \mathcal{H}_2 \phi_B(r_2) = \varepsilon_B \phi_B(r_2)$$

と表されるとする．すなわち，各粒子のエネルギー ε_A, ε_B に対する波動関数がおのおの $\phi_A(r_1)$, $\phi_B(r_2)$ である．

§6.3 パウリの原理とボース凝縮

さて,系全体のハミルトニアン $\mathcal{H}$ は各粒子に対するハミルトニアン $\mathcal{H}_1$ と $\mathcal{H}_2$ の和で与えられ

$$\mathcal{H} = \mathcal{H}_1 + \mathcal{H}_2$$

であるから,系全体のシュレーディンガー方程式は

$$(\mathcal{H}_1 + \mathcal{H}_2)\Psi(r_1, r_2) = \varepsilon\, \Psi(r_1, r_2)$$

である.積 $\phi_A(r_1)\phi_B(r_2)$ は,このシュレーディンガー方程式を満たしている.なぜなら,

$$\begin{aligned}(\mathcal{H}_1+\mathcal{H}_2)\phi_A(r_1)\phi_B(r_2) &= \{\mathcal{H}_1\phi_A(r_1)\}\phi_B(r_2) + \phi_A(r_1)\{\mathcal{H}_2(r_2)\phi_B(r_2)\} \\ &= \{\varepsilon_A\phi_A(r_1)\}\phi_B(r_2) + \phi_A(r_1)\{\varepsilon_B\phi_B(r_2)\} \\ &= (\varepsilon_A + \varepsilon_B)\phi_A(r_1)\phi_B(r_2)\end{aligned}$$

だからである.ただし,$\varepsilon = \varepsilon_A + \varepsilon_B$ である.ここで,ϕ と ε の添え字は状態 A, B を表しており,r の添え字は粒子 1, 2 を示しており意味が違うので,注意しておこう.同種粒子であるから,ϕ_A, ϕ_B はどちらも両粒子に対する波動関数になっており,つまり $\mathcal{H}_1\phi_B(r_1) = \varepsilon_B\phi_B(r_1)$,$\mathcal{H}_2\phi_A(r_2) = \varepsilon_A\phi_A(r_2)$ が成立しているはずである.したがって,同様に考えれば,$\phi_A(r_2)\phi_B(r_1)$ も系のシュレーディンガー方程式を満足する.

[問] $\phi_A(r_2)\phi_B(r_1)$ が系のシュレーディンガー方程式を満足していることを確認しなさい.

粒子の不可弁別性から,系の波動関数 $\Psi(r_1, r_2)$ は対称(ボース粒子)または反対称(フェルミ粒子)でなければならない.しかし,ここで求めた $\phi_A(r_1)\phi_B(r_2)$ および $\phi_A(r_2)\phi_B(r_1)$ はいずれもこの条件を満たさない.つまり,これらはシュレーディンガー方程式を満たしているが系の波動関数にはなっていないことになる.そこで,線形微分方程式の解の1次結合はやはり解であることを利用して,不可弁別性が満たされるように系の波動関数を決めてみよう.たとえば次のようにすればよい.

$$\Psi(\bm{r}_1, \bm{r}_2) = \frac{1}{\sqrt{2}} \{\phi_A(\bm{r}_1)\phi_B(\bm{r}_2) \pm \phi_A(\bm{r}_2)\phi_B(\bm{r}_1)\} \qquad (6.4)$$

粒子1,2を交換してみると，右辺の第1項と第2項が入れ替わり，＋の場合は何も変わらず対称，－の場合は符号が変わり反対称となる．したがって，それぞれボース粒子系とフェルミ粒子系の条件を満たすことがわかる．$1/\sqrt{2}$ は規格化のためについた係数である．

さて，フェルミ粒子系において，粒子1と2が同じ状態にある，つまり A＝B とすると式(6.4)の第1項と第2項は等しいので，系の波動関数は恒等的に零となってしまい，解にはなれない．これは，フェルミ粒子系では複数の粒子が同じ量子状態をとることができないことを意味している．これが，**パウリの原理** (Pauli principle) である．もし，一つの粒子が最低のエネルギー状態にあるとすると，他の粒子は別の波動関数で表される（エネルギーは同じでもよいが）状態になければならない．

「フェルミ粒子系では複数の粒子は同じ量子状態をとることができない」という法則はパウリの原理として知られている．本節では，量子力学の2つの重要な"公理"である「波と粒子の二重性」と「粒子の不可弁別性」からパウリの原理を導いたことになる．

ただし，本節の説明では，不十分なところがあるので，最後に補足しておく．本節では量子状態が位置座標 $\bm{r}$ を変数とする空間の波動関数だけで表されるように説明したが，実は位置座標のほかに「**スピン**(spin)」とよばれる変数にも依存している．スピンは Dirac が相対論的量子力学で導いた量で，ここでくわしく説明することはしないが，現象論的には粒子の自転のようなものに対応している．一般に，量子状態は位置座標 $\bm{r}$ のほかにスピン σ にも関係している．電子の場合，スピンがとりうる値は2つで，これに対応した2つのスピン状態（＋，－ または up, down スピン状態とよばれる）が存在する．この2つは右回りの自転と左回りの自転に対応するもので

ある．したがって，位置座標 r を変数として表せる空間波動関数が同じであっても，スピンの状態に対応した異なる量子状態（電子の場合は 2 つ）が存在でき，スピン波動関数まで含めた系の反対称波動関数は空間部分が同じでもスピン状態が異なれば零にならない．したがって，フェルミ粒子は見かけ上同じ（空間）波動関数で表される空間状態を，スピン状態が異なる分だけとることができる．電子の場合は，同じ空間波動関数で表される量子状態をスピン状態の異なる 2 個の電子がとることができる．

ボース粒子系では複数の粒子が同じ状態をとりうる．したがって，系の一番安定な状態は，どの粒子もエネルギーが一番低い状態をとる場合で，このような状態を**ボース凝縮**（Bose condensation）(ボース‐アインシュタイン凝縮（Bose‐Einstein condensation）ということもある）という．

§6.4　箱の中に閉じ込められた粒子のエネルギー準位

§5.1 において，1 次元の箱に閉じ込められた 1 つの粒子に対してシュレーディンガー方程式を解いて，粒子がとりうる状態（波動関数）とその状態のエネルギーを求めた．その様子を図 6.3 に示す．図の縦方向はエネルギーを，横線はとりうるエネルギーの値（エネルギー準位）を示し，これに対応

$\varepsilon_3 = 9\varepsilon_1$
$\Psi_3 = \sqrt{\dfrac{2}{L}} \cos \dfrac{3\pi}{L} x$

$\varepsilon_2 = 4\varepsilon_1$
$\Psi_2 = \sqrt{\dfrac{2}{L}} \sin \dfrac{2\pi}{L} x$

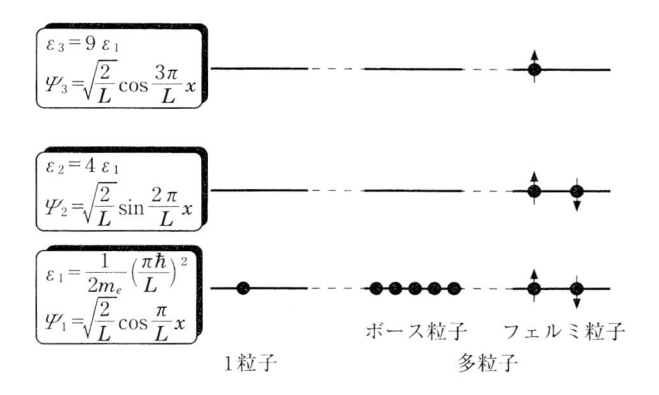

$\varepsilon_1 = \dfrac{1}{2m_e}\left(\dfrac{\pi\hbar}{L}\right)^2$
$\Psi_1 = \sqrt{\dfrac{2}{L}} \cos \dfrac{\pi}{L} x$

1 粒子　　ボース粒子　フェルミ粒子
　　　　　　　多粒子

図 6.3　1 次元の箱の中にある粒子のエネルギー

する波動関数が左側に書いてある．

　絶対零度の場合，粒子は一番安定な状態，すなわち最低のエネルギーをとるとすると，そのエネルギーの値は $\varepsilon_1 = \dfrac{1}{2m_e}\left(\dfrac{\hbar\pi}{L}\right)^2$ であって，波動関数は $\sqrt{\dfrac{2}{L}}\cos\dfrac{\pi}{L}x$ である．図には粒子がそのエネルギーをとることを●で示してある．

　次に複数個の粒子が1次元の箱に閉じ込められた場合を考える．粒子間に相互作用がないと仮定すると§6.1に示したように，どの粒子も，1つだけ粒子が存在する場合と，全く同じ状態，同じエネルギーをとりうる．ただし，図に示されている波動関数は粒子が1つの場合に求めた1粒子波動関数で，複数個の粒子を含み対称性（または反対称性）を満たす系全体の波動関数ではない．

　系として一番安定な状態は各粒子ができるだけ低いエネルギーの状態をとった場合であるが，粒子の種類によってそのとり方は異なる．フォノンなどボース粒子の場合は，すべての粒子が1粒子波動関数 $\sqrt{\dfrac{2}{L}}\cos\dfrac{\pi}{L}x$ で表される最低のエネルギー $\varepsilon_1 = \dfrac{1}{2m_e}\left(\dfrac{\hbar\pi}{L}\right)^2$ の状態をとったとき，系としてのエネルギーが一番低い．このときの系の波動関数はこれらの1粒子波動関数の1次結合で表され対称性を満たす必要があるが，複数の粒子がとるエネルギーと状態は1粒子の場合から容易に推察できるわけである．

　電子などフェルミ粒子の場合は，また事情が多少異なる．ある粒子が1粒子波動関数 $\sqrt{\dfrac{2}{L}}\cos\dfrac{\pi}{L}x$ で表される最低のエネルギー状態をとると，そのほかの粒子は同じ量子状態はとれない．ただし，スピン状態が異なれば別の量子状態とみなせるから，電子のように2つのスピン状態が可能な場合は，同じ空間波動関数 $\sqrt{\dfrac{2}{L}}\cos\dfrac{\pi}{L}x$ で表される最低エネルギーの状態を計2個

§6.4 箱の中に閉じ込められた粒子のエネルギー準位

の粒子がとれる．図の粒子 ● についている ↑ と ↓ は粒子のスピン状態が異なることを表している．3個目の粒子はもう最低のエネルギー状態はとれないので，次にエネルギーが低い，1粒子波動関数 $\sqrt{\dfrac{2}{L}}\sin\dfrac{2\pi}{L}x$ の状態をとる．この状態のエネルギーは $\varepsilon_2 = \dfrac{4}{2m_e}\left(\dfrac{\hbar\pi}{L}\right)^2$ である($\varepsilon_2 = 4\varepsilon_1$)．このエネルギーもスピン状態の異なる2個の粒子で占められてしまうと，その次にエネルギーが低い，1粒子波動関数 $\sqrt{\dfrac{2}{L}}\cos\dfrac{3\pi}{L}x$ の状態をとる．この状態のエネルギーは $\varepsilon_3 = \dfrac{9}{2m_e}\left(\dfrac{\hbar\pi}{L}\right)^2$ である($\varepsilon_3 = 9\varepsilon_1$)．このように，粒子はエネルギーが低い状態から順次つまっていく．すべての粒子がつまりきった一番上のエネルギー準位を**フェルミエネルギー**（Fermi energy）という．フェルミエネルギーは物性と深い関係があり重要な量である．

このときの系の波動関数はこれらの1粒子波動関数の1次結合で表され反対称性を満たす必要があるが，複数の粒子がとるエネルギー，状態はボース粒子の場合と同様に1粒子の場合から容易に推察できる．

この節の最後に，3次元の箱に閉じ込められた粒子の問題を考えてみる．箱は一辺の長さが L の立方体とする．シュレーディンガー方程式は

$$-\frac{\hbar^2}{2m_e}\left\{\frac{\partial^2}{\partial x^2}+\frac{\partial^2}{\partial y^2}+\frac{\partial^2}{\partial z^2}\right\}\Psi(x,y,z) = \varepsilon\,\Psi(x,y,z)$$

である．波動関数 $\Psi(x,y,z)$ を変数分離し $\Psi(x,y,z) = X(x)\,Y(y)\,Z(z)$ と置いて，シュレーディンガー方程式に代入すると次のようになる．

$$-\frac{\hbar^2}{2m_e}\frac{d^2X(x)}{dx^2} = \varepsilon_x\,X(x)$$

$$-\frac{\hbar^2}{2m_e}\frac{d^2Y(y)}{dy^2} = \varepsilon_y\,Y(y)$$

$$-\frac{\hbar^2}{2m_e}\frac{d^2Z(z)}{dz^2} = \varepsilon_z\,Z(z)$$

ただし，$\varepsilon = \varepsilon_x + \varepsilon_y + \varepsilon_z$ である．これらの式を $X(-L/2) = X(L/2)$

$=0$, $Y(-L/2) = Y(L/2) = 0$, $Z(-L/2) = Z(L/2) = 0$ の境界条件のもとに解けばよい．これらは1次元の場合と全く同じに解ける．

系の状態を1次元の場合の図6.3と同じように，図6.4に表してみよう．3次元の場合の最低のエネルギー状態は x, y, z 方向の量子数 n_x, n_y, n_z がおのおの $1, 1, 1$ の場合で，1粒子波動関数は

$$\left(\sqrt{\frac{2}{L}}\cos\frac{\pi}{L}x\right)\left(\sqrt{\frac{2}{L}}\cos\frac{\pi}{L}y\right)\left(\sqrt{\frac{2}{L}}\cos\frac{\pi}{L}z\right)$$

と表される，エネルギー $\varepsilon_{111} = \dfrac{3}{2m_e}\left(\dfrac{\hbar\pi}{L}\right)^2$ の状態である．電子の場合はスピン状態が ↑ と ↓ の2個の粒子がこの状態をとりうる．2番目にエネルギーが低い状態は量子数 (n_x, n_y, n_z) が $(2,1,1)$ か，$(1,2,1)$ か，$(1,1,2)$ の3つの場合があり，エネルギーはいずれも $\varepsilon_{211} = \varepsilon_{121} = \varepsilon_{112} = \dfrac{6}{2m_e}\left(\dfrac{\hbar\pi}{L}\right)^2$ で同じあるが，1粒子波動関数はおのおの

$$\left(\sqrt{\frac{2}{L}}\sin\frac{2\pi}{L}x\right)\left(\sqrt{\frac{2}{L}}\cos\frac{\pi}{L}y\right)\left(\sqrt{\frac{2}{L}}\cos\frac{\pi}{L}z\right)$$

$$\left(\sqrt{\frac{2}{L}}\cos\frac{\pi}{L}x\right)\left(\sqrt{\frac{2}{L}}\sin\frac{2\pi}{L}y\right)\left(\sqrt{\frac{2}{L}}\cos\frac{\pi}{L}z\right)$$

$$\left(\sqrt{\frac{2}{L}}\cos\frac{\pi}{L}x\right)\left(\sqrt{\frac{2}{L}}\cos\frac{\pi}{L}y\right)\left(\sqrt{\frac{2}{L}}\sin\frac{2\pi}{L}z\right)$$

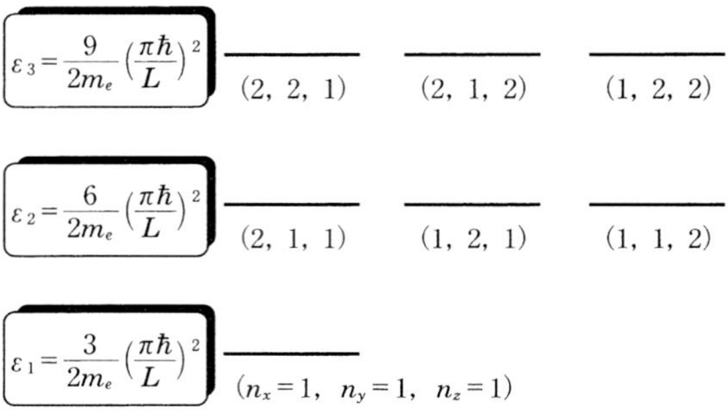

$\varepsilon_3 = \dfrac{9}{2m_e}\left(\dfrac{\pi\hbar}{L}\right)^2$ ——— (2, 2, 1) ——— (2, 1, 2) ——— (1, 2, 2)

$\varepsilon_2 = \dfrac{6}{2m_e}\left(\dfrac{\pi\hbar}{L}\right)^2$ ——— (2, 1, 1) ——— (1, 2, 1) ——— (1, 1, 2)

$\varepsilon_1 = \dfrac{3}{2m_e}\left(\dfrac{\pi\hbar}{L}\right)^2$ ——— ($n_x=1$, $n_y=1$, $n_z=1$)

図6.4 3次元の箱の中にある粒子のエネルギーレベル

であって異なり，それぞれ違った量子状態である．電子は3つの異なる空間波動関数ごとにスピンの異なる各2個ずつ計6個がこのエネルギーをとることができる．このようにエネルギーが等しく，波動関数が異なっていることを**縮退**または**縮重**（degenerate）しているという．いまの例では3つの異なる1粒子波動関数（スピンまで入れると6つ）があるので，3重（スピンを入れて6重）の縮退（degeneracy）である．1次元と3次元とでは縮退の仕方が異なる．縮退は系の対称性と関係していることに注意しておこう．

問　題

[1] 2次元の箱（1辺が L の正方形）に質量 m の粒子10個が閉じ込められており，粒子間に相互作用はないものとする．エネルギー準位を図示し，そのエネルギー準位に対応する1粒子波動関数を書きなさい．粒子が電子（フェルミ粒子）である場合と，エキシトン（ボース粒子）である場合の2つの場合について，全体のエネルギーが最も低くなるように10個の粒子がとるエネルギー準位を書きなさい．

[2] 辺の長さが L_1, L_2, L_3 である直方体の中に閉じ込められた1つの粒子に対するシュレーディンガー方程式を解いて，エネルギー準位と波動関数を求めなさい．粒子はどのようなエネルギー準位をとるか，フェルミ粒子の場合とボース粒子の場合について考えなさい．

7

物理量を表す演算子

　この章では，物理量を表す演算子について勉強する．量子力学の世界では測定する順番によって物理量のとる値が異なることがある．このような性質は演算子の交換関係によって表される．交換関係を表す交換子について学び，交換子の演算規則を勉強する．

［ポイント］　物理量演算子と交換関係

§7.1　演算子と交換関係

　量子力学の世界では，一般に物理量が演算子で表現されることを第4章で勉強した．また，物理量の値は期待値でしか表せないことを学んだ．

　演算子は関数に作用して演算を行うものである．たとえば，$\partial/\partial x$ は関数に作用して x について偏微分を行う演算子であり，$\int$ は積分を行う演算子であり，$f(x)\cdot$ は $f(x)$ を掛けるという演算子である．したがって，演算子は本来，関数があって初めて意味があるわけであるが，見かけ上独立に扱うことができることを次の微分方程式の解法を復習して確認しておこう．

　$f(x)$ を x で微分することを通常 $df(x)/dx$ と書くが，これを $D=d/dx$ として，$Df(x)$ のように書くこともできる．このとき D が演算子（微分演算子）である．この演算子を使えば，たとえば

$$\frac{d^3f(x)}{dx^3} - \frac{d^2f(x)}{dx^2} - 4\frac{df(x)}{dx} + 4f(x) = 0$$

§7.1 演算子と交換関係

のような微分方程式は
$$(D^3 - D^2 - 4D + 4)f(x) = 0$$
のように書くことができる．$f(x)$に作用する演算子の部分を書き換えると，
$$\{D^2(D-1) - 4(D-1)\}f(x) = 0$$
$$(D-1)(D^2-4)f(x) = 0$$
$$(D-1)(D-2)(D+2)f(x) = 0$$
となるので，
$$(D-1)f(x) = 0 \quad \text{or} \quad (D-2)f(x) = 0 \quad \text{or} \quad (D+2)f(x) = 0$$
の解を求めればよいことになる．$(D-1)f(x) = 0$ などの微分方程式の解は

$$Df(x) = f(x)$$
$$\frac{df}{dx} = f$$
$$\frac{df}{f} = dx$$
$$\ln f = x + c'$$
$$f = c\,\mathrm{e}^x$$

のように求められ，結局 元の微分方程式の解は c_1, c_2, c_3 を積分定数として
$$f(x) = c_1\,\mathrm{e}^x + c_2\,\mathrm{e}^{2x} + c_3\,\mathrm{e}^{-2x}$$
となる．これは演算子を関数とは切り離して見かけ上独立して扱うと取扱いが簡単になることを示している．この例から考えて，量子力学において物理量を演算子として表し独立に扱うことは，それほどおかしなことではないと納得できるであろう．

しかし，演算子が表しているものは，状態を表す物理量の数値そのものではない．演算子は関数にはたらきかける動作を表すものであるのに対し，物理量は状態を表しているので，演算子と物理量とは性質が異なっておりそのままでは対応しない．したがって，演算子の「関数にはたらきかけて演算す

る」という役目は「物理量をはかる」という動作を示すと考えた方が妥当である．はかって得られた結果が実際に物理量がとる値であると考えよう．たとえば，運動量の演算子 p_x は「運動量の x 成分をはかる」ことを表し，位置を示す演算子 x は「位置 x をはかる」ことを表すと考えるわけである．そうすると，「位置をはかってから，運動量をはかる」ことは $p_x x$ と表され，「運動量をはかってから位置をはかる」ことは $x\,p_x$ と表されることになる．

さて，演算子は見かけ上独立して扱えるにしても，実際にははたらきかける相手が暗黙の内に想定されているわけであるから，演算子の意味を考えるときは，関数を補ってやるとわかりやすい．$p_x\,x$ のはたらきは任意の関数 f に作用するとして，

$$p_x\,x\,f = \frac{\hbar}{i}\frac{\partial}{\partial x}(xf) = \frac{\hbar}{i}f + \frac{\hbar}{i}x\frac{\partial f}{\partial x}$$

である．ここで，p_x は定義にしたがって微分演算子で表し，xf に対し積の微分を行った．一方，もともとの定義から $xp_x f = \frac{\hbar}{i} x \frac{\partial f}{\partial x}$ である．これらの結果から，$p_x\,x = \hbar/i + x\,p_x$ と書くことができる．したがって，$p_x\,x - x\,p_x = \hbar/i$ で，$p_x\,x \neq x\,p_x$ である．この式は「位置をはかってから，そのあとに運動量をはかる」場合と，「運動量をはかってから，その後に位置をはかる」場合では結果が異なることを意味している．

このように言うと，ちょっと不思議な感じがするかもしれないが，2つの物理量をはかるとき，その順番によって結果が異なることは身近な例で理解できる．たとえば，服をぬいでからシャワーを浴びるのと，シャワーを浴びてから服を脱ぐのでは違った結果になるのは当然である（図 7.1）．一般に 2 つの物理量をはかれば，最初の測定の影響があとに残るのは当然である．したがって，物理量を演算子で表すやり方は現実的な方法なのである．もちろん，順番によって結果が変わらない場合もある．体重をはかってから身長を

§7.1 演算子と交換関係

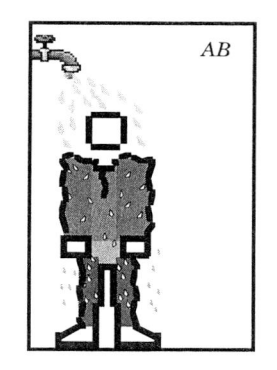

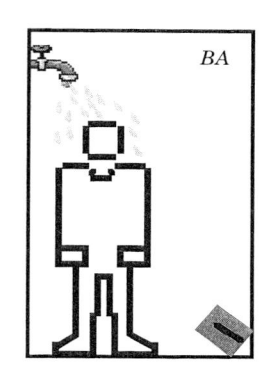

図7.1 演算の順序による結果の違い
（A：服を脱ぐ，B：シャワーを浴びる）

はかっても，身長をはかってから体重をはかっても結果は変わらないであろう．

一般に，2つの物理量を表す演算子 A, B に対して，$AB = BA$ が成り立つ場合，この演算子（物理量）は**交換**する（commutable）または可換であるといい，この場合は物理量をはかる順番によって結果は変わらない．$AB \neq BA$ の場合は交換しないといい，はかる順番によって結果が変わってしまう．上の例では運動量と位置は交換しないことが示されている．

さて，このように $AB - BA$ の値は重要な意味があるので，この演算は特別な，**交換子**（commutator）とよばれる記号 [,] で表される．交換子の定義は次式で与えられる．

$$[A, B] = AB - BA$$

実際に，この交換子の値を計算するときは，運動量と位置の例でやったように作用する関数を補って考えればよい．この記号を使えば，この節の始めに述べた結果は

$$[p_x, x] = p_x\, x - x\, p_x = \frac{\hbar}{i}$$

と書ける．同じように計算すれば，

$$
\left.\begin{aligned}
&[p_y, y] = \frac{\hbar}{i}, \quad [p_z, z] = \frac{\hbar}{i} \\
&[p_x, y] = 0, \quad [p_x, z] = 0, \quad [p_y, x] = 0, \quad [p_y, z] = 0 \\
&[p_z, x] = 0, \quad [p_z, y] = 0 \\
&[p_x, p_y] = 0, \quad [p_x, p_z] = 0, \quad [p_y, p_z] = 0 \\
&[x, y] = 0, \quad [x, z] = 0, \quad [y, z] = 0
\end{aligned}\right\} \quad (7.1)
$$

等であることがわかる．これらの**交換関係**（commutation relation）は運動量と位置について，同じ方向成分をはかる場合，はかる順番によって結果が変わること，運動量の x 成分と位置の y 成分のように異なる方向成分に対しては，結果がはかる順番にはよらないこと，さらに運動量の異なる成分同士や位置の異なる成分同士は，結果がはかる順番によらないことを示している．

§7.2　物理量演算子の性質

物理量を表す演算子は次の性質をもっている．

（1）　物理量を表す演算子は**1次演算子**（linear operator）である

1次演算子（線形演算子ともいう）とは次の性質を満たす演算子である．
$$A(c_1 \Psi_1 + c_2 \Psi_2) = c_1 A \Psi_1 + c_2 A \Psi_2$$
ここで，A は演算子，c_1, c_2 は任意の定数，Ψ_1, Ψ_2 は任意の関数である．

たとえば，運動量演算子は $p_x = \dfrac{\hbar}{i} \dfrac{\partial}{\partial x}$ で，

$$
\begin{aligned}
p_x(c_1 \Psi_1 + c_2 \Psi_2) &= \frac{\hbar}{i} \frac{\partial}{\partial x}(c_1 \Psi_1 + c_2 \Psi_2) \\
&= c_1 \frac{\hbar}{i} \frac{\partial \Psi_1}{\partial x} + c_2 \frac{\hbar}{i} \frac{\partial \Psi_2}{\partial x} = c_1 p_x \Psi_1 + c_2 p_x \Psi_2
\end{aligned}
$$

の関係を満たしているので1次演算子であることがわかる．

（2）　物理量を表す演算子は**エルミート演算子**（Hermitian operator）である

§7.2 物理量演算子の性質

エネルギーはわれわれが実際にはかることができる量であるから，物理的に意味があるためには実数でなければならない．エネルギーはハミルトニアンの固有値であるが，この固有値は実数でなくてはならない．逆にこの条件が満たされるようなハミルトニアンでなければならない．§3.3では，エネルギーを表すハミルトニアン演算子 $\mathcal{H}$ が実際にとる値は固有値 ε であることを学んだ．このように，一般に物理量が実際にとる値はその演算子の固有値で与えられる．

エネルギーだけでなくわれわれが測定できる物理量は実数でなければならないので，物理量の固有値は実数であり，物理量を表す演算子は第17章で述べるエルミート演算子という特別な演算子でなければならない．

物理量を表す演算子 A が

$$A\Psi = a\Psi$$

を満たすとすると，この式の左から Ψ^* を掛けて積分をとれば

$$\int \Psi^* A\Psi \, d\boldsymbol{r} = a \int \Psi^* \Psi \, d\boldsymbol{r} = a$$

である．一方，元の式の複素共役をとれば

$$(A\Psi)^\dagger = a^* \, \Psi^*$$

である．ここで，A は演算子であるのでその複素共役（エルミート共役）を表すのに $*$ ではなく $\dagger$（ダガー）をつけて書くことにした．その意味は第17章を勉強すればわかるが，ここでは単に演算子の複素共役を表す記号と考えておこう．さて，この式の右から Ψ を掛けて積分をとれば

$$\int (A\Psi)^\dagger \Psi \, d\boldsymbol{r} = a^* \int \Psi^* \, \Psi \, d\boldsymbol{r} = a^*$$

となるので，固有値が実数であるとすれば

$$\int (A\Psi)^\dagger \Psi \, d\boldsymbol{r} = \int \Psi^* A\Psi \, d\boldsymbol{r}$$

でなければならない．このような関係を満足する演算子がエルミート演算子

7. 物理量を表す演算子

> 1. 物理量を表す演算子 A は1次演算子である.
>
> $A(c_1\Psi_1 + c_2\Psi_2) = c_1 A\Psi_1 + c_2 A\Psi_2$
>
> 2. 物理量を表す演算子 A はエルミート演算子である.
>
> ・$\int \Psi_1^* A\Psi_2 d\boldsymbol{r} = \int (A\Psi_1)^* \Psi_2 d\boldsymbol{r}$
> ・エルミート演算子の固有値は実数である.
> $\int \Psi^* A\Psi d\boldsymbol{r} = a\int \Psi^*\Psi d\boldsymbol{r}$
> $\qquad = \int (A\Psi)^* \Psi d\boldsymbol{r} = a^* \int \Psi^*\Psi d\boldsymbol{r}$

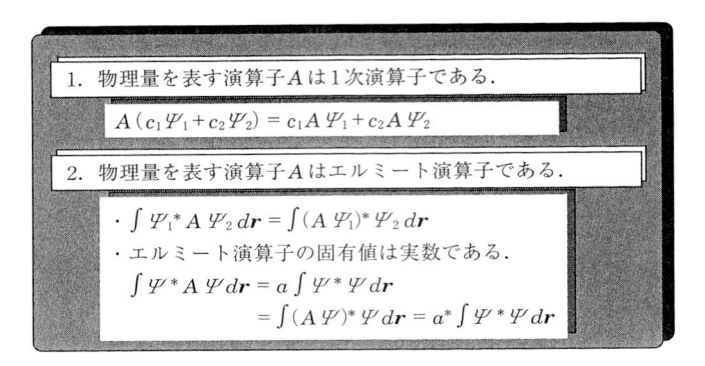

図 7.2 物理量を表す演算子の性質

である.

§7.3 固有値の意味

物理量をはかったとき,その値がはかるたびごとに違わずに,いつでも同じ値で与えられる特別な場合がある.ハミルトニアンと交換する物理量演算子は波動関数(ハミルトニアンの固有関数)と同じ固有関数をもち,その状態では固有値が決まった値として測定される.このことを次に証明する.

[証明]

物理量の演算子を A とする.ハミルトニアン $\mathcal{H}$ と交換することは,$A\mathcal{H} = \mathcal{H}A$ のように表される.交換子で示せば $[A, \mathcal{H}] = 0$ である.波動関数を Ψ とすると,シュレーディンガー方程式は $\mathcal{H}\Psi = \varepsilon\Psi$ の関係を与えているが,交換関係から $\mathcal{H}(A\Psi) = \mathcal{H}A\Psi = A\mathcal{H}\Psi = A(\mathcal{H}\Psi) = A\varepsilon\Psi = \varepsilon(A\Psi)$ である.ここで,固有値 ε は普通の数であるから掛ける順番にはよらないことを使った.この式の最初と最後を比較してみれば,関数 $\phi = A\Psi$ はシュレーディンガー方程式の解であることがわかる.したがって,関数 ϕ は波動関数 Ψ と定数倍の違いを除いて一致していなければならない.その定数を a とすれば,$A\Psi = a\Psi$ であるが,これは演算子 A の固有

§7.3 固有値の意味

値問題になっており，固有値が a で，固有関数が Ψ であることを意味している．

次に，演算子 A で表される物理量の期待値は

$$\langle A \rangle = \int \Psi^* A\Psi \, d\mathbf{r} = a \int \Psi^* \Psi \, d\mathbf{r} = a$$

であり，ばらつきの目安である $\langle (A-a)^2 \rangle$ は

$$\langle (A-a)^2 \rangle = \int \Psi^* (A-a)(A-a) \Psi \, d\mathbf{r}$$
$$= \int \Psi^* (A-a)(A\Psi - a\Psi) \, d\mathbf{r} = 0$$

であるので，物理量をはかるとばらつきがなく，$\langle A \rangle$ の決まった値になることがわかる．

通常，系の全エネルギーは変化せず，エネルギーの保存則が成り立つと考える．したがって，ハミルトニアンと交換する物理量も決まった値をもち，時間とともに変化しない**保存量**（conservative quantity）であると考えられる．また，波動関数（ハミルトニアンの固有関数）と同じ固有関数をもつ物理量は，ハミルトニアンと交換する保存量である．

［問］ 1次元の箱に閉じ込められた粒子の問題では，箱の中（$-L/2 \leq x \leq L/2$）でシュレーディンガー方程式が $-\dfrac{\hbar^2}{2m_e}\dfrac{d^2\Psi}{dx^2} = \varepsilon \Psi$ と書かれ，ハミルトニアンは $\mathcal{H} = \dfrac{p_x^2}{2m_e}$ である．したがって，

$$[\mathcal{H}, p_x] = \frac{1}{2m_e}(p_x^2 p_x - p_x p_x^2) = \frac{1}{2m_e}(p_x p_x p_x - p_x p_x p_x) = 0$$

であって，ここで学んだように，この系では運動量はハミルトニアンと交換することになる．しかし，第5章では，運動量は決まった値をもたないことを示した．この結果は矛盾している．どこに誤りがあるのだろうか．

さて，以上に証明された場合と異なり，一般にハミルトニアンと交換しない物理量の値は，はかるたびに値が異なり，どの値をとるかは確率でしか与

えられない．しかし実際に，どの値がはかられるかは固有値と関係する．次にそれを説明する．物理量演算子 A の固有値問題は $A\phi = a\phi$ のように書かれる．固有関数 $\phi = \phi_1, \phi_2, \phi_3, \cdots$ 等は固有方程式（characteristic equation）を満たし，それに対応する固有値が $a_1, a_2, a_3, \cdots$ であるとする．すなわち，$A\phi_1 = a_1\phi_1$, $A\phi_2 = a_2\phi_2$, $A\phi_3 = a_3\phi_3$, $\cdots$ 等の関係が満たされているものとする．

さて，異なる固有値に属する固有関数は互いに直交するので，固有関数を使って任意の関数を展開することができる．任意の関数は直交関数系（orthogonal functions）で展開できることは数学で勉強したと思う．たとえば，任意関数 f を，$x^0, x^1, \cdots, x^n, \cdots$ を使って

$$f(x) = c_0 x^0 + c_1 x^1 + \cdots + c_n x^n + \cdots$$

と表すことにはあまり抵抗がないであろう．$x^0, x^1, \cdots, x^n, \cdots$ の代りに，直交関数系 $\phi_1, \phi_2, \cdots, \phi_n, \cdots$ を使っても同じことができる．わかりにくければベクトルで考えてみればよい．3次元のベクトル $\boldsymbol{a}$ は，図7.3に示すように，直交する x, y, z 方向の単位ベクトル $\boldsymbol{i}, \boldsymbol{j}, \boldsymbol{k}$ を使って成分に分け，$\boldsymbol{a} = a_x\boldsymbol{i} + a_y\boldsymbol{j} + a_z\boldsymbol{k}$ のように書ける．これと同じように，関数 $f(x)$ を無限次元のベクトルと考えると，直交する規格化された任意の関数系 ϕ_n は互

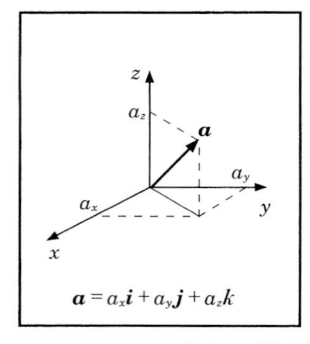

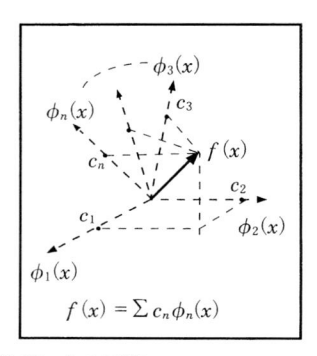

図7.3　直交関数系による展開

いに独立であるから，各成分に分け，$f(x) = \sum c_n \phi_n(x)$ のように書くことができるのである．

そこで，あるエネルギー状態を表す波動関数 Ψ を固有関数 $\phi_1, \phi_2, \phi_3, \cdots$ を使って展開すると，

$$\Psi = c_1\phi_1 + c_2\phi_2 + c_3\phi_3 + \cdots$$

と書くことができる．ただし，固有関数 $\phi_1, \phi_2, \phi_3, \cdots$ はあらかじめ規格化されているものとしよう．物理量の期待値 $\langle A \rangle$ は定義にしたがって，

$$\begin{aligned}
\langle A \rangle &= \int \Psi^* A \Psi \, dr \\
&= \int (c_1\phi_1 + c_2\phi_2 + c_3\phi_3 + \cdots)^* A (c_1\phi_1 + c_2\phi_2 + c_3\phi_3 + \cdots) \, dr \\
&= \int (c_1\phi_1 + c_2\phi_2 + c_3\phi_3 + \cdots)^* (c_1 A\phi_1 + c_2 A\phi_2 + c_3 A\phi_3 + \cdots) \, dr \\
&= \int (c_1\phi_1 + c_2\phi_2 + c_3\phi_3 + \cdots)^* (c_1 a_1 \phi_1 + c_2 a_2 \phi_2 + c_3 a_3 \phi_3 + \cdots) \, dr \\
&= |c_1|^2 a_1 + |c_2|^2 a_2 + |c_3|^2 a_3 + \cdots
\end{aligned}$$

と求められる．ここで，最後の式は固有関数が直交しており，規格化されていることを使って求めた．この結果は，あるエネルギー状態における物理量の期待値 $\langle A \rangle$ は物理量の固有値 $a_1, a_2, a_3, \cdots$ に，重み $|c_1|^2, |c_2|^2, |c_3|^2, \cdots$ をつけて足し合わせたものになることを示している．重み $|c_1|^2, |c_2|^2, |c_3|^2, \cdots$ は展開係数の大きさの2乗であるが，その固有状態（その固有値の状態）が観測される確率を表していることがわかる．

§7.4　交換子の演算規則

交換子の値は演算子の定義に立ち返って，関数を補って考えれば求められることを§7.1で学んだ．しかし，交換子の演算規則を知っておくと実際の計算に便利である．大文字の A, B, C は演算子を，小文字の a, b, c は普通の数を表すとすれば，以下の関係が成り立つ．

$$[A, B] = -[B, A]$$
$$[cA, B] = c[A, B] \qquad\qquad [A, cB] = c[A, B]$$
$$[A + B, C] = [A, C] + [B, C] \qquad [A, B + C] = [A, B] + [A, C]$$
$$[A, BC] = [A, B]C + B[A, C] \qquad [AB, C] = A[B, C] + [A, C]B$$

ここでは，代表として最後の関係だけを確かめておく．最後の式で左辺は
$$[AB, C] = (AB)C - C(AB) = ABC - CAB$$
右辺は
$$A[B, C] + [A, C]B = A(BC - CB) + (AC - CA)B$$
$$= ABC - ACB + ACB - CAB$$
$$= ABC - CAB$$

となり両辺が等しい．

　[問]　上にあげた交換子の演算規則を確かめなさい．

さて，$[p_x{}^2, x]$ を求める問題では，もともとの定義に立ち返って，関数 f を補い，

$$p_x{}^2(xf) - x\, p_x{}^2 f = \left(\frac{\hbar}{i}\right)^2 \frac{\partial^2}{\partial x^2}(xf) - x\left(\frac{\hbar}{i}\right)^2 \frac{\partial^2 f}{\partial x^2}$$
$$= \left(\frac{\hbar}{i}\right)^2 \left\{\frac{\partial}{\partial x}\left(f + x\frac{\partial f}{\partial x}\right) - x\frac{\partial^2 f}{\partial x^2}\right\}$$
$$= \left(\frac{\hbar}{i}\right)^2 \left(\frac{\partial f}{\partial x} + \frac{\partial f}{\partial x} + x\frac{\partial^2 f}{\partial x^2} - x\frac{\partial^2 f}{\partial x^2}\right)$$
$$= 2\frac{\hbar}{i}\left(\frac{\hbar}{i}\frac{\partial}{\partial x}\right)f$$

のように計算してももちろんよいが，上に述べた交換子の演算規則を使えば
$$[p_x{}^2, x] = p_x[p_x, x] + [p_x, x]p_x$$
であるので $[p_x, x] = \dfrac{\hbar}{i}$ であることを知っていれば，$[p_x{}^2, x] = \dfrac{2\hbar}{i}p_x$ とすぐに答が求められるので，便利である．

問　　題

[1] 記号 [,] は $[A,B] = AB - BA$ を表す交換子である．また，ベクトル $\boldsymbol{r}$ は $\boldsymbol{r} = (x, y, z)$ 座標ベクトル，$\boldsymbol{p}$ は $\boldsymbol{p} = \left(\dfrac{\partial}{\partial x}, \dfrac{\partial}{\partial y}, \dfrac{\partial}{\partial z}\right)$ なる微分演算子とする．このとき，$\boldsymbol{p}$ と $\boldsymbol{r}$ のベクトル積 $\boldsymbol{L} = \boldsymbol{r} \times \boldsymbol{p}$ の成分に対し，$[L_x, x]$，$[L_y, x]$，$[L_z, x]$ を求めなさい．

（ヒント：　 i ）L_x をベクトル積の定義にしたがって書きなさい．

ii) $[L_x, x]$ に i) で求めた L_x を代入し，交換関係の公式 $[A + B, C] = [A, C] + [B, C]$ を使って展開しなさい．

iii) ii) で展開した各項を交換関係の公式 $[AB, C] = A[B, C] + [A, C]B$ を使ってさらに展開しなさい．

iv) 運動量と位置の間に成立する交換関係は $[p_x, x] = [p_y, y] = [p_z, z] = \hbar/i$ であり，これらとその前後を入れ替えたもののみが 0 ではなく，ほかはすべて 0 である．これを使って iii) で求められた各項の値を計算しなさい．

v) 以上の結果から交換関係 $[L_x, x]$ を求めなさい．)

[2] 次の交換関係の値を求めなさい．

$$[p_x{}^3, x], \quad [p_x, x^3], \quad [p_x{}^2, x^2]$$

8 角運動量とスピン

演算子の一例として，角運動量の演算子をとり上げてその性質を勉強する．角運動量は基本的な物理量の一つで，いろいろな系で保存される，つまり，時間がたっても変化しないことが多いが，このように保存される量はエネルギーなどと同様に，系の性質を議論する場合に重要である．古典力学では角運動量は運動量 $\boldsymbol{p} = m_e\boldsymbol{v}$ に，腕の長さに相当する位置ベクトル $\boldsymbol{r}$ を掛けたもので定義されるが，量子力学では演算子になる．

また，角運動量の一種として，スピンという新しい，状態を表す量を理解する．さらに，磁石の性質は角運動量に関連していることを学ぶ．

［ポイント］　角運動量演算子

§8.1　角運動量と角運動量演算子

角運動量（angular momentum）は基本的な物理量の一つである．角運動量はいろいろな系で保存される，つまり時間がたっても変化しないことが多いが，このように保存される量はエネルギーなどと同様に，系の性質を議論する場合に重要である．しかし，これまでにあまりなじみがない物理量であるので，演算子の勉強を兼ねて，角運動量について勉強しておこう．

古典力学では角運動量 $\boldsymbol{L}$ は運動量 $\boldsymbol{p} = m_e\boldsymbol{v}$ に，腕の長さに相当する位置ベクトル $\boldsymbol{r}$ を掛けたもので定義される．

$$\boldsymbol{L} = \boldsymbol{r} \times \boldsymbol{p}$$

すでに量子力学では，運動量 $\boldsymbol{p}$ は $(\hbar/i)\nabla$ なる微分演算子で置き換えるべ

§8.1 角運動量と角運動量演算子

直角座標系　　　　　極座標系

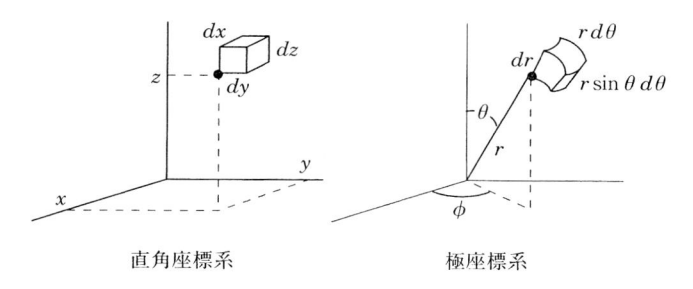

図 8.1　座標系

きことがわかっているから，角運動量の演算子は

$$L = r \times \frac{\hbar}{i} \nabla \tag{8.1}$$

と表されるであろう．式(8.1)の定義をもとに角運動量を成分で示すと，たとえば z 成分は $L_z = xp_y - yp_x = x\dfrac{\hbar}{i}\dfrac{\partial}{\partial y} - y\dfrac{\hbar}{i}\dfrac{\partial}{\partial x}$ と表せる．

しかし，角運動量は腕の長さに関係する，何か回転と関係した量であるので，角運動量の性質を調べるには，極座標で表示しておくのが便利である．極座標系では直角座標系の x, y, z の代りに r, θ, ϕ を座標として用いる．図 8.1 からわかるように，極座標系と直角座標系は，

$$\left.\begin{array}{l} x = r\sin\theta\cos\phi \\ y = r\sin\theta\sin\phi \\ z = r\cos\theta \end{array}\right\} \qquad \left.\begin{array}{l} r = \sqrt{x^2 + y^2 + z^2} \\ \theta = \tan^{-1}\dfrac{\sqrt{x^2 + y^2}}{z} \\ \phi = \tan^{-1}\dfrac{y}{x} \end{array}\right\}$$

という関係で結ばれている．

また，運動量は $p_y = \dfrac{\hbar}{i}\dfrac{\partial}{\partial y},\ p_x = \dfrac{\hbar}{i}\dfrac{\partial}{\partial x}$ のように微分演算子で表されるので，微分も極座標を使って表す必要がある．偏微分の関係から

$$\frac{\partial}{\partial x} = \frac{\partial r}{\partial x}\frac{\partial}{\partial r} + \frac{\partial \theta}{\partial x}\frac{\partial}{\partial \theta} + \frac{\partial \phi}{\partial x}\frac{\partial}{\partial \phi}$$

$$\frac{\partial}{\partial y} = \frac{\partial r}{\partial y}\frac{\partial}{\partial r} + \frac{\partial \theta}{\partial y}\frac{\partial}{\partial \theta} + \frac{\partial \phi}{\partial y}\frac{\partial}{\partial \phi}$$

であるので，これを代入すると

$$\frac{\partial r}{\partial x} = \frac{2x}{2\sqrt{x^2+y^2+z^2}} = \frac{r\sin\theta\cos\phi}{r} = \sin\theta\cos\phi$$

$$\frac{\partial r}{\partial y} = \frac{2y}{2\sqrt{x^2+y^2+z^2}} = \frac{r\sin\theta\sin\phi}{r} = \sin\theta\sin\phi$$

$$\frac{\partial \theta}{\partial x} = \frac{1}{1+\frac{x^2+y^2}{z^2}}\frac{1}{z}\frac{2x}{2\sqrt{x^2+y^2}} = \frac{xz}{x^2+y^2+z^2}\frac{1}{\sqrt{x^2+y^2}}$$

$$= \frac{r\sin\theta\cos\phi\, r\cos\theta}{r^2}\frac{1}{r\sin\theta} = \frac{\cos\theta\cos\phi}{r}$$

$$\frac{\partial \theta}{\partial y} = \frac{1}{1+\frac{x^2+y^2}{z^2}}\frac{1}{z}\frac{2y}{2\sqrt{x^2+y^2}} = \frac{yz}{x^2+y^2+z^2}\frac{1}{\sqrt{x^2+y^2}}$$

$$= \frac{r\sin\theta\sin\phi\, r\cos\theta}{r^2}\frac{1}{r\sin\theta} = \frac{\cos\theta\sin\phi}{r}$$

$$\frac{\partial \phi}{\partial x} = \frac{1}{1+\frac{y^2}{x^2}}\left(-\frac{y}{x^2}\right) = -\frac{y}{x^2+y^2} = -\frac{r\sin\theta\sin\phi}{r^2\sin^2\theta} = -\frac{\sin\phi}{r\sin\theta}$$

$$\frac{\partial \phi}{\partial y} = \frac{1}{1+\frac{y^2}{x^2}}\frac{1}{x} = \frac{x}{x^2+y^2} = \frac{r\sin\theta\cos\phi}{r^2\sin^2\theta} = \frac{\cos\phi}{r\sin\theta}$$

と求められる．これらの関係を使えば，

$$\frac{\partial}{\partial x} = \sin\theta\cos\phi\frac{\partial}{\partial r} + \frac{1}{r}\cos\theta\cos\phi\frac{\partial}{\partial \theta} - \frac{1}{r}\frac{\sin\phi}{\sin\theta}\frac{\partial}{\partial \phi}$$

$$\frac{\partial}{\partial y} = \sin\theta\sin\phi\frac{\partial}{\partial r} + \frac{1}{r}\cos\theta\sin\phi\frac{\partial}{\partial \theta} + \frac{1}{r}\frac{\cos\phi}{\sin\theta}\frac{\partial}{\partial \phi}$$

が得られる．そこで，角運動量の z 成分 $L_z = x\,p_y - y\,p_x$ を計算して整理すると，結局，

§8.1 角運動量と角運動量演算子

$$L_z = \frac{\hbar}{i}\left(x\frac{\partial}{\partial y} - y\frac{\partial}{\partial x}\right)$$
$$= \frac{\hbar}{i}\Bigl\{r\sin\theta\cos\phi\Bigl(\sin\theta\sin\phi\frac{\partial}{\partial r} + \frac{1}{r}\cos\theta\sin\phi\frac{\partial}{\partial\theta} + \frac{1}{r}\frac{\cos\phi}{\sin\theta}\frac{\partial}{\partial\phi}\Bigr)$$
$$\quad - r\sin\theta\sin\phi\Bigl(\sin\theta\cos\phi\frac{\partial}{\partial r} + \frac{1}{r}\cos\theta\cos\phi\frac{\partial}{\partial\theta} - \frac{1}{r}\frac{\sin\phi}{\sin\theta}\frac{\partial}{\partial\phi}\Bigr)\Bigr\}$$
$$= \frac{\hbar}{i}\frac{\partial}{\partial\phi}$$

となる．さて，量子力学では座標 x に対応する運動量 p_x は $p_x = \dfrac{\hbar}{i}\dfrac{\partial}{\partial x}$ という演算子で置き換える約束になっていた．これから類推すると，角運動量の z 成分は $\dfrac{\hbar}{i}\dfrac{\partial}{\partial\phi}$ という形をしているから，角度 ϕ に対応した運動量と見ることができる．ちょうど角度 ϕ の運動量になっているので角運動量というわけである．

ここで，角運動量 L_z に対する固有値問題を解いてみよう．つまり，$L_z\Phi = \mu\Phi \rightarrow \dfrac{\hbar}{i}\dfrac{\partial\Phi}{\partial\phi} = \mu\Phi$ を満足する固有値 μ と固有関数 Φ を求めてみよう．この微分方程式の解は $\Phi = c\,e^{i\mu\phi/\hbar}$ である．ここで積分定数 c を規格化条件 $\int_0^{2\pi} c^* e^{-i\mu\phi} c\,e^{i\mu\phi}\,d\phi = 1$ によって決めれば，$c = 1/\sqrt{2\pi}$ と求められる．

［問］ 関数 $\Phi = c\,e^{i\mu\phi/\hbar}$ が解であることを，Φ を微分方程式に代入して確かめなさい．

さて，角度 ϕ は位置を表すために便宜上とった座標で，ϕ が 2π の整数倍だけ違っても物理的には同じ位置を表しているはずである．したがって，ϕ が 2π の整数倍だけ違っても関数の値は同じでなければならない．つまり，$e^{i2\pi\mu/\hbar} = 1$ となる必要があるので，$i2\pi\mu/\hbar = i2\pi m$（m：整数）の条件が満たされなければならない．以上のことから固有値 μ を求めてみると $\mu = m\hbar$ であることがわかる．ここで m は整数であって，§8.4 で説明する

ように磁気と関係するので磁気量子数という．このように角運動量の z 成分は最小単位を $\hbar$ として不連続な値をもつことになる．

水素原子などの中心力場においては角運動量はハミルトニアンと交換することが知られているが，このような場合は L_z を観測するとその状態に応じた $m\hbar$ （m: 整数）という値が測定されることになる．なお，演算子の固有値問題を解くことによって，その物理量がとりうる値はわかるが，エネルギーの場合と同様，実際にどの値をとるかは別の条件によって決まる．

次に，交換子の演算に関する演習例として，角運動量の各成分間に次の関係が成立することを確かめておこう．

$$[L_x, L_y] = i\hbar L_z, \quad [L_y, L_z] = i\hbar L_x, \quad [L_z, L_x] = i\hbar L_y \tag{8.2}$$

最初の交換関係に，$L_x = yp_z - zp_y$，$L_y = zp_x - xp_z$ を代入すると，

$$\begin{aligned}
[L_x, L_y] &= [yp_z - zp_y,\ zp_x - xp_z] \\
&= [yp_z - zp_y,\ zp_x] - [yp_z - zp_y,\ xp_z] \\
&= [yp_z, zp_x] - [zp_y, zp_x] - \{[yp_z, xp_z] - [zp_y, xp_z]\} \\
&= [yp_z, z]p_x + z[yp_z, p_x] - [zp_y, z]p_x - z[zp_y, p_x] \\
&\quad - [yp_z, x]p_z - x[yp_z, p_z] + [zp_y, x]p_z + x[zp_y, p_z] \\
&= y[p_z, z]p_x + [y, z]p_z p_x + zy[p_z, p_x] + z[y, p_x]p_z \\
&\quad - z[p_y, z]p_x - [z, z]p_y p_x - zz[p_y, p_x] - z[z, p_x]p_y \\
&\quad - y[p_z, x]p_z - [y, x]p_z p_z - xy[p_z, p_z] - x[y, p_z]p_z \\
&\quad + z[p_y, x]p_z + [z, x]p_y p_z + xz[p_y, p_z] + x[z, p_z]p_y \\
&= y(-i\hbar)p_x + x(i\hbar)p_y \\
&= i\hbar(-yp_x + xp_y) \\
&= i\hbar L_z
\end{aligned}$$

である．ただし，式(7.1)で表される位置と運動量の交換関係を使った．他の関係も同様に求められる．

§8.2 角運動量演算子からスピンを導く

さて，角運動量を新たに次のように定義する．まず，角運動量の成分は $\hbar$ を最小単位としてとびとびの値をもち，最大値と最小値が存在することを仮定しよう．整数 m（ゼロを含む正負の整数）を用いて角運動量の成分を $m\hbar$ と表し，m の最大値を任意の正の整数 l，最小値を負の整数 $-l$ とする．逆に言うと，整数 l に対して，$2l+1$ 個の異なった成分の状態が存在する．この状態を数学的に表すには，

$$L_z \Phi_m = m\hbar \, \Phi_m$$

または

$$L_z Y_l^m = m\hbar \, Y_l^m$$

のように書けばよい．ここで，状態が l と m の2つの整数によっていることを明示するために固有関数を Y_l^m のように添え字を使って書いた．固有関数 Y_l^m は角運動量の成分が，最大 $l\hbar$ をとる系において，$m\hbar$ である状態を表す固有関数である．その具体的な形は第12章で明らかになるが，ここでは形式的に l と m の添え字をつけて表すことにしよう．

あとあとのために，$L^2 = \boldsymbol{L}\cdot\boldsymbol{L} = L_x{}^2 + L_y{}^2 + L_z{}^2$ の期待値を求めておく．対称性から，$\langle L_x{}^2 \rangle = \langle L_y{}^2 \rangle = \langle L_z{}^2 \rangle$ であるので，

$$\langle L^2 \rangle = \langle L_x{}^2 \rangle + \langle L_y{}^2 \rangle + \langle L_z{}^2 \rangle = 3\langle L_z{}^2 \rangle$$

であるが，L_z は $l\hbar, (l-1)\hbar, (l-2)\hbar, \cdots, -l\hbar$ の $(2l+1)$ 個の値をもちうるので，その平均が期待値であるとすると

$$\langle L^2 \rangle = 3\,\frac{l^2 + (l-1)^2 + \cdots + (-l)^2}{2l+1}\,\hbar^2$$

である．ここで，級数 $\sum_{k=1}^{n} k^2$ の値は $\frac{1}{6}n(n+1)(2n+1)$ であることを使い，中心力場のように角運動量が保存される場合を考えると，期待値と固有値が一致するので

$$L^2 Y_l^m = \hbar^2 l(l+1) Y_l^m$$

であることがわかる．この関係は第12章において全く別の方法で導かれる．

　[問]　$l=3$ として，$\langle L^2 \rangle = 3\dfrac{l^2+(l-1)^2+\cdots+(-l)^2}{2l+1}\hbar^2 = l(l+1)\hbar^2$
の関係が満たされていることを確かめなさい．

　さて，角運動量は，L_x, L_y, L_z を角運動量の各成分として，次の交換関係
$$[L_x, L_y] = i\hbar L_z, \quad [L_y, L_z] = i\hbar L_x, \quad [L_z, L_x] = i\hbar L_y$$
を満たすが，さらに**昇降演算子**（ascending and descending operator）$L^\pm$（エル・プラスまたはエル・マイナス）を次のように定義することにしよう．
$$L^\pm = L_x \pm iL_y$$
これらの演算子が昇降演算子とよばれる理由はあとでわかる．さて，交換関係から
$$L_y L_z = i\hbar L_x + L_z L_y, \qquad L_z L_x = i\hbar L_y + L_x L_z$$
であるので，以下の関係が導かれる．
$$\begin{aligned}
L_z(L_x \pm iL_y) &= L_z L_x \pm iL_z L_y \\
&= i\hbar L_y + L_x L_z \pm i(L_y L_z - i\hbar L_x) \\
&= (L_x \pm iL_y) L_z \pm \hbar(L_x \pm iL_y) \\
&= (L_x \pm iL_y)(L_z \pm \hbar)
\end{aligned}$$
関数 Y_l^m を補って考えると
$$\begin{aligned}
L_z(L_x \pm iL_y) Y_l^m &= (L_x \pm iL_y)(L_z \pm \hbar) Y_l^m \\
&= (m \pm 1)\hbar (L_x \pm iL_y) Y_l^m
\end{aligned}$$
である．この式の最初と最後とを見比べると $(L_x \pm iL_y) Y_l^m$ も L_z の固有関数であって，固有値は $(m \pm 1)\hbar$ であることがわかる．つまり，$L_x \pm iL_y$ は角運動量の量子数（磁気量子数）m を1増やしたり減らしたりする役目をもっており，それに応じて角運動量の z 成分が増えたり減ったりする．これが，$L_x \pm iL_y$ が昇降演算子といわれる所以である．

§8.2 角運動量演算子からスピンを導く

以上のことから，$(L_x \pm iL_y) Y_l^m$ は $Y_l^{m\pm 1}$ に相当することがわかる．実際，次の重要な関係が導かれる．

$$\left. \begin{array}{l} (L_x + iL_y) Y_l^m = \hbar\sqrt{(l-m)(l+m+1)}\, Y_l^{m+1} \\ (L_x - iL_y) Y_l^m = \hbar\sqrt{(l-m+1)(l+m)}\, Y_l^{m-1} \end{array} \right\} \quad (8.3)$$

[証明]

$L_x - iL_y$ の場合について証明しておく．以上に述べたことから，c を定数として

$$(L_x - iL_y) Y_l^m \equiv c\, Y_l^{m-1} \quad (8.4)$$

と置けることがわかる．また，この式のエルミート共役（演算子の複素共役に当る量）をとると，

$$Y_l^{m*} (L_x + iL_y) = Y_l^{m-1*}\, c^* \quad (8.5)$$

である．[1] さて，

$$\int Y_l^{m*}\, L^2\, Y_l^m\, d\boldsymbol{r} = \hbar^2 l(l+1)$$

である．一方

$$L^2 = (L_x + iL_y)(L_x - iL_y) + i[L_x, L_y] + L_z^2$$

であるが，式(8.2)の交換関係を使って

$$L^2 = (L_x + iL_y)(L_x - iL_y) + ii\hbar L_z + L_z^2$$
$$= (L_x + iL_y)(L_x - iL_y) + L_z^2 - \hbar L_z$$

と書けるので，この式に式(8.4)，(8.5)を使えば

$$\int Y_l^{m*}\, L^2\, Y_l^m\, d\boldsymbol{r} = \int Y_l^{m*}\{(L_x + iL_y)(L_x - iL_y) + L_z^2 - \hbar L_z\} Y_l^m\, d\boldsymbol{r}$$
$$= |c|^2 \int Y_l^{m-1*}\, Y_l^{m-1}\, d\boldsymbol{r} + (m\hbar)^2 \int Y_l^{m*}\, Y_l^m\, d\boldsymbol{r}$$
$$- \hbar m\hbar \int Y_l^{m*}\, Y_l^m\, d\boldsymbol{r}$$

---

[1] エルミート共役については第 17 章を参照のこと．L_x, L_y は物理量を表している演算子であるからエルミート演算子であることに注意．

となる．波動関数は規格化されているので

$$|c|^2 = \hbar^2 l(l+1) - m^2\hbar^2 + m\hbar^2$$
$$= \hbar^2\{l(l+1) - m(m-1)\}$$
$$= \hbar^2(l^2 - m^2 + l + m)$$
$$= \hbar^2(l+m)(l-m+1)$$

となり，式(8.3)が証明された．

　以上の説明で注意してほしいことは，角運動量の交換関係を定義しているだけで，固有関数の具体的な形は現れてこないことである．

　さて，式(8.3)から，ある状態に昇降演算子を作用させると，いくらでも大きな m や小さな m の状態ができてしまうように思える．しかし，有限な大きさの角運動量 l の状態において，その z 成分が無限大となることはありえない．$m = \pm\infty$ の状態が存在しないようにするには，どこかで波動関数がゼロになって連鎖が切れなければならない．式(8.3)の両方の関係をゼロにしようと試みてみると，m が整数のときに満足できることがわかる．

　最初の仮定で m を整数とした理由は，m が有限の状態だけが存在しうるようにするためである．たとえば，いま $m = 2.2$ として，昇演算子を作用させていくと，$m = 3.2, 4.2, \cdots$ の状態を作ることができる．m が無限大の状態ができないように連鎖をうち切るには $l = 3.2$ であるとか，$4.2, \cdots$ であるとか，式(8.3)の第1式右辺がゼロになり，それ以上の m の状態ができないようになっていなければならない．しかし，このとき降演算子を作用させていくと $m = 1.2, 0.2, -0.8, -1.8, \cdots$ と連鎖が続き，必ず m がマイナス無限大の状態ができてしまう．m が整数の場合は，たとえば $m = 2$ として昇演算子を作用させていくと，$m = 3, 4, \cdots$ の状態ができていくが，l が $l = 3$ であるとか，$4, \cdots$ であるとか整数であれば，式(8.3)の第1式右辺がゼロになり，それ以上の m の状態ができない．また，このとき降演算子を作用させていくと $m = 1, 0, -1, -2, \cdots$ の状態ができていくが，l が整数なので連鎖は途切れ，式(8.3)の第2式右辺も $m = -l$ のとき

§8.2 角運動量演算子からスピンを導く

ゼロになり，それより小さな m の状態はできない．つまり，最初に仮定したように，m は整数でなければならない．

しかし，よく考えてみると，m が有限の値に留まれるもう一つの場合がある．それは m が $1/2$ のような半整数の場合である．このような m が半整数の角運動量は古典力学からは得られないが，何らかの物理的に意味があるように思える．さて，第6章で触れたスピンは古典力学における自転運動に対応しているので，角運動量の一種と考えられる．実は m が半整数の角運動量はスピンに対応する．このように交換関係を仮定するだけで，スピンのような物理量が自然に導かれるのである．

そこで，通常の角運動量から類推してスピン S を次のように定義してみよう．スピンの成分は $\hbar$ を最小単位としてとびとびの値をもち，最大値と最小値が存在する．そこで，半整数 m_s（$\pm 1/2$, $\pm 3/2$, $\pm 5/2$, …）を用いてスピンの成分は $m_s \hbar$ と表すことができる．m_s の最大値を任意の正半整数 S，最小値を $-S$ とする．逆に言うと，正の半整数 S に対して $2S+1$ 個の異なった成分の状態が存在する．この状態を通常の角運動量と対比させて考え数学的に表すには，

$$S_z \sigma_S^{m_s} = m_s \hbar \sigma_S^{m_s}$$

と書けばよい．また，スピン演算子 S は，その成分の間に式(8.1)と同じ関係が成り立つ演算子として定義することができるであろう．

$$[S_x, S_y] = i\hbar S_z, \qquad [S_y, S_z] = i\hbar S_x, \qquad [S_z, S_x] = i\hbar S_y \qquad (8.6)$$

そこで，これらの関係が満たされるようにスピン演算子 S および固有関数 $\sigma_S^{m_s}$ を定めればよい．

たとえば，電子は $S = 1/2$ をとることが実験の結果わかっているので，ここではもっとも簡単で実際上も非常に重要な $S = 1/2$ の場合について考えておこう．この場合，2つの正規直交関数系をなす固有関数を α, β と書くと，角運動量演算子の関係から推定して次の関係が成立すると考えられる．

$$S_z\alpha = \frac{\hbar}{2}\alpha, \qquad S_z\beta = -\frac{\hbar}{2}\beta \qquad (8.7)$$

$$(S_x + iS_y)\alpha = 0, \qquad (S_x + iS_y)\beta = \hbar\alpha \qquad (8.8)$$

$$(S_x - iS_y)\alpha = \hbar\beta, \qquad (S_x - iS_y)\beta = 0 \qquad (8.9)$$

そこで，たとえば式(8.7)の各式の左側から α, β を作用させて正規直交関数系であることを利用すれば，S_z に

$$\alpha^* S_z \alpha \to \frac{\hbar}{2}, \qquad \alpha^* S_z \beta \to 0$$

$$\beta^* S_z \alpha \to 0, \qquad \beta^* S_z \beta \to -\frac{\hbar}{2}$$

の4つの値が対応することがわかる．これは S_z をこの4つの値で代表させてもよいことを示している．そこで，これまでに勉強した演算子とは見かけ上表し方が異なるが，S_z を次のように2行2列の行列で書くことにしよう．つまり，

$$S_z = \begin{pmatrix} \frac{1}{2}\hbar & 0 \\ 0 & -\frac{1}{2}\hbar \end{pmatrix}$$

としよう．同様にして，S_x, S_y も行列で書くことができるが，その結果は

$$S_x = \begin{pmatrix} 0 & \frac{1}{2}\hbar \\ \frac{1}{2}\hbar & 0 \end{pmatrix}, \qquad S_y = \begin{pmatrix} 0 & -\frac{i}{2}\hbar \\ \frac{i}{2}\hbar & 0 \end{pmatrix}$$

と表せる．このような，演算子の代りに行列を使った表現については第17章で述べるが，行列 S_x, S_y, S_z 等の間には演算子 S_x, S_y, S_z（演算子 L_x, L_y, L_z に対応するもの）と全く同じ関係が成立するので，物理的には全く同じ内容を表していると考えてよい．また，以上のように演算子の代りに行列で表現すると，S_z の固有関数 α, β にはちょうど固有ベクトルが対応するが，

$$\alpha = \begin{pmatrix} 1 \\ 0 \end{pmatrix}, \qquad \beta = \begin{pmatrix} 0 \\ 1 \end{pmatrix}$$

とすれば，つじつまが合う．

[問] 行列で表したスピンが角運動量演算子と同じの関係を満たしていることを実際に確かめなさい．また，固有ベクトル α と β は正規直交関数系をなす固有関数に対応して大きさが1で直交するベクトルであることを確かめなさい．

スピンを考慮した波動関数は，空間部分の波動関数が $\Psi(\boldsymbol{r})$ で与えられたとすると，$\Psi(\boldsymbol{r})\alpha$，および $\Psi(\boldsymbol{r})\beta$ のように表せばよい．このようにすれば，電子など $S = 1/2$ である粒子は，空間部分の波動関数が同じであっても，スピンが異なる2つの状態を有することが表せる．図6.3に示した，複数個のフェルミ粒子が1次元の箱に閉じ込められた場合を例にとって説明すると，エネルギーが一番低い状態は空間波動関数 $\sqrt{\dfrac{2}{L}}\cos\dfrac{\pi}{L}x$ で表されているが，これにはスピン状態が異なる $\sqrt{\dfrac{2}{L}}\cos\dfrac{\pi}{L}x\,\alpha$ と $\sqrt{\dfrac{2}{L}}\cos\dfrac{\pi}{L}x\,\beta$ の2つの異なる量子状態がある．図ではこれを粒子を表す ● の印に ↑ と ↓ をつけて表している．

§8.3　磁石の素

電磁気学によると，電流が流れると磁場が生じ，磁石と同じはたらきをする．図8.2に示すようにループ状に電流 J [A] が流れるとき，その**磁気モーメント** (magnetic moment, 磁石の強さ) M [Wb m] は次式で与えられ

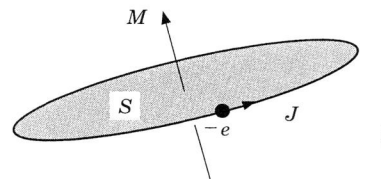

図8.2　磁石の素

ることがわかっている．

$$M = \mu_0 JS$$

ただし，μ_0 は真空中の透磁率，$S[\text{m}^2]$ は閉じたループの面積である．

　簡単のため，質量 m_e，電荷 $-e$ の電子が半径 a の円周上を動いている場合を考える．量子力学的には電子がこのような軌道を描いて運動していると考えることはできないが，ここでは磁気に関する大雑把な話をするだけであるので，簡単にモデル化して考える．さて，この場合ループの面積は $S = \pi a^2$ である．また，電流は単位時間当りに通過する電荷の量であるので，電子の速度を v とすると，$J = -e(v/2\pi a)$ である．したがって，円の中心軸方向に

$$M = -\mu_0 \pi a^2 e \frac{v}{2\pi a}$$

$$= -\mu_0 e \frac{av}{2}$$

なる磁気モーメントが生じる．一方，この電子の角運動量は $L_z = am_e v$ であるから，この関係を上式に代入して av を消すと，$M = -\mu_0 e L_z / 2m_e$ である．前節で勉強した $L_z = m\hbar$（m：整数）の関係を使うと，結局，

$$M = m\left(-\frac{\mu_0 e \hbar}{2m_e}\right) \quad m:\text{整数}$$

であることが導かれる．電子のスピンや原子の周囲にある電子は角運動量をもち，磁石を作ると考えられるが，磁石の強さには最小単位が存在し，不連続に変化することがわかる．この最小単位を**ボーア磁子**（Bohr magneton）：$\mu_B = \mu_0 e\hbar/2m_e$（$1.165 \times 10^{-29}$ Wb m）という．整数 m は磁石の強さに関係する量子数であるので磁気量子数ということは前に述べた．

問　　題

[1] 角運動量 $\boldsymbol{L} = \boldsymbol{r} \times \boldsymbol{p}$ の x 成分 L_x，y 成分 L_y，z 成分 L_z の間には次式が成立することを示しなさい．
$$[L_y,\ L_z] = i\hbar L_x$$

[2] 中心力場においては，角運動量はハミルトニアンと交換することを確かめなさい．ただし，中心力場のポテンシャルエネルギー $V(r)$ は原点からの距離 r だけの関数として表される．ハミルトニアンを $\mathcal{H} = \dfrac{1}{2m_e}(p_x{}^2 + p_y{}^2 + p_z{}^2) + V(r)$ とし，L_z，L^2 との交換関係を調べなさい．

9

量子力学は物理量の値を決められない

　不確定性原理は，たとえば粒子の位置と運動量というような2つの物理量の値を同時にきちんと決めることができず，その値の不確かさには一定の関係があることを表した原理である．この原理は古典力学からは全く予想もできないし，わかりにくいが，いろいろな現象を説明できるので重要である．ここでは，不確定性原理の意味についてあまり深く考えることはせず，素直に受け入れて使ってみよう．

　［ポイント］　不確定性原理

§9.1　プランク定数の意味

　第2章で勉強したことからわかるようにプランク定数 h の単位はJsで，**角運動量**の単位になっている．なぜなら，プランクの定数 h の次元（ディメンション）は，h がエネルギー E と周波数 ν を関係づける係数で $E = h\nu$ であり，エネルギーの単位Jと周波数の単位 s^{-1} を使って，$[\mathrm{J}]/[\mathrm{s}^{-1}] = [\mathrm{J\,s}]$ と求められるからである．古典力学では角運動量 $\boldsymbol{L}$ は運動量 $\boldsymbol{p} = m_e\boldsymbol{v}$（次元：$[\mathrm{kg\,m\,s}^{-1}]$）に，腕の長さに相当する位置ベクトル $\boldsymbol{r}$（次元：$[\mathrm{m}]$）を掛けたもので定義される．

$$\boldsymbol{L} = \boldsymbol{r} \times \boldsymbol{p}$$

その次元は $[\mathrm{m}][\mathrm{kg\,m\,s}^{-1}] = [\mathrm{J\,s}]$ である．プランク定数（h または $\hbar = h/2\pi$）は実は角運動量の最小単位に対応している．

われわれは量子力学の世界のことを勉強する前から，これ以上分割できない，この世の単位となる素量をいくつか知っている．たとえば，電子の質量 m_e, 電荷 e, 原子 (電子が閉じ込められている領域) の直径 a などである．そこで，これらの素量の次元を組み合わせて，この世の基本的な量であるエネルギーの次元 [J] を作ってみよう．質量の単位は [kg], 電荷の単位は [C] = [(J m)$^{1/2}$], 距離の単位は [m] である．電荷の単位 [C] にはあまりなじみがないかもしれないが，電荷量 Q は単位電荷 q との間にはたらく力 F で定義され，この力は電荷間の距離 r の2乗に反比例することがわかっている (クーロンの法則)．つまり F[N] $\propto Q$[C]・q[C]/r^2[m^2] であるので，電荷量 Q の次元は [N m^2]$^{1/2}$ = [(J m)$^{1/2}$] である．素量 m_e, e, a の組合せだけではエネルギーだけを単位とする量を作り出せないが，もう一つの基本的な単位である時間 [s] の助けを借りれば，$(m_e e^2 a)^{1/2}$ が ([kg][J m][m])$^{1/2}$ = ([kg][(m/s)^2][s]^2)$^{1/2}$ = [J s] の単位をもつ量として得られる．したがって，このような量はこの世の基本単位の1つではないかと想像できる．これがちょうどプランク定数に対応しているのである．実際，電子の質量と電荷はそれぞれ $m_e = 9.1093897 \times 10^{-31}$ kg, $e = 1.6021773 \times 10^{-19}$ C であり，原子の大きさを結晶格子の原子間隔から推定して $a \sim 10^{-10}$ m とすると，$(m_e e^2 a)^{1/2}$ の大きさは 10^{-34} J s 程度と計算され，プランク定数 $h = 6.6260755 \times 10^{-34}$ J s と同程度の大きさである．このように角運動量の最小単位(素量)の存在はそれほど不思議なものではなく，当然予想されるものであることがわかる．実際この章の後半で，不確定性原理について勉強すれば，電子が閉じ込められている領域がプランク定数と関係していることがわかるであろう．

§9.2 不確定性原理

第4章では，物理量をどのように表すかについて勉強したが，それによると，量子力学の世界では一般に，物理量をはかったとき決まった値が得られ

るとは限らず，期待値とばらつきの程度（標準偏差）しかわからないことが明らかになった．一方，第2章で勉強したプランクの量子仮説は「周波数 ν の光が放出されたり吸収されるときは，エネルギー E が $h\nu$ という値を単位として，その整数倍でしかやりとりしない」というものであった．したがって，エネルギーと周波数などの組合せの物理量はそれぞれ単独にばらつくわけではなく，ばらつき方にも関係があると考えられる．**不確定性原理** (uncertainty principle) は2つの物理量の標準偏差に関係があることを述べた法則である．

9.2.1 不確定性関係

さて，エネルギー E のばらつきを表す標準偏差を ΔE，周波数の逆数である時間 t のばらつきを表す標準偏差を Δt とすると，

$$\Delta E \Delta t \geq \frac{\hbar}{2} \qquad (9.1)$$

の関係が成立することがわかっている．この関係については，簡単な誘導を §9.3 で行う．このような関係を不確定性関係という．ここで，重要なことは右辺がゼロではなく有限な値になっていることである．右辺がゼロであれば ΔE と Δt は両方同時にゼロになれるが，有限であれば同時にはゼロになれない．不確定性関係が成立すれば，仮にエネルギーのばらつきを小さくできたとしても，それによって時間のばらつきが大きくなってしまうことがわかる．つまり，$\Delta E \to 0$ であれば $\Delta t \to \infty$ であって，時間についてはなにも決まらない．「午後1時ちょうど ($\Delta t = 0$) にエネルギーをはかったとき，その値は正確に ($\Delta E = 0$) 1 J であった」などということはできないわけである．

賢明な読者は以上の説明を奇妙に思われるかもしれない．これまでエネルギーは保存すると考えてきており，第7章ではハミルトニアンの期待値は決まった値をもつとしたのに，式(9.1)のようにエネルギーのばらつきが表さ

§9.2 不確定性原理

れているのは納得できないかもしれない．これまで，エネルギーのばらつきを考えなかった理由は定常的な問題を扱ってきたからである．定常的な問題では時間については何も決まらない．逆にいうと時間のばらつきは無限大 $\Delta t \to \infty$ で式(9.1)から $\Delta E \to 0$ となる特殊な場合を議論していたためと考えてほしい．より一般的な非定常的な場合はエネルギーがきちんとある値に決まるとは限らないわけである．

さて，エネルギー $E \sim p_x{}^2/2m_e$ を微分すると，$\Delta E \sim 2p_x \Delta p_x/2m_e = \Delta p_x(p_x/m_e) = \Delta p_x v_x = \Delta p_x \Delta x/\Delta t$ であるから，この関係を式(9.1)に代入すると運動量の標準偏差 Δp_x と位置の標準偏差 Δx の間には次の関係があることがわかる．

$$\Delta p_x \Delta x \geqq \frac{\hbar}{2} \tag{9.2}$$

これは不確定性関係の別の表現である．

式(9.2)の不等式は，運動量を正確に決めようとして運動量の標準偏差を小さくすると，位置の標準偏差が大きくなって位置が正確に決められないことを意味している．または逆に位置を正確に決めると運動量の値は大きくばらつくことを意味している．不確定性原理は，このように，エネルギーと時間，または運動量と位置という組合せの2つの物理量を同時に正確に決めることができないことを表した原理である．

さて，運動量と位置を同時に正確に決められないにしても，運動量をまず測定して，その値をばらつきなく正確に決め，つぎに位置を測定してばらつきなく値を正確に決めることはできるように思えるかもしれない．しかし，これができるためには最初に運動量をはかったときに，その測定が対象物に影響を与えないことが必要である．運動量の値は，はかってみるまでは実際にどの値になるかわからないわけであるから，ある値が測定されたということはすでに状態が変わってしまったことを意味する．われわれは第7章で，「運動量をはかってから位置をはかる場合と，位置をはかってから運動量を

- [J s] というディメンションをもつ物理的相互作用には最小単位が存在する．その大きさは

$$\hbar = 1.054573 \times 10^{-34} \text{ J s}$$

二物体間の相互作用は連続的にいくらでも小さくすることはできない

図 9.1　作用量子の意味

はかる場合とは結果が異なる」ことを勉強したが，これは「測定が系に与える影響を無視できない」ことと同じである．

プランク定数は測定が系に与える影響を表す作用量の最小値（作用量子）に対応しており，量子力学の世界ではこれがゼロではない．古典力学では実験条件を選べば，対象物に与える影響はいくらでも小さくできると考えるが，量子力学では相手に与える影響は作用量子よりも小さくできない．したがって，デートするなら古典力学の世界の方が無難である．量子力学の世界では，影響を与えるか与えないか 1, 0 であるので，やさしく抱き合おうとしても相手は何も感じないか背骨が折れるかのどちらかになりかねない．

量子力学の世界では，対象物に全く影響を与えずに状態をはかれるとは限らないので，運動量と位置を正確に決めることができないのは本質的な問題である．

さて，ここで不確定性関係はエネルギーと時間，運動量と位置のような特別な物理量の組合せに対して成立するのであって，「エネルギーと位置」や「運動量と時間」のような組合せに対しては成り立たないことに注意しておきたい．つまり，「エネルギーと位置」または「運動量と時間」のような組

合せに対しては両方の物理量のばらつきの間には特に関係がない．エネルギーをきちんとはかることと，位置を正確に決めることは矛盾しないわけである．また，運動量の x 成分と位置の x 成分のように同じ成分の組合せに対して成立するのであって，運動量の y 成分と位置の x 成分のように異なる成分の組合せに対しては成立しない．つまり，運動量の y 成分と位置の x 成分のような組合せに対しては両方の物理量の値を同時に正確に決めることもできるのである．

以上をまとめてわかりやすいように，さらに一般化して不確定性関係を表しておこう．これまでの説明から，最初に物理量をはかったことが次にはかる物理量に影響を与えるなら，互いの値のばらつきに対して同様な関係が成り立つことは容易に推察できる．前章で，交換しない2つの物理量は，はかる順番によって結果が異なることを勉強した．したがって，不確定性関係は次のように表すことができる．

演算子 A, B で表される物理量に対するばらつき，$\varDelta A, \varDelta B$ の間には次の関係が成立する．
$$\varDelta A \varDelta B \geq \frac{|\langle C \rangle|}{2} \qquad \text{ただし，} [A, B] = iC \text{ である．}$$

このように表現すれば，交換する物理量の組合せでは $\langle C \rangle = 0$ であるので，2つの物理量のばらつきに関係がないことも同時に表すことができる．この関係の証明は省略するが，A として運動量の x 成分 p_x を，B として位置の x 成分 x をとれば，$iC = [p_x, x] = -i\hbar$ であるので，$\varDelta p_x \varDelta x \geq \hbar/2$ となり，確かに式(9.2)の不確定性関係を表していることがわかる．また，A として運動量の y 成分 p_y を，B として位置の x 成分 x をとれば，$iC = [p_y, x] = 0$ であって，$\varDelta p_y \varDelta x \geq 0$ となり，p_y と x のばらつきに関係がないことを表している．

[問] 角運動量の x 成分 L_x と y 成分 L_y との間にはある不確定性関係が成立する．実際にその関係はどうなるか示しなさい．

次に，いくつかの例で不確定性関係が重要な役割を果たすことを示そう．

9.2.2 光学レンズの分解能

口径 L の光学レンズに波長 λ の光が入射したときの分解能を不確定性原理から求めてみる．光の運動量は第2章で勉強したように $p = h/\lambda$ である．スクリーン上に焦点を結ばせたとき，平行光線は焦点に向かって斜めに集まるので光のスクリーン方向(x 方向)の運動量成分は 0 から最大 $(h/\lambda)\sin\theta$ までの値をもつことになる．つまり，運動量は $\varDelta p_x = (h/\lambda)\sin\theta$ 程度ばらついているので，不確定性関係を使えば，位置のばらつき $\varDelta x$ はある値よりも小さくできず

$$\varDelta x \geqq \frac{\hbar}{2}\frac{1}{\varDelta p_x} \geqq \frac{\hbar}{2}\frac{1}{\frac{h}{\lambda}\sin\theta} \sim \frac{\lambda}{\sin\theta}$$

となることがわかる．これは，レンズの分解能を与える幾何光学の式 $\varDelta x \sim \lambda/\sin\theta$ と対応しており，分解能を高くするには光の波長 λ を短くするか，θ を大きくするために口径を大きくする必要のあることがわかる．

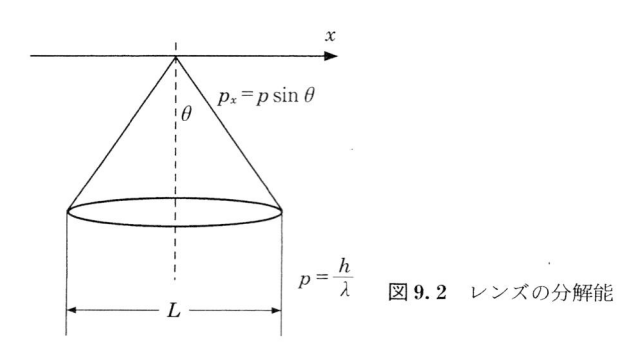

図9.2 レンズの分解能

9.2.3 バネ系のエネルギー

バネの先に質量 m_e の錘がついた 1 次元の系を考える．この錘には，バネの伸びを x としたとき，伸びに比例した力が錘を引きもどすようにはたらくとする．その比例係数を k とすると，力 $\boldsymbol{f}$ は $\boldsymbol{f} = -kx\,\boldsymbol{i}$ と表せる．ただし，$\boldsymbol{i}$ は伸び方向の単位ベクトルである．このときのポテンシャルエネルギーは $U = kx^2/2$ である．$-\mathrm{grad}\,U$ として，力を計算してみれば，確かに $\boldsymbol{f} = -kx\,\boldsymbol{i}$ となってバネ系を表していることがわかる．ここでは説明の便宜上，古典力学の解として得られるバネの固有角振動数 ω を用いて，$\omega = \sqrt{k/m_e}$ と置いて書き換え $U = m_e\omega^2 x^2/2$ と表しておく．

1 次元バネ系に対する古典力学の解は $x = A\sin\omega t$ のような単振動であることがわかっており，ω は振動の角周波数を表している．また，振動のエネルギーは振幅 A の 2 乗に比例するが，古典力学では特に付加条件はないので，一番低いエネルギー状態は $A = 0$，すなわち振動しない場合でエネルギーゼロの状態である．

次に，不確定性原理を考慮し，量子力学ではどうなるのかを見積ってみる．系全体のエネルギー E は運動エネルギー $T = p_x^2/2m_e$ とポテンシャルエネルギー $U = m_e\omega^2 x^2/2$ の和で与えられるが，その期待値は

$$\langle E \rangle = \frac{\langle p_x^2 \rangle}{2m_e} + m_e\omega^2 \frac{\langle x^2 \rangle}{2}$$

である．バネの平衡位置を原点にとれば，対称性から $\langle p_x \rangle = 0$，$\langle x \rangle = 0$ と考えられるので，p_x と x のばらつきをそれぞれ $\Delta p_x, \Delta x$ とすれば，

$$p_x = \langle p_x \rangle + \Delta p_x = \Delta p_x, \qquad x = \langle x \rangle + \Delta x = \Delta x$$

である．したがって，

$$\langle E \rangle = \frac{\langle (\Delta p_x)^2 \rangle}{2m_e} + m_e\omega^2 \frac{\langle (\Delta x)^2 \rangle}{2}$$

である．不確定性原理 $\Delta p_x \Delta x \geq \hbar/2$ から導かれる関係 $\Delta p_x \geq \hbar/(2\Delta x)$ を上式に代入すると，

図9.3 1次元のバネ

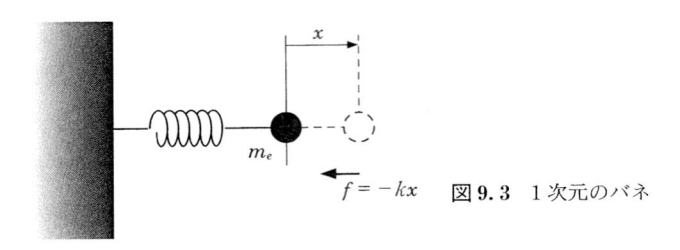

$$\langle E \rangle \geq \frac{1}{2m_e} \frac{\hbar^2}{4(\varDelta x)^2} + \frac{m_e \omega^2}{2}(\varDelta x)^2$$

$$= \frac{\hbar^2}{8m_e} \frac{1}{(\varDelta x)^2} + \frac{m_e \omega^2}{2}(\varDelta x)^2$$

となる．この式を，$\varDelta x$ について微分して $\langle E \rangle$ が最小になる条件を求めると，

$$\frac{\hbar^2}{8m_e} \frac{-2}{(\varDelta x)^3} + \frac{m_e \omega^2}{2} 2(\varDelta x) = 0$$

$$\therefore \quad (\varDelta x)^2 = \frac{\hbar}{2m_e \omega}$$

この条件をエネルギーの式に代入すると，

$$\langle E \rangle \geq \frac{\hbar^2}{8m_e} \frac{2m_e \omega}{\hbar} + \frac{m_e \omega^2}{2} \frac{\hbar}{2m_e \omega}$$

$$= \frac{\hbar \omega}{2}$$

とエネルギーの最小値が求められるが，この値はゼロではない．この結果は，量子力学の世界のバネはエネルギーの一番低い状態でもふらふら揺れ動いており(ゼロ点振動)，エネルギーはゼロでない(ゼロ点エネルギーをもつ)ことを表している．

9.2.4　1次元の箱の中に閉じ込められた粒子

質量 m_e の粒子が $-L/2 \leq x \leq L/2$ の領域内に閉じ込められている．このとき，位置のばらつきの範囲は $\varDelta x \sim L/2$ である．運動量のばらつき

は不確定性関係から

$$\varDelta p_x \geqq \frac{\hbar}{2} \frac{1}{\frac{L}{2}} \sim \frac{\hbar}{L}$$

である．運動量の期待値は $\langle p_x \rangle = 0$ であるから，粒子のもつ運動量は $p_x \sim \hbar/L$ 程度である．この粒子のエネルギーを見積ると $\varepsilon = \frac{1}{2m_e}\left(\frac{\hbar}{L}\right)^2$ である．これはシュレーディンガー方程式を解いて求めたゼロ点エネルギーの正確な値 $\varepsilon_1 = \frac{1}{2m_e}\left(\frac{\hbar\pi}{L}\right)^2$ とは係数が多少異なるが，定性的にはよく一致している．係数が同じにならない理由は，$\varDelta x$ を本来標準偏差として求めるべきところを簡単に粒子の存在範囲から最大値で見積ったからである．

1次元の箱の中に閉じ込められた粒子に対しては，第5章で最低エネルギー状態における，位置と運動量のばらつき方を表す目安として $\langle x^2 \rangle$, $\langle p_x^2 \rangle$ を求めた．標準偏差はばらつきの2乗平均の平方根，$\varDelta x = \sqrt{\langle x^2 \rangle}$, $\varDelta p_x = \sqrt{\langle p_x^2 \rangle}$ であるから，第5章の結果を使えば，$\varDelta x = \sqrt{\frac{1}{12}\left(1 - \frac{6}{\pi^2}\right)}L$, $\varDelta p_x = \frac{\hbar\pi}{L}$ であるから

$$\varDelta x\,\varDelta p_x = \hbar\pi\sqrt{\frac{1}{12}\left(1 - \frac{6}{\pi^2}\right)} = 0.57\,\hbar \geqq \frac{\hbar}{2}$$

となり，確かに不確定性関係が満たされていることがわかる．

§9.3　軌道概念の否定

地球は太陽の周りを楕円軌道を描いて回っている．このような，軌道が定義できるのは，各位置で速度（運動量）がある決まった値をもつ場合である．ある時刻 t_0 において，位置 x_0 と運動量 p_0 すなわち速度が与えられるので，次の瞬間 t_1 における粒子の位置が定まり軌道が定義される．しかし，量子力学の世界では運動量と位置は同時に正確には決められないのであるか

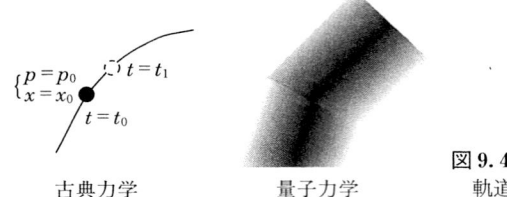

図 9.4 量子力学には軌道の概念はない.

ら，軌道の概念は成立しない．われわれの世界で，量子力学的な効果が無視でき，楕円軌道のような概念が許されるのは，われわれが扱う量が地球の質量や，地球と太陽の間の距離のように非常に大きく，それに比較してプランク定数 h が小さいからである．プランク定数はゼロとみなせ，事実上不確定性関係が無視できる．しかし，量子力学の世界で扱う量は非常に小さく不確定性関係は無視できないので，軌道の概念は成立しない．

水素原子は比較的質量が大きい原子核と軽い電子からなるが，これを太陽と地球の関係になぞらえて，「電子は原子核の周りを楕円軌道を描いて回っている」と想像してはいけない．電子はぼんやりとした雲のような存在である．前章の図 8.2 のような説明図は磁気に関するイメージを与えるために書いた便宜的な説明であって，量子力学的には正しくない．電磁気学によれば，電荷をもった粒子が加速度運動をすると電磁波を放出することが知られている．したがって，もし電荷をもった電子が楕円軌道上を運動すれば，電磁波を放出してエネルギーを失い原子核に落下してしまうことになる．水素原子の場合に電子が落下するまでの時間を見積るとおよそ 10^{-12} s と非常に短いので，この世に水素原子は存在できないことになってしまう．これは，空洞輻射の問題と同様，古典力学では理解できなかった重要な問題の一つで，原子が原子核と電子からなることがわかって以来，解けない謎であった．しかし，不確定性原理によれば軌道そのものの概念が成立しないので，電磁波放出の困難は生じない．

§9.4　不確定性原理のフーリエ変換を使った説明

フーリエ変換によると，時間 t の関数 $f(t)$ は，角周波数 ω の異なる無数の振動の組合せとして次のように書ける．

$$f(t) = \frac{1}{2\pi} \int_{-\infty}^{\infty} F(\omega) e^{i\omega t} \, d\omega \tag{9.3}$$

ここで，$F(\omega)$ は次式によって与えられる．

$$F(\omega) = \int_{-\infty}^{\infty} f(t) e^{-i\omega t} \, dt \tag{9.4}$$

ある時刻 $t=0$ のあたり Δt の範囲に粒子が発見されることを数学的に表現するには，確率 $P(t)$ を次のように定義すればよい．

$$\begin{aligned} P(t) &= \frac{1}{\Delta t} \qquad -\frac{\Delta t}{2} < t < \frac{\Delta t}{2} \\ &= 0 \qquad t \leqq -\frac{\Delta t}{2}, \quad \frac{\Delta t}{2} \leqq t \end{aligned}$$

これを，フーリエ変換すると，

$$\begin{aligned} F(\omega) &= \frac{1}{\Delta t} \int_{-\Delta t/2}^{\Delta t/2} e^{-i\omega t} \, dt \\ &= \frac{1}{\Delta t} \left[\frac{1}{-i\omega} e^{-i\omega t} \right]_{-\Delta t/2}^{\Delta t/2} \\ &= \frac{1}{\Delta t} \frac{2}{\omega} \frac{\exp\left(\frac{i\omega \Delta t}{2}\right) + \exp\left(-\frac{i\omega \Delta t}{2}\right)}{2i} \\ &= \frac{2}{\omega \Delta t} \sin \frac{\omega \Delta t}{2} \end{aligned}$$

である．$F(\omega)$ は角周波数の分布，すなわちばらつきを表している．

角周波数の分布の広がりの目安として，$F(\omega)$ が軸と交わる点をとると $\omega = 2\pi/\Delta t$ であるが，ここで $\Delta t \to 0$ とすると $F(\omega)$ は広がった分布になり，$\Delta t \to \infty$ とすると鋭い分布になることがわかる．つまり，角周波数分布の標準偏差を $\Delta \omega$ とすると，$\Delta t \to 0$ のとき $\Delta \omega \to \infty$ であり，$\Delta t \to \infty$ のと

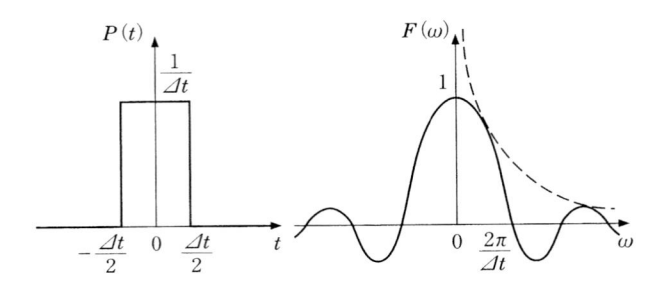

図9.5 時間とエネルギーとの間の不確定性関係

き $\Delta\omega \to 0$ である．プランクの量子仮説によれば，エネルギー E は角周波数 ω と $E = h\nu = \hbar\omega$ の関係があるので，交点の $\omega = 2\pi/\Delta t$ の座標は，$\Delta E/\hbar = 2\pi/\Delta t$ に相当する．つまり，以上の結果は $\Delta t \to 0$ のとき $\Delta E \to \infty$ であり，$\Delta t \to \infty$ のとき $\Delta E \to 0$ であることを意味している．したがって，$\Delta E\,\Delta t \sim h$ なる関係が導かれる．不確定性関係を示す式(9.1)とは右辺の定数が異なっているが，これは今ばらつきの目安として簡単に交点の座標 $\omega = 2\pi/\Delta t$ をとり，厳密な標準偏差の定義によらなかったためであるので気にする必要はない．ばらつきに関係してプランク定数が現れることに注目しておこう．

このように，プランクの量子仮説を認めれば，「時間とエネルギーのばらつきは互いに関係がある」ことは自然に導かれ，不確定性原理が成り立つことがわかる．

問 題

[1] 次の文章のうち，量子力学の観点から見ておかしな記述はどれか．また，その理由を書きなさい．

　i) 犯人の車は検問地点では，ちょうど 2×10^6 kg m/s の運動量をもっていた．

ii) 犯人の車が検問地点付近を通過した10時の時点における，車の運動量はちょうど 2×10^6 kg m/s であった．

iii) 犯人の車は検問地点では，ちょうど 3×10^3 J のエネルギーをもっていた．

iv) 犯人の車が検問地点付近を通過した10時の時点における，車のエネルギーはちょうど 3×10^3 J であった．

v) A 国が発射したミサイルは放物線軌道を描いて B 国に命中した．

vi) ねー，レポート写させてよ．いいだろ，減るもんじゃなし．

[2] 一辺が L の立方体の箱に質量 m_e の粒子が閉じ込められている．このとき，粒子がもつ最低のエネルギーを不確定性原理を使って見積りなさい．

10

結晶の中の粒子に対する簡単なモデル

　量子力学の例題として，結晶中の粒子について勉強する．これまでに学んだ章の復習として，粒子に対するシュレーディンガー方程式を立てること，これを解いて波動関数と固有値を実際に求めること，粒子がとりうる状態とその状態のエネルギーを求めることを行う．第5章で勉強した箱の中に閉じ込められた粒子の問題と似ているが重要な違いがあるので，よく対比させて読んでほしい．

　［ポイント］　粒子がとりうる状態とその状態のエネルギーの求め方を復習する

§10.1　1次元格子中の自由粒子モデル

　固体は，原子が規則正しく周期的に並んだ，いわゆる結晶構造をとることが多い．金属の結晶の中では，原子のイオン殻が規則正しく並び，比較的自由に動き回れる電子を共有している．結晶構造の中で電子がどのように振舞うかは固体物理学の重要な問題の一つで，金属や半導体の種々の性質が電子状態から議論され，LSIなどのデバイスが設計されてきた．ここでは量子力学の例題として，簡単化した結晶構造モデルについて，シュレーディンガー方程式を解いて電子状態を求めてみる．

　図10.1に示すような x 方向に伸びた1次元の結晶格子を考え，電子などの粒子には力がはたらいていないとする．つまり，結晶は単に粒子を入れる容器と考え，他の粒子との間に力ははたらかないとする．したがって，粒子にはたらくポテンシャルエネルギー U はゼロである．運動エネルギー T

§10.1　1次元格子中の自由粒子モデル

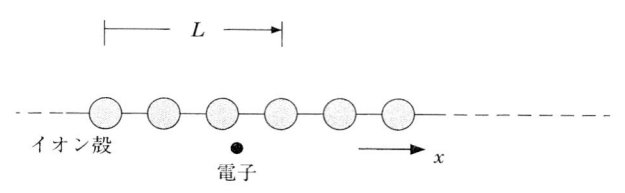

図10.1　1次元結晶モデル

は，粒子の質量を m_e，運動量を p_x とすると $T = p_x^2/2m_e$ である．粒子のエネルギーは $E = T + U = p_x^2/2m_e$ であるから，量子力学のハミルトニアン $\mathcal{H} = \dfrac{1}{2m_e}p_x^2 + U$ は p_x を $\dfrac{\hbar}{i}\dfrac{\partial}{\partial x}$ で置き換え，$\mathcal{H} = -\dfrac{\hbar^2}{2m_e}\dfrac{d^2}{dx^2}$ となる．定常状態を考えるとすれば，時間を含まないシュレーディンガー方程式を立てて解けばよい．シュレーディンガー方程式は

$$-\frac{\hbar^2}{2m_e}\frac{d^2\Psi(x)}{dx^2} = \varepsilon\,\Psi(x) \tag{10.1}$$

である．ここで，$k^2 \equiv 2m_e\varepsilon/\hbar^2$ と置くと，シュレーディンガー方程式は次式のように書ける．

$$\frac{d^2\Psi(x)}{dx^2} = -k^2\Psi(x)$$

この式は，箱の中に閉じ込められた粒子に対するシュレーディンガー方程式 (5.4) と同じである．また§3.2に示した自由電子の場合も，全く同じシュレーディンガー方程式が成立した．このシュレーディンガー方程式の解は，$\Psi(x) = c\,e^{ikx} + d\,e^{-ikx}$ の形をしていた．これが解であることは，実際に $\Psi(x) = c\,e^{ikx} + d\,e^{-ikx}$ をシュレーディンガー方程式に代入してみればすぐに確かめられる．

　しかし，境界条件は全く自由な粒子，箱の中の粒子，格子中の粒子の3つの場合でそれぞれ全く異なる．全く自由な粒子の場合は特に何も境界条件はないので，定常状態の問題では時間依存性がいつも，$\exp[-i\varepsilon_n t/\hbar]$ と表されることを思い出せば，波動関数は右または左に進行する波となることが

わかる．エネルギー ε は単に $\varepsilon = \hbar^2 k^2 / 2m_e$ と表され，エネルギーは連続的に変化することができ一番低いエネルギーは 0 である．

［問］　全く自由な粒子に対する波動関数が x の正方向または負方向に進行する波を表していることを，時間依存性を考慮して確かめなさい．

これに対し箱の中の粒子の波動関数は $\Psi(-L/2) = \Psi(L/2) = 0$ を満たす必要があった．その結果，波動関数は定在波となり，エネルギーは特別な場合だけが許されることになって不連続に変化した．また一番低いエネルギー状態でも有限のエネルギーを有していた．

1 次元格子中の粒子は原子のイオン殻が規則的に配列したものであるから，周期 L だけ位置をずらして観察しても状態は同じにならなければならない．すなわち，波動関数は $\Psi(x) = \Psi(x+L)$ のような**周期的境界条件** (periodic boundary condition) を満足する必要がある．このような境界条件の違いは量子状態の違いに反映される．

周期的境界条件は，
$$c\, e^{ik(x+L)} + d\, e^{-ik(x+L)} = c\, e^{ikx} + d\, e^{-ikx}$$
のように書かれるので，$e^{ikL} = 1$ および $e^{-ikL} = 1$ でなければならない．ここで，次のようにすれば，これらの 2 つの関係は同時に満たされてしまう．

$$kL = 2n\pi \qquad n = 0,\ \pm 1,\ \pm 2,\ \cdots\cdots$$

$$\therefore\ \varepsilon_n = \frac{1}{2m_e}\left(\frac{2n\pi\hbar}{L}\right)^2 \qquad n = 0,\ \pm 1,\ \pm 2,\ \cdots\cdots \qquad (10.2)$$

また，このエネルギー状態を表す波動関数は
$$\Psi_n(x) = c_n \exp\left(i\frac{2n\pi}{L}x\right)$$
である．定常状態の問題では，時間依存性はいつも，$\exp(-i\varepsilon_n t/\hbar)$ であるから，波動関数は x の正方向または負方向に進行する波を表している．しかし，全く自由な粒子とは違って波動関数で表される状態もそのエネルギ

§10.1 1次元格子中の自由粒子モデル

ーも量子数 n で決められた とびとびの特別な値しか許されない．

さて，係数 c_n は規格化条件によって決めればよいはずである．しかし実際に c_n を決めようとすると，無限に広がった全領域で $\Psi^*\Psi$ を積分することになり，積分が無限大となってしまう．この困難は無限に広がった結晶格子の中に一様に粒子があるという非現実的な問題を扱ったために生じている．これは結晶の規則性を正確にとり入れ，問題を解くときに端の影響がないようにしたためであるが，実際に無限大の領域を問題にしているわけではない．実際には無限の格子の中の単位周期の中だけを扱えば十分である．したがって，このような周期的境界条件の問題では規格化は通常，単位周期 L に対して行う約束になっている．

つまり

$$\int_0^L \left\{ c_n \exp\left(i\frac{2n\pi}{L}x\right) \right\}^* \left\{ c_n \exp\left(i\frac{2n\pi}{L}x\right) \right\} dx = 1$$

$$|c_n|^2 \int_0^L dx = 1$$

であるから，$c_n = \sqrt{1/L}$ と求められることになる．もちろん $c_n = -\sqrt{1/L}$ としてもよい．第4章で勉強したように，量子力学の世界では波動関数の絶対値の2乗にしか実際の物理的な意味がないので，最初に決めた符号を計算の途中で勝手に変えるようなことさえしなければ，どのように符号をとってもよい．

1次元格子中の粒子の問題ではエネルギーが一番低い状態は $n=0$ の場合である．$n=0$ とすると波動関数は $\Psi_0 = c_0 = \sqrt{1/L}$ となり，一定である．しかし，箱の中に閉じ込められた粒子の場合とは異なりゼロではないので，解として意味がある．このとき，エネルギーは $\varepsilon_0 = 0$ であるので，ゼロ点運動はしないことになる．

箱の中に閉じ込められた粒子がゼロ点運動をする理由は，粒子の存在範囲が有限の領域 $\Delta x \sim L/2$ に限定され，不確定性関係から運動量の値が決ま

らないので $\Delta p_x \sim \dfrac{\hbar}{2}\dfrac{2}{L}$ の不確定性をもち,それに対応したエネルギー

$$\varepsilon \sim \frac{p_x{}^2}{2m_e} = \frac{(\Delta p_x)^2}{2m_e} = \frac{1}{2m_e}\left(\frac{\hbar}{L}\right)^2$$

をもつためである.いま,1次元格子中の粒子の問題では粒子は閉じ込められてはおらず無限大の領域に存在できるので,位置については何も決められない,つまり,$\Delta x \to \infty$ である.不確定性関係を使えば,$\Delta p_x = 0$ となり,粒子の運動量の値はきちんと決まることになる.エネルギーの一番低い状態では $p_x = 0$ でいることができるので,粒子は運動エネルギーをもたずゼロ点運動をしないわけである.

運動量の値が0に決まる理由について,別の見方をすると1次元格子中の粒子の運動量はハミルトニアンと交換する保存量であり,この系では運動量の保存則が成立しているためということもできる.いま,ハミルトニアンは $\mathcal{H} = p_x{}^2/2m_e$ であるので,$[p_x, \mathcal{H}] = [p_x, p_x{}^2/2m_e] = 0$ であって,運動量はハミルトニアンと交換する.また,$p_x\Psi$ を作ってみると,

$$p_x\Psi = \frac{\hbar}{i}\frac{\partial \Psi}{\partial x} = \frac{\hbar}{i}\sqrt{\frac{1}{L}}\frac{d}{dx}e^{ikx} = \frac{\hbar}{i}ik\sqrt{\frac{1}{L}}e^{ikx} = \hbar k \Psi$$

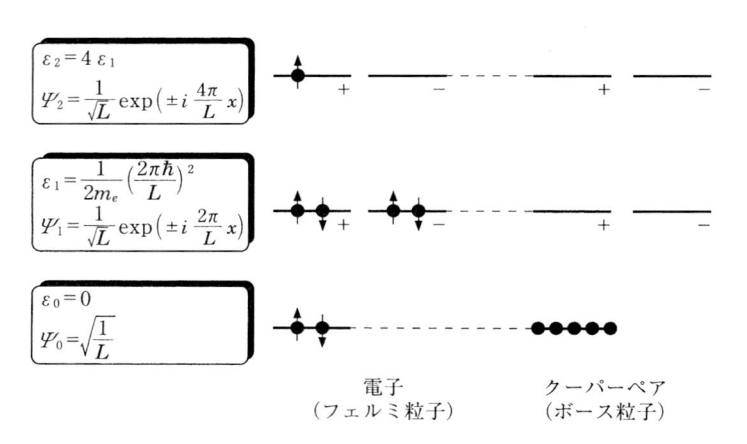

図 10.2 1次元格子中の自由粒子がとるエネルギー準位

§10.1 1次元格子中の自由粒子モデル

であるので,最初と最後の式を見比べると,運動量の固有関数は波動関数と同じで,固有値は $\hbar k$ になっていることがわかる.このことからも,この系では運動量は保存量であり,$p_x = \hbar k$, $k = 2n\pi/L$ の値をとることがわかる.

図 10.2 の左端の枠中には 1 次元格子中の粒子がとりうるエネルギーとそれに対応した 1 粒子波動関数を示した.さらに右側にはエネルギー準位を横線で示した.この 1 粒子に対して求められた状態を基に,粒子が多数存在している場合の様子を考えてみよう.ただし,粒子間の相互作用は互いに無視できるとしよう.

粒子が電子などのフェルミ粒子の場合はパウリの原理を満たさなければならない.エネルギーが低い状態から電子がつまっていくとすると,まず $n = 0$ でエネルギーが $\varepsilon_0 = 0$,一電子波動関数が $\Psi_0 = \sqrt{1/L}$ で表される状態にスピンの状態が異なる(↑と↓)2 つの電子が入り,次に $n = \pm 1$ でエネルギーが $\varepsilon_{\pm 1} = \dfrac{\hbar^2}{2m_e}\left(\dfrac{2\pi}{L}\right)^2$,一電子波動関数が $\Psi_{\pm 1}(x) = \sqrt{\dfrac{1}{L}}\exp\left(\pm i\dfrac{2\pi}{L}x\right)$ の各状態にスピンの状態が異なる 2 個ずつの電子が入り,というように電子の状態が決まる.ここで,$n = 0$ 以外の状態は 2 重に(スピンを入れると 4 重に)縮退している.このようにして,電子がつまった一番上のエネルギー準位が**フェルミ準位**(fermi level)である.

粒子がボース粒子の場合は,すべての粒子が $n = 0$ でエネルギーが $\varepsilon_0 = 0$,一電子波動関数が $\Psi_0 = \sqrt{1/L}$ の同じ量子状態をとると考えられる.たとえば,超伝導電流を運ぶクーパーペアは電子 2 個とフォノン 1 個からなる複合粒子でボース粒子であるが,すべての粒子が最低エネルギー($n = 0$)の同じ量子状態をとると考えられる.

§10.2 状態密度

前節では，粒子がとる状態（波動関数）はどのようなもので，その状態のエネルギーはいくらか，のように粒子を中心に調べた．しかし，固体など多数の粒子を対象に考えるときは，一つ一つの粒子がとる状態を調べる代りに，逆に状態に着目して，その状態をとる粒子が何個あるかを調べた方がわかりやすい場合がある．そこで，状態の数を数えることを考えてみよう．

§10.1 に示した 1 次元格子の例では，$k = 2\pi/L$ ごとに状態があるから，k と $k + dk$ の dk には $(L/2\pi)dk$ 個の状態があることになる．このようにして，状態の数を知ることができる．この状態は離散的であるが，非常に間隔が小さいので，ほぼ連続とみなせる．そこで，状態 k に関する和 $\sum_k f_k$ をとる代りに，積分 $\dfrac{L}{2\pi} \int f(k)\, dk$ を計算してもよいことがわかる．これは，固体物理などの計算ではよく使われる手法であるが，ここでは 3 次元格子に拡張するに留め，詳細は物性論などの授業にゆだねる．3 次元格子の場合は，$k_x = 2\pi/L$, $k_y = 2\pi/L$, $k_z = 2\pi/L$ ごとに状態があるから，$\boldsymbol{k}$ と $\boldsymbol{k} + d\boldsymbol{k}$ の $d\boldsymbol{k}$ には，$\dfrac{L^3}{(2\pi)^3} d\boldsymbol{k} = \dfrac{L^3}{(2\pi)^3} dk_x dk_y dk_z$，または極座標で表すと $\dfrac{V}{(2\pi)^3} k^2 dk\, d\Omega$ 個の状態があることになる．なおここで，L^3 は電子が閉じ込められている体積で，立方体でなく一般的な形であってもよいので，V と書いた．そこで 3 次元の場合は状態に関する和 $\sum_k f_k$ をとる代りに，積分 $\dfrac{V}{(2\pi)^3} \int d\Omega \int f(k, \theta, \phi)\, k^2\, dk$ を計算してもよい．

さて，状態を波数 k で区別するよりも，エネルギーで見た方がより直感的である．エネルギーが ε と $\varepsilon + d\varepsilon$ との間にある状態の数を $\rho(\varepsilon)\, d\varepsilon$ と書き，$\rho(\varepsilon)$ を**状態密度**（density of states）という．状態密度は物質によって

§10.2 状態密度

異なり，物性に反映されるので，重要な量である．

3次元格子では，大きさ k の球内には $\left(\frac{4\pi}{3}k^3\right)\Big/\left(\frac{2\pi}{L}\right)^3$ 個の状態がある．ポテンシャルエネルギーがゼロの場合は，$k^2 = 2m_e\varepsilon/\hbar^2$ であるから，状態の数は

$$\frac{L^3}{(2\pi)^3}\frac{4\pi}{3}\left(\frac{2m_e}{\hbar^2}\right)^{3/2}\varepsilon^{3/2}$$

である．これをエネルギー ε で微分して，状態密度

$$\rho(\varepsilon)\,d\varepsilon = \frac{L^3 m_e^{3/2}}{2^{1/2}\pi^2\hbar^3}\varepsilon^{1/2}\,d\varepsilon$$

が得られる．自由粒子の場合，状態密度は $\sqrt{\varepsilon}$ に比例する．

図10.3(a)には3次元格子における自由粒子に対する状態密度，(b)には一例として量子力学的手法を用いて計算した鉄結晶内の電子に対する状態密度を示した．いずれも横軸はエネルギー，縦軸は状態密度を表している．(a)の自由粒子の場合はすでに述べたように状態密度は $\sqrt{\varepsilon}$ に比例して単調に増大している．電子などのフェルミ粒子を考えると，粒子はエネルギーの低い状態から順に状態を占めていき，考えているすべての電子が状態を占め終ると，それ以上の状態は空きのまま残る．粒子が占めている最大のエネルギーが**フェルミエネルギー**（Fermi energy）である．フェルミエネルギー

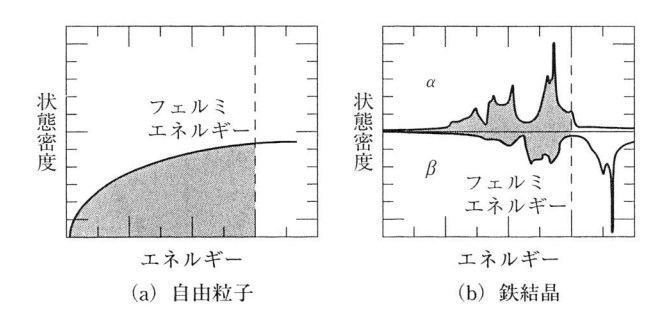

(a) 自由粒子　　(b) 鉄結晶

図10.3　3次元格子中の電子に対する状態密度

以下の状態密度の積分（図上のグレーの面積）が，考えている体積中にある粒子の数に対応している．通常，この体積は $L^3 \equiv V$ 単位当りを考えて1としておくのが便利である．

　自由粒子の例では，フェルミエネルギーの直上にも空の状態があり，たとえば電子が電場などの作用によって励起されると，その状態をとることができるので，電気伝導が起こることがわかる．このように，状態密度は物性と密接な関係がある．

　図10.3(b)の鉄の例では，グラフの上側と下側にはそれぞれスピン状態が異なる電子に対する（α と β）状態密度が書かれている．状態密度は非常に複雑な曲線で表されているが，これは原子核‐電子あるいは電子間の相互作用の結果である．フェルミエネルギーより上の状態も連続して存在するので，電気伝導のあることがわかる．また，スピンが α と β の電子の状態密度が違っているので，自発的なスピン分極をもち強磁性を示すことがわかる．

§10.3　超伝導体では，なぜ抵抗なしに電流が流れるか

　この問題を簡単化して考えてみよう．まず，通常の金属結晶中を流れる電流について考えてみる．金属は殻になる原子イオンが規則正しく並んで格子を組み，各原子当り数個の電子が格子の中を動き回っている．簡単のため1

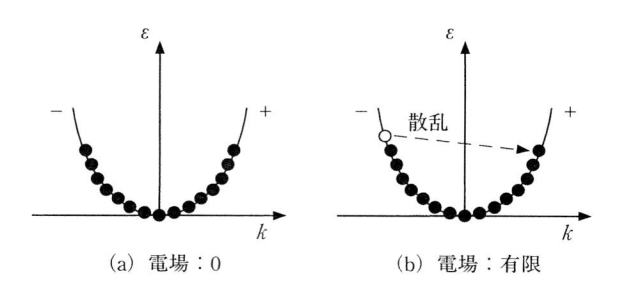

図10.4　電場によって電子が移動する様子

§10.3 超伝導体では，なぜ抵抗なしに電流が流れるか　　　117

次元で考えれば，§10.1 で求めたように，電子の波数 k とエネルギー ε の関係は式（10.2）の 2 次関数の関係にあるが，とびとびの状態をもっており，その状態に順次，電子がフェルミ準位までつまっている．この様子を図 10.4(a) に示した．電子がとりうる波数 k の値は $k = 2n\pi/L$ ($n = 0, \pm 1, \pm 2, \cdots\cdots$) である．結晶格子中の電子は $\hbar k$ の運動量をもっており，速度 $\hbar k/m_e$ で動いているわけであるから，電流が流れていることになる．しかし，普通の状態では $+\hbar k$ の電子と $-\hbar k$ の電子がほぼ同数あるから，$+x$ 方向に動く電子と $-x$ 方向に動く電子が，ちょうど打ち消し合って全体としては電流が流れていない．

　金属結晶中に電圧を加えると電子に電場がかかり，電子は加速される．これを，電子の波数 k とエネルギー ε の関係でみると，電子が占めているエネルギー準位が図 10.4(b) のように移動することになる．もし，電子が何の障害も受けないなら，電子は加速され続け，エネルギー準位はどんどんずれていくはずである．しかし，いままで考慮に入れていなかったが，実際には電子は格子の熱振動，格子の欠陥や不純物などと衝突して散乱を受けるために，無限には加速されない．このとき，電子はフェルミ粒子であるため，散乱された電子はすでに別の電子によって占有されているエネルギー状態には行けず，必ず別の状態をとることになる．たとえば，図 10.4(b) のように電子が散乱され，この変化が電場とつり合って電気抵抗を与え，その結果，一定の電流が流れる．要するに電子が散乱されて状態が変わるために電気抵抗が生じるわけである．

　しかし仮に，電流を運ぶ粒子がボース粒子であれば，事情は全く異なる．ボース粒子がたくさんある状態から，仮に 1 個の粒子を取り除いても，すべての粒子はエネルギーの一番低い状態にいることには変わりがない．次に，ここに 1 個の粒子を余分に付け加えてもすべての粒子はエネルギーの一番低い状態にいるので，同じ状態である．1 個の粒子を取り去り，その後 1 個の粒子をつけ加えても系の状態は全く変わらない．つまり，ボース粒子の系で

は仮に粒子が散乱を受けたとしても系の状態が変わらないでいることができ、散乱を受けないのと同じである。したがって、ボース粒子は電気抵抗ゼロで電流を運ぶことができる。

以上に述べたフェルミ粒子とボース粒子の振舞の違いをエネルギー準位と粒子の占有状態を使って再確認してみる。図 10.5 に示すように、フェルミ粒子の場合は粒子が散乱されると必ず別の状態になる。ボース粒子の場合は粒子が散乱を受けても状態は必ずしも変わる必要はない。

超伝導体では、電子 2 個とフォノン 1 個からなる複合粒子であるボース粒子が電流を担っている。電子間にフォノンを媒介して引力がはたらき複合的

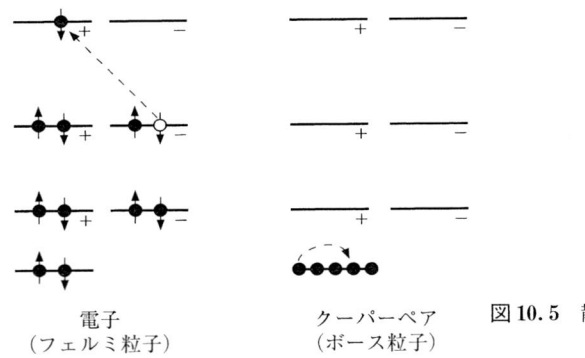

図 10.5 散乱によるエネルギーの変化

電子
（フェルミ粒子）

クーパーペア
（ボース粒子）

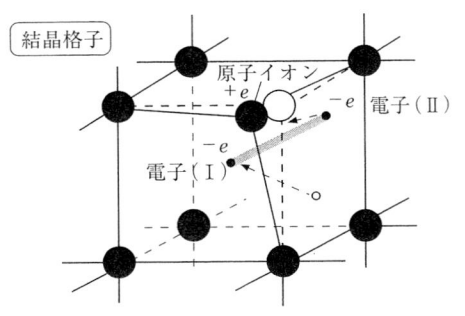

図 10.6 電子間に引力がはたらいてクーパーペアができる仕組

に動く仕組を図 10.6 に示した．電子は負の電荷（$-e$）をもっているので，一つの電子（I）が動くと正の電荷（$+e$）を有する原子イオンに影響を与える．結晶格子は原子イオンが規則正しく並んだものであるが，電子（I）によって原子イオンが引っ張られて結晶格子が歪むことになる．結晶格子が歪むと原子イオンの正電荷（$+e$）によって，負電荷（$-e$）をもった別の電子（II）が影響を受ける．したがって，負電荷を有する 2 つの電子間に結晶格子（フォノン）を介して引力がはたらく．通常，この引力はクーロン斥力よりもずっと小さいが，低温度下や特殊な物質中など，特別な条件の下では 2 電子の負電荷間にはたらくクーロン斥力を上回り，複合粒子を作ることがある．

このような複合粒子を**クーパーペア**という．偶数個のフェルミ粒子からなる複合粒子はボース粒子である．したがって，クーパーペアはボース粒子であり，電流は電気抵抗なしに流れうることが説明できる．

問題

[1] 1 次元の結晶格子（周期は L とする）の電子について，エネルギーが一番低い状態の波動関数とエネルギーが下から二番目の状態の波動関数は直交することを示しなさい．

[2] 2 次元の結晶格子（周期は L とする）に電子 4 個があるとする．電子のとりうるエネルギーとその状態を表す 1 電子波動関数を決め，エネルギー準位の様子を図示しなさい．

11

解析力学の方法

　この章では，運動量の一般的な定義や，より厳密なシュレーディンガー方程式の作り方について勉強する．その結果，電磁場中の荷電粒子の取扱いができるようになる．しかし，この章の内容を知らなくても当面量子力学を使う上で困ることはほとんどない．この章は より厳密に量子力学を知りたい人の足がかりとしてもらえればよい．

　［ポイント］　一般化座標，一般化運動量の定義と，それらに基づいた より厳密なシュレーディンガー方程式の作り方

§11.1　最小作用の原理

　物理学は常に，より素朴でもっともらしい統一的な法則を仮定して，実際に起こる複雑な現象を理解しようとしてきた．そのような物理学の公理的法則の一つが**最小作用の原理**（principle of least action）または，**変分原理**（variational principle）とよばれる原理である．量子力学の世界だけではなくわれわれの日常世界もこの大法則によって支配されている．そこで，まず古典力学についてこの原理を勉強してみたい．

　最小作用の原理は，「ある時刻 t_1 において位置 x_1 にいた粒子が，時刻 t_2 に位置 x_2 へ移る道筋は変分原理によって決まる」という法則である．変分原理はいろいろな学問分野で形を変えて現れる重要な原理であるが，ここでは次のように考えておこう．つまり，図11.1に示すような位置 x_1 と x_2 を

§11.1 最小作用の原理

ある時刻 t_1 に場所 x_1 にいた粒子が
時刻 t_2 に場所 x_2 に移る道筋は...

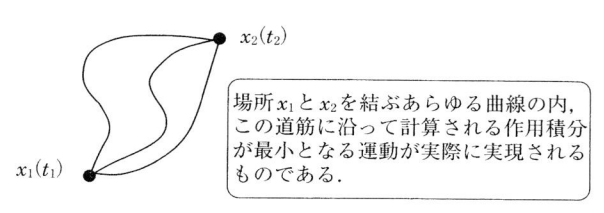

場所 x_1 と x_2 を結ぶあらゆる曲線の内，この道筋に沿って計算される作用積分が最小となる運動が実際に実現されるものである．

積分を行う量： $\underset{\text{ラグランジアン}}{L} = \underset{\text{運動エネルギー}}{T} - \underset{\text{ポテンシャルエネルギー}}{U}$

図 **11.1** 最小作用の原理

結ぶあらゆる曲線のうち，この道筋にそって計算される作用積分という量が極小値（厳密にいうと停留値）である運動が実際に実現される．

積分を行う量は**ラグランジアン**（Lagrangean）とよばれる量である．ラグランジアン $\mathcal{L}$ は，運動エネルギー T が速度の関数，ポテンシャルエネルギー U が位置座標の関数として書かれる通常の場合は，

$$\mathcal{L} = T - U$$

と表される．磁場中の荷電粒子のように，粒子の受ける力が速度に依存するような場合はこのような簡単な形に書けないが，ほとんどの場合は $\mathcal{L} = T - U$ とすることができる．

さて，次に最小作用の原理から，ニュートンの運動方程式が導かれることを示してみよう．ポテンシャルエネルギー U が作用している，質量が m_e である粒子の運動を考える．運動エネルギーは $T = \dfrac{1}{2} m_e \left(\dfrac{d\mathbf{r}}{dt} \right)^2$ であるから，ラグランジアンは

$$\mathcal{L} = \frac{1}{2} m_e \left(\frac{d\mathbf{r}}{dt} \right)^2 - U$$

と書ける．作用積分は

$$I = \int_{t_1}^{t_2} \left[\frac{1}{2} m_e \left(\frac{d\mathbf{r}}{dt} \right)^2 - U \right] dt$$

で定義されるので，道筋が $r = r(t)$ から $r = r(t) + \delta r(t)$ と変化したときの作用積分の増分 δI は

$$\delta I = I(r + \delta r) - I(r)$$

から求めることができる．δr について 1 次の近似までとれば，

$$\begin{aligned} I(r + \delta r) &= \int_{t_1}^{t_2} \left[\frac{1}{2} m_e \left\{ \frac{d(r + \delta r)}{dt} \right\}^2 - U(r + \delta r) \right] dt \\ &= \int_{t_1}^{t_2} \left[\frac{1}{2} m_e \left(\frac{dr}{dt} \right)^2 + m_e \left(\frac{dr}{dt} \right) \frac{d(\delta r)}{dt} \right. \\ &\qquad\qquad\qquad \left. - \left\{ U(r) + \frac{\partial U}{\partial r} \delta r \right\} \right] dt \\ &= I(r) + \int_{t_1}^{t_2} \left[m_e \left(\frac{dr}{dt} \right) \frac{d(\delta r)}{dt} - \frac{\partial U}{\partial r} \delta r \right] dt \end{aligned}$$

である．積分の中の第 1 項目を部分積分すると，

$$\delta I = \left[m_e \left(\frac{dr}{dt} \right) (\delta r) \right]_{t_1}^{t_2} - \int_{t_1}^{t_2} \left[(\delta r) \frac{d}{dt} m_e \left(\frac{dr}{dt} \right) + \frac{\partial U}{\partial r} \delta r \right] dt$$

である．ここで，第 1 項はゼロである．なぜなら，時刻 t_1 における位置と，時刻 t_2 における位置は固定されていて，途中の道筋を変えることを考えているからで，$\delta r|_{t_1} = 0$, $\delta r|_{t_2} = 0$ だからである．したがって，

$$\delta I = -\int_{t_1}^{t_2} \left[m_e \frac{d}{dt} \left(\frac{dr}{dt} \right) + \frac{\partial U}{\partial r} \right] (\delta r) \, dt$$

となる．作用積分が極小であるためには，$\delta I = 0$ でなければならない．平衡点からどのように道筋が変化しても，つまり δr がどうであっても $\delta I = 0$ であるためには δr の係数がゼロで，

$$m_e \frac{d^2 r}{dt^2} + \frac{\partial U}{\partial r} = 0$$

が成立しなければならない．ポテンシャルエネルギーの勾配は力 f であるので，$f = -\operatorname{grad} U = -\dfrac{\partial U}{\partial r}$ を使ってこの式を書き換えれば，

$$m_e \frac{d^2 r}{dt^2} = f$$

となり、ニュートンの運動方程式になっていることが確かめられた。すなわち、加速度は力に比例しており、その比例定数が質量である。このように、より基本的な原理から、ニュートンの法則が導かれることがわかる。

以上の議論を一般化してみよう。ラグランジアン $\mathcal{L}$ を f 個の独立な座標変数 $q_1, q_2, q_3, \cdots, q_f$ とその時間微分 $\dot{q}_1, \dot{q}_2, \dot{q}_3, \cdots, \dot{q}_f$ を変数とする関数とみなして、作用積分を計算すると、

$$I = \int_{t_1}^{t_2} \mathcal{L}(q_1, q_2, q_3, \cdots, q_f, \dot{q}_1, \dot{q}_2, \dot{q}_3, \cdots, \dot{q}_f)\, dt$$

である。q_j を $q_j + \delta q_j$、$\dot{q}_j$ を $\dot{q}_j + \delta \dot{q}_j$ と変化させたときの作用積分の変化量は

$$\delta I = \int_{t_1}^{t_2} \sum_{j=1}^{f} \left(\frac{\partial \mathcal{L}}{\partial q_j} \delta q_j + \frac{\partial \mathcal{L}}{\partial \dot{q}_j} \delta \dot{q}_j \right) dt$$

と書ける。積分の中の第2項を部分積分し、積分の両端では変化がないことを使えば、

$$\delta I = \int_{t_1}^{t_2} \sum_{j=1}^{f} \left(\frac{\partial \mathcal{L}}{\partial q_j} - \frac{d}{dt} \frac{\partial \mathcal{L}}{\partial \dot{q}_j} \right) \delta q_j\, dt$$

であるので、作用積分を極小にするために、$\delta I = 0$ とすると、

$$\frac{\partial \mathcal{L}}{\partial q_j} - \frac{d}{dt}\left(\frac{\partial \mathcal{L}}{\partial \dot{q}_j} \right) = 0 \tag{11.1}$$

の関係が求まる。この式はニュートンの運動方程式を一般化したものに相当するが、**ラグランジュの運動方程式**(Lagrange's equation of motion)という。

§11.2 一般化座標と一般化運動量

座標 $q_1, q_2, q_3, \cdots, q_f$ に対する運動量 $p_1, p_2, p_3, \cdots, p_f$ は次のように定義される。

$$p_j = \frac{\partial \mathcal{L}}{\partial \dot{q}_j} \tag{11.2}$$

もし,座標の変数として x, y, z をとるなら,ラグランジアンは

$$\mathcal{L} = T - U = \frac{1}{2}m_e(\dot{x}^2 + \dot{y}^2 + \dot{z}^2) - U(x, y, z)$$

であるから,定義にしたがえば,座標 x, y, z に対する運動量はおのおの

$$p_x = \frac{\partial \mathcal{L}}{\partial \dot{x}} = m_e \dot{x}, \qquad p_y = \frac{\partial \mathcal{L}}{\partial \dot{y}} = m_e \dot{y}, \qquad p_z = \frac{\partial \mathcal{L}}{\partial \dot{z}} = m_e \dot{z}$$

と表される.これはわれわれが知っているもともとの運動量の定義,すなわち,質量に速度を掛けたものになっている.座標が x, y, z でない一般の座標に対しても式(11.2)によって運動量が定義される.

[問] 極座標系では座標が x, y, z でなく,r, θ, ϕ で表されるが,これに対応する運動量を求めてみなさい.

式(11.2)で定義される運動量を**一般化座標**(generalized coordinate)に共役な**一般化運動量**(generalized momentum)という.第9章で学んだ不確定性関係は,このような一般化座標 q_i とそれに共役な一般化運動量 p_i の間に成り立っており,$\Delta q_i \Delta p_i \geqq \hbar/2$ である.

次に,ハミルトニアンを求めてみる.古典力学のハミルトニアン $\mathcal{H}$ は次のように定義される.

$$\mathcal{H} = \sum_{j=1}^{f} \dot{q}_j p_j - \mathcal{L} \tag{11.3}$$

ただし,実際にハミルトニアンを書くときには一般化座標と一般化運動量を陽に変数として表す約束になっているので注意を要する.たとえば前の例で,座標の変数を x, y, z として,定義にしたがいハミルトニアンを求めると,

$$\mathcal{H} = \dot{x}\, p_x + \dot{y}\, p_y + \dot{z}\, p_z - \left\{ \frac{1}{2}m_e(\dot{x}^2 + \dot{y}^2 + \dot{z}^2) - U(x, y, z) \right\}$$

である.しかし,ハミルトニアンは一般化座標と一般化運動量を陽に変数として表す約束であるので,座標の時間微分を変数として用いてはならない.

§11.2 一般化座標と一般化運動量

> 1. 一般化座標の変数とその時間微分変数の関数として，運動エネルギーTと位置エネルギーUを表す
> 2. ラグランジアン$\mathcal{L}$を作る．通常の場合：$\mathcal{L} = T - U$
> 3. ラグランジアン$\mathcal{L}$を座標の時間微分変数$\dot{q}_j$で微分して，一般化運動量p_jを求める ： $p_j = \dfrac{\partial \mathcal{L}}{\partial \dot{q}_j}$
> 4. 古典力学のハミルトニアン$\mathcal{H}$を作る $\mathcal{H} = \sum_j \dot{q}_j p_j - \mathcal{L}$
>   ただし，座標q_jと一般化運動量p_jを変数として表す
> 5. 一般化運動量を演算子で表し，量子力学に移行する
> 6. 量子力学のハミルトニアンを使って固有方程式を作る

図 11.2 解析力学の方法

座標の時間微分は運動量で置き換え，座標と運動量を陽に変数として表した式

$$\mathcal{H} = \frac{1}{2m_e}(p_x^2 + p_y^2 + p_z^2) + U(x, y, z)$$

がハミルトニアンである．この式の第1項は運動エネルギー，第2項はポテンシャルエネルギーで，この式は確かに系の全エネルギーを表している．

古典力学から量子力学に移るには，すでに学んだことから推測できるように p_j を微分演算子 $\dfrac{\hbar}{i}\dfrac{\partial}{\partial q_j}$ で置き換えればよい．得られた量子力学のハミルトニアンを使って固有方程式を書けば，これがシュレーディンガー方程式となる．以上，ここで述べた解析力学の方法を図11.2にまとめておく．

さて，最後に**ハミルトンの運動方程式**（Hamilton's equation of motion）を導いておく．ハミルトンの運動方程式は次の2つの式で表せる．

$$\frac{dq_j}{dt} = \frac{\partial \mathcal{H}}{\partial p_j}, \quad \frac{dp_j}{dt} = -\frac{\partial \mathcal{H}}{\partial q_j}$$

この式の証明は簡単である．まずハミルトニアンの定義である式(11.3)を p_j で偏微分すると，$\mathcal{L}$ は p_j を陽に含まないから $\partial \mathcal{L}/\partial p_j = 0$ であり，$\partial \mathcal{H}/\partial p_j = \dot{q}_j$ となり最初の式が成立していることはすぐにわかる．また，式(11.3)を q_j で偏微分すると $\partial \mathcal{H}/\partial q_j = -\partial \mathcal{L}/\partial q_j$ であるので，これに

ラグランジュの運動方程式(11.1)を使えば $\dfrac{\partial \mathcal{H}}{\partial q_j} = -\dfrac{d}{dt}\left(\dfrac{\partial \mathcal{L}}{\partial \dot{q}_j}\right) = -\dfrac{dp_j}{dt}$
となり，2番目の式も証明できる．

一粒子の問題では $\mathcal{H} = \dfrac{1}{2m_e}(p_x{}^2 + p_y{}^2 + p_z{}^2) + U(x, y, z)$ であるので，ハミルトンの運動方程式はそれぞれ，$\dfrac{dx}{dt} = \dfrac{1}{m_e} p_x$, $\dfrac{dp_x}{dt} = -\dfrac{dU}{\partial x}$ となる．最初の式は運動量の定義式に，2番目の式はニュートンの運動方程式に相当することがわかる．

このハミルトンの運動方程式を量子力学に拡張した運動方程式は**ハイゼンベルクの運動方程式**（Heisenberg's equation of motion）とよばれる．ハイゼンベルクの運動方程式については付録A1に簡単に示すので，参考にしてもらいたい．

§11.3　磁場中の荷電粒子に対するハミルトニアン

磁場中を運動する荷電粒子の問題は，プラズマや磁性にからんでよく出てくる重要な問題であるが，第3章で勉強した簡便法ではシュレーディンガー方程式を作ることができない．そこで，解析力学の方法を使ってハミルトニアンを導いておこう．

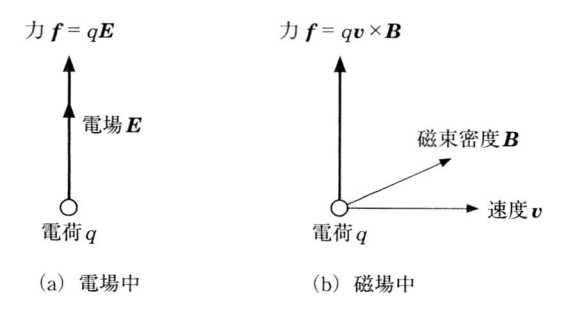

　　　(a) 電場中　　　　　　(b) 磁場中

図**11.3**　電磁場中の荷電粒子が受ける力

§10.3 磁場中の荷電粒子に対するハミルトニアン

まず古典力学で考え，電場 $\boldsymbol{E}$，磁束密度 $\boldsymbol{B}$ の電磁場内を速度 $\boldsymbol{v}$ で運動する，質量 m_e，電荷 q の粒子を考える．この粒子は電場から $q\boldsymbol{E}$，磁場から $q\boldsymbol{v}\times\boldsymbol{B}$ の力を受け，全体の力は $\boldsymbol{f}=q(\boldsymbol{E}+\boldsymbol{v}\times\boldsymbol{B})$ と表される．この力は粒子の速度に依存しているので，位置座標だけに依存するようなポテンシャルエネルギーを使って表すことはできない．したがって，ラグランジアン $\mathcal{L}$ は単純に $T-U$ として求めることはできない．そこで，ラグランジュの運動方程式から，逆に力が正しく表せるようにラグランジアンを決める必要がある．

この粒子に対するニュートンの運動方程式を成分で書くと

$$m_e\ddot{x} = qE_x + q(v_yB_z - v_zB_y)$$
$$m_e\ddot{y} = qE_y + q(v_zB_x - v_xB_z)$$
$$m_e\ddot{z} = qE_z + q(v_xB_y - v_yB_x)$$

である．定常的な場合について電場 $\boldsymbol{E}$ と磁束密度 $\boldsymbol{B}$ を，スカラーポテンシャル ϕ と，ベクトルポテンシャル $\boldsymbol{A}$ を使って表すと，

$$\boldsymbol{E} = -\operatorname{grad}\phi - \frac{\partial \boldsymbol{A}}{\partial t}, \quad \boldsymbol{B} = \operatorname{rot}\boldsymbol{A}$$

であるので，これらの関係をニュートンの運動方程式に代入する．

$$\left.\begin{aligned}
m_e\ddot{x} &= -q\frac{\partial\phi}{\partial x} - q\frac{\partial A_x}{\partial t} + q\left[\dot{y}\left(\frac{\partial A_y}{\partial x} - \frac{\partial A_x}{\partial y}\right) - \dot{z}\left(\frac{\partial A_x}{\partial z} - \frac{\partial A_z}{\partial x}\right)\right] \\
m_e\ddot{y} &= -q\frac{\partial\phi}{\partial y} - q\frac{\partial A_y}{\partial t} + q\left[\dot{z}\left(\frac{\partial A_z}{\partial y} - \frac{\partial A_y}{\partial z}\right) - \dot{x}\left(\frac{\partial A_y}{\partial x} - \frac{\partial A_z}{\partial y}\right)\right] \\
m_e\ddot{z} &= -q\frac{\partial\phi}{\partial z} - q\frac{\partial A_z}{\partial t} + q\left[\dot{x}\left(\frac{\partial A_x}{\partial z} - \frac{\partial A_z}{\partial x}\right) - \dot{y}\left(\frac{\partial A_z}{\partial y} - \frac{\partial A_y}{\partial z}\right)\right]
\end{aligned}\right\}$$

(11.4)

が得られる．

そこで，式(11.4)がラグランジュの運動方程式として求まるように逆にラグランジアンを決めることにする．そのようなラグランジアンは次式で与えられる．

$$\mathcal{L} = \frac{m_e}{2}(\dot{x}^2 + \dot{y}^2 + \dot{z}^2) - q\phi + q(\dot{x}A_x + \dot{y}A_y + \dot{z}A_z) \quad (11.5)$$

なぜなら，このラグランジアンから式(11.1)にしたがってラグランジュの運動方程式を作ってみると，

$$\frac{\partial \mathcal{L}}{\partial x} = -q\frac{\partial \phi}{\partial x} + q\left(\dot{x}\frac{\partial A_x}{\partial x} + \dot{y}\frac{\partial A_y}{\partial x} + \dot{z}\frac{\partial A_z}{\partial x}\right)$$

$$\frac{\partial \mathcal{L}}{\partial \dot{x}} = m_e \dot{x} + qA_x$$

$$\frac{d}{dt}\left(\frac{\partial \mathcal{L}}{\partial \dot{x}}\right) = m_e \ddot{x} + q\frac{dA_x}{dt}$$

$$= m_e \ddot{x} + q\left\{\frac{\partial A_x}{\partial t} + \frac{\partial A_x}{\partial x}\frac{dx}{dt} + \frac{\partial A_x}{\partial y}\frac{dy}{dt} + \frac{\partial A_x}{\partial z}\frac{dz}{dt}\right\}$$

のように計算されるが，$\frac{d}{dt}\left(\frac{\partial \mathcal{L}}{\partial \dot{x}}\right) = \frac{\partial \mathcal{L}}{\partial x}$ を具体的に書き下すと，

$$m_e \ddot{x} = -q\frac{\partial \phi}{\partial x} + q\left(\dot{x}\frac{\partial A_x}{\partial x} + \dot{y}\frac{\partial A_y}{\partial x} + \dot{z}\frac{A_z}{\partial x}\right)$$

$$- q\left(\frac{\partial A_x}{\partial t} + \frac{\partial A_x}{\partial x}\dot{x} + \frac{\partial A_x}{\partial y}\dot{y} + \frac{\partial A_x}{\partial z}\dot{z}\right)$$

$$= -q\frac{\partial \phi}{\partial x} - q\frac{\partial A_x}{\partial t} + q\left[\dot{y}\left(\frac{\partial A_y}{\partial x} - \frac{\partial A_x}{\partial y}\right) - \dot{z}\left(\frac{\partial A_x}{\partial z} - \frac{\partial A_z}{\partial x}\right)\right]$$

のようになり，これは確かに式(11.4)のニュートンの運動方程式になっているからである．

そこで，式(11.5)をラグランジアンとして，まず運動量を式(11.2)の定義に立ち返って求めると，

$$p_x = \frac{\partial \mathcal{L}}{\partial \dot{x}} = m_e \dot{x} + qA_x$$

$$p_y = \frac{\partial \mathcal{L}}{\partial \dot{y}} = m_e \dot{y} + qA_y$$

$$p_z = \frac{\partial \mathcal{L}}{\partial \dot{z}} = m_e \dot{z} + qA_z$$

であることがわかる．次に，式(11.3)にしたがって，ハミルトニアンを求めると

$$\mathcal{H} = p_x \dot{x} + p_y \dot{y} + p_z \dot{z} - \mathcal{L}$$

$$= p_x \dot{x} + p_y \dot{y} + p_z \dot{z} - \frac{m_e}{2}(\dot{x}^2 + \dot{y}^2 + \dot{z}^2)$$

$$+ q\phi - q(\dot{x}A_x + \dot{y}A_y + \dot{z}A_z)$$

$$= \dot{x}(p_x - qA_x) + \dot{y}(p_y - qA_y) + \dot{z}(p_z - qA_z)$$

$$- \frac{m_e}{2}(\dot{x}^2 + \dot{y}^2 + \dot{z}^2) + q\phi$$

$$= \frac{m_e}{2}(\dot{x}^2 + \dot{y}^2 + \dot{z}^2) + q\phi$$

であるが，約束にしたがって座標と運動量が陽に変数となるように表すと，

$$\mathcal{H} = \frac{1}{2m_e}\{(p_x - qA_x)^2 + (p_y - qA_y)^2 + (p_z - qA_z)^2\} + q\phi$$

が得られる．ここで，$p_x = \frac{\hbar}{i}\frac{\partial}{\partial x}$, $p_y = \frac{\hbar}{i}\frac{\partial}{\partial y}$, $p_z = \frac{\hbar}{i}\frac{\partial}{\partial z}$ と置き換えれば，量子力学のハミルトニアンが得られる．粒子の状態を求めるには通常の場合と同様，$\mathcal{H}\Psi = \varepsilon\Psi$ なるシュレーディンガー方程式を立てて解けばよい．

問　　題

[1] 質量 m_e の自由粒子（力がはたらいていないので，ポテンシャルエネルギーがゼロ）について，最小原理に基づいて作用積分を計算し，運動方程式がどのようになるか求めなさい．

[2] 固定された軸の周りの回転運動のみが可能な剛体に対するシュレーディンガー方程式を導きなさい．ただし，軸の周りの慣性モーメントは I とする．回転角 θ を一般化座標とすれば，運動エネルギーは $T = \frac{I}{2}\left(\frac{d\theta}{dt}\right)^2$, ポテンシャルエネルギーは $U = 0$ である．

まず，ラグランジアンを求めなさい．次に一般化運動量を求め，古典力学の

ハミルトニアンを作りなさい．古典力学から量子力学に移るには物理量を演算子で表せばよい．最後に固有値方程式を作ればシュレーディンガー方程式が得られる．

12

水素原子の問題 (I)

　水素原子は，シュレーディンガー方程式を解析的に解くことができる数少ない現実的な系の一つで，中心力場の代表的な例である．この章では中心力場のシュレーディンガー方程式を解いて，角度変数に対する波動関数を求め，中心力場の性質を勉強する．
　[ポイント]　中心力場の性質と球面調和関数

§12.1　原子の状態

　原子を原子番号の順番に整理して並べた周期律表には，図12.1のように，1s, 2s, 2p, …… などの記号が書かれている場合がある．これらの，記号はエネルギーや角運動量が異なる種々の状態を表している．その状態は連続的には変化しない量子化されたとびとびの状態である．このような状態ができることは，原子という箱の中に電子が閉じ込められていると考えれば，

H 1s							He $(1s)^2$
Li 2s	Be $(2s)^2$	B $(2s)^2 2p$	C $(2s)^2(2p)^2$	N $(2s)^2(2p)^3$	O $(2s)^2(2p)^4$	F $(2s)^2(2p)^5$	Ne $(2s)^2(2p)^6$
Na 3s	Mg $(3s)^2$	Al $(3s)^2 3p$	Si $(3s)^2(3p)^2$	P $(3s)^2(3p)^3$	S $(3s)^2(3p)^4$	Cl $(3s)^2(3p)^5$	Ar $(3s)^2(3p)^6$

図 12.1　周期律表

当然予想されることである．第5章に述べた箱の中に閉じ込められた粒子の問題と同じようにシュレーディンガー方程式を解くことによってそれらの状態を求めることができるはずである．しかし，実際にシュレーディンガー方程式を解析的に解くことは水素原子の場合を除いてできない．水素原子の場合もかなり面倒な計算が必要であるが，原子の状態を理解する上で重要であるので，次節以下にその解法を述べることにする．以下にその概要を述べるが，読者はその詳細をすべて理解する必要は必ずしもない．箱の中に閉じ込められた粒子に関する問題の解き方から類推すると，量子化された状態は境界条件から導かれるであろう．3次元の原子の問題では，3つの境界条件に関連して，3つの量子状態を表す量子数が現れると想像できる．ただし，原子のような球対称またはそれに近い問題を扱うには，x, y, z のような直角座標を使うよりは極座標 r, θ, ϕ を使った方が自然である．そのため，3つの量子数すべてがエネルギー状態を表すものとはならない．周期律表にある，1s，2s，2p，$\cdots$ などの最初の数字は原子の動径方向 r に関連して現れる量子数で，エネルギー状態を区別している．s, p などのアルファベットは角度 θ に関連して現れる量子数を符号化して示したもので，周期律表には示されていない角度 ϕ に関連して現れる量子数とともに，角運動量の状態を区別している．

この章では，まず§12.2 で水素原子のシュレーディンガー方程式を極座標を使って表し，次に§12.3 で変数 r, θ, ϕ を分離し，以下変数 θ, ϕ に対する微分方程式を解いて状態を求める．

§12.2　極座標で表したシュレーディンガー方程式

水素原子（hydrogen atom）は質量 M_p，正電荷 e をもった原子核と，質量 m_e，負電荷 $-e$ をもった電子1つからできていることがわかっている．原子核の質量は電子の質量に比べて非常に大きい（$M_p/m_e \sim 1836$）ので，原子核は動かずにその周りに電子がいるとしてよいであろう．しかし，電子

§12.2 極座標で表したシュレーディンガー方程式

が原子核の周りを軌道運動していると思ってはいけないことは，すでに第9章で勉強した．太陽と惑星の運動から類推すると，核の周囲を電子が楕円軌道を描いて運動しているように思える．なぜなら，原子核と電子の間にはたらくクーロン力は太陽と惑星の間にはたらく重力と同じように距離の逆2乗に比例するからである．しかし，電磁気学によれば電荷をもった粒子が加速度運動をすると電磁波が放出され，粒子はエネルギーを失って核に落ち込んでしまうことがわかっているので，軌道運動モデルは成立しない．われわれは水素原子として，箱の中に閉じ込められた粒子と同じように，核のポテンシャルによって束縛を受けている電子をイメージした方がよい．

ここでは水素原子の電子の状態を，シュレーディンガー方程式を解いて求めてみよう．原子核の中心を原点として表すと，電子の運動エネルギーは $T = \boldsymbol{p}^2/2m_e$ で，原子核と電子の間にはたらくクーロン力によるポテンシャルエネルギーは $U = \dfrac{(-e)(e)}{4\pi\epsilon_0 r}$ である．このようにポテンシャルエネルギー $U(\boldsymbol{r})$ が原点からの距離 r だけの関数 $V(r)$ で表される場合，その場を **中心力場** (central force field) という．水素原子は中心力場の代表的

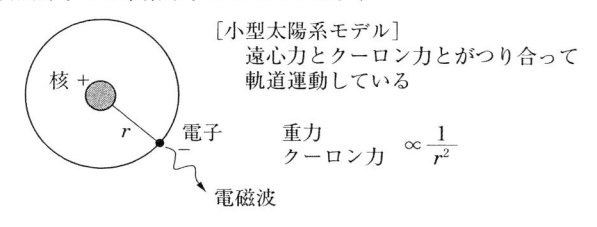

図 12.2　水素原子モデル

な例である．このほか中心力場には，たとえば3次元のバネのように，常に伸びとは逆方向に復元力がはたらくような系や，球の中に閉じ込められた粒子などの系がある．

シュレーディンガー方程式は運動量 $\boldsymbol{p}$ を微分演算子 $(\hbar/i)\nabla$ で置き換えてハミルトニアンを作り

$$\left\{-\frac{\hbar^2}{2m_e}\nabla^2 + V(r)\right\}\Psi(\boldsymbol{r}) = \varepsilon\,\Psi(\boldsymbol{r}) \tag{12.1}$$

$$V(r) = \frac{(-e)(e)}{4\pi\epsilon_0 r}$$

と求められる．中心力場のように，距離 r だけの関数を含む方程式を解く場合は直角座標ではなく，極座標を用いた方が自然で便利である．直角座標系と極座標系の変換はすでに第8章(p81)で説明したのでここでは省略するが，同じような計算を丁寧に行えば，微分演算子 ∇^2 は極座標系では次のように書けることがわかる．

$$\nabla^2 = \frac{\partial^2}{\partial r^2} + \frac{2}{r}\frac{\partial}{\partial r} + \frac{1}{r^2}\Lambda \tag{12.2}$$

ただし，ここで Λ は次式で与えられる，角度 θ と ϕ だけに関係する演算子である．

$$\Lambda = \frac{1}{\sin\theta}\frac{\partial}{\partial\theta}\left(\sin\theta\frac{\partial}{\partial\theta}\right) + \frac{1}{\sin^2\theta}\frac{\partial^2}{\partial\phi^2}$$

ここで，ついでに角運動量の各成分の演算子を極座標表示して，まとめておくと次のようになる．

$$\left.\begin{aligned} L_x &= i\hbar\left(\sin\phi\frac{\partial}{\partial\theta} + \frac{\cos\phi}{\tan\theta}\frac{\partial}{\partial\phi}\right) \\ L_y &= i\hbar\left(-\cos\phi\frac{\partial}{\partial\theta} + \frac{\sin\phi}{\tan\theta}\frac{\partial}{\partial\phi}\right) \\ L_z &= -i\hbar\frac{\partial}{\partial\phi} \end{aligned}\right\} \tag{12.3}$$

また，角運動量の大きさの2乗に対応する演算子を $L^2 = L_x{}^2 + L_y{}^2 + L_z{}^2$

とすると，

$$L^2 = -\hbar^2\left\{\frac{1}{\sin\theta}\frac{\partial}{\partial\theta}\left(\sin\theta\frac{\partial}{\partial\theta}\right) + \frac{1}{\sin^2\theta}\frac{\partial^2}{\partial\phi^2}\right\} = -\hbar^2 \Lambda \quad (12.4)$$

である．

これらの結果を使って，極座標表示した中心力場のシュレーディンガー方程式は

$$\left\{-\frac{\hbar^2}{2m_e}\left(\frac{\partial^2}{\partial r^2} + \frac{2}{r}\frac{\partial}{\partial r} + \frac{1}{r^2}\Lambda\right) + V(r)\right\}\Psi(r,\theta,\phi) = \varepsilon\,\Psi(r,\theta,\phi)$$
$$(12.5)$$

と求められる．

[問] 2次元の問題では極座標表示のシュレーディンガー方程式を比較的簡単に求めることができる．xy面内を中心力を受けて運動する2次元粒子のシュレーディンガー方程式を極座標表示するとどのようになるか．

§12.3 変数分離による解法

式(12.5)の方程式を変数分離法で解くために，波動関数を距離 r だけの関数 $R(r)$ と角度 θ,ϕ だけの関数 $Y(\theta,\phi)$ の積と置く．

$$\Psi(r,\theta,\phi) = R(r)\,Y(\theta,\phi)$$

これを，式(12.5)に代入すれば，

$$\left\{-\frac{\hbar^2}{2m_e}\left(\frac{\partial^2}{\partial r^2} + \frac{2}{r}\frac{\partial}{\partial r} + \frac{1}{r^2}\Lambda\right) + V(r)\right\}R(r)\,Y(\theta,\phi)$$
$$= \varepsilon\,R(r)\,Y(\theta,\phi)$$

である．微分をして整理し直すと，

$$-\frac{\hbar^2}{2m_e}\left\{\frac{d^2R(r)}{dr^2}Y(\theta,\phi) + \frac{2}{r}\frac{dR(r)}{dr}Y(\theta,\phi) + \frac{1}{r^2}R(r)\Lambda\,Y(\theta,\phi)\right\}$$
$$+ V(r)R(r)Y(\theta,\phi) = \varepsilon\,R(r)Y(\theta,\phi)$$

が得られる．変数ごとにまとめてさらに整理し直して両辺を $R(r)Y(\theta,\phi)$ で割り，演算子 L^2 を使って表すと

$$-\left\{\frac{d^2R(r)}{dr^2}Y(\theta,\phi) + \frac{2}{r}\frac{dR(r)}{dr}Y(\theta,\phi) + \frac{1}{r^2}R(r)\Lambda Y(\theta,\phi)\right\}$$

$$= \frac{2m_e}{\hbar^2}\{\varepsilon - V(r)\}R(r)Y(\theta,\phi)$$

$$-\left\{\frac{1}{R(r)}\frac{d^2R(r)}{dr^2} + \frac{2}{r}\frac{1}{R(r)}\frac{dR(r)}{dr} + \frac{1}{r^2}\frac{1}{Y(\theta,\phi)}\Lambda Y(\theta,\phi)\right\}$$

$$= \frac{2m_e}{\hbar^2}\{\varepsilon - V(r)\}$$

$$\frac{1}{R(r)}\left(r^2\frac{d^2R(r)}{dr^2} + 2r\frac{dR(r)}{dr}\right) + \frac{2m_e r^2}{\hbar^2}\{\varepsilon - V(r)\}$$

$$= \frac{1}{\hbar^2 Y(\theta,\phi)}L^2 Y(\theta,\phi)$$

となる．ここで，演算子 Λ または L^2 は θ,ϕ だけに微分演算するので，r に関する部分は単に係数として扱ってよいことを使った．

　最後の式の左辺は変数として r だけを含み，右辺は変数 θ,ϕ だけを含む．したがって，この等式が成り立つためには，両辺が r にも θ,ϕ にもよらない定数でなければならない．このように書けるのは，ポテンシャルエネルギー $V(r)$ が r だけを変数とし，θ,ϕ にはよらないからである．したがって，このような変数分離ができるのは中心力場の特徴である．

　定数を λ と置くと，次の 2 つの式が得られる．

$$\frac{d}{dr}\left(r^2\frac{dR(r)}{dr}\right) + \frac{2m_e}{\hbar^2}r^2\{\varepsilon - V(r)\}R(r) = \lambda R(r) \quad (12.6)$$

$$L^2 Y(\theta,\phi) = \lambda\hbar^2 Y(\theta,\phi) \quad (12.7)$$

最初の式は変数 r に関する微分方程式であり，2 番目の式は変数 θ,ϕ に関する微分方程式である．

　まずこの章では，角度変数 θ,ϕ に関する式(12.7)を解くことにしよう．L^2 の定義に立ち返って，式 (12.7) を書き直すと，

$$-\hbar^2\left\{\frac{1}{\sin\theta}\frac{\partial}{\partial\theta}\left(\sin\theta\frac{\partial}{\partial\theta}\right) + \frac{1}{\sin^2\theta}\frac{\partial^2}{\partial\phi^2}\right\}Y(\theta,\phi) = \lambda\hbar^2 Y(\theta,\phi)$$

である．ここで，再び変数分離を行い，$Y(\theta,\phi)$ を θ だけの関数 $\Theta(\theta)$ と

ϕ だけの関数 $\Phi(\phi)$ の積 $Y(\theta,\phi) = \Theta(\theta)\Phi(\phi)$ と置いて代入する.

$$\frac{1}{\sin\theta}\frac{d}{d\theta}\left(\sin\theta\frac{d\Theta(\theta)}{d\theta}\right)\Phi(\phi) + \frac{1}{\sin^2\theta}\Theta(\theta)\frac{d^2\Phi(\phi)}{d\phi^2}$$
$$= -\lambda\Theta(\theta)\Phi(\phi)$$

さらに,両辺を $\Theta(\theta)\Phi(\phi)$ で割って変数ごとに整理すると,

$$\sin^2\theta\left\{\frac{1}{\sin\theta}\frac{1}{\Theta(\theta)}\frac{d}{d\theta}\left(\sin\theta\frac{d\Theta(\theta)}{d\theta}\right) + \lambda\right\} = -\frac{1}{\Phi(\phi)}\frac{d^2\Phi(\phi)}{d\phi^2} \tag{12.8}$$

となる.ここで,左辺の変数は θ だけであり,右辺の変数は ϕ だけであるが,これが等しくなるためには,両辺が定数である必要がある.その定数を ν と置くと,次の2つの方程式が得られる.

$$\frac{1}{\sin\theta}\frac{d}{d\theta}\left(\sin\theta\frac{d\Theta(\theta)}{d\theta}\right) + \left(\lambda - \frac{\nu}{\sin^2\theta}\right)\Theta(\theta) = 0 \tag{12.9}$$

$$\frac{d^2\Phi(\phi)}{d\phi^2} + \nu\Phi(\phi) = 0 \tag{12.10}$$

以上の結果をまとめてみると,水素原子の問題を解くには,変数 r に関する微分方程式(12.6)と,変数 θ,ϕ に関する微分方程式(12.9),(12.10)を解き,境界条件を満たすように定数 ε,λ,ν を決めればよいことがわかる.まず次節で,角度変数 θ,ϕ に対する解として球面調和関数を,第13章で動径変数 r に対する解として動径波動関数を求めることにしよう.

[問] 変数分離法を身につけるため,xy 面内を中心力を受けて運動する2次元粒子のシュレーディンガー方程式の解が $u(r,\theta) = f(r)e^{im\theta}$ の形になることを導きなさい.このとき,m の値と $f(r)$ を決める方程式がどうなるかも求めなさい.ただし時間を含まない2次元のシュレーディンガー方程式は次式で表せる.

$$\left\{-\frac{\hbar^2}{2M}\left(\frac{\partial^2}{\partial r^2} + \frac{1}{r}\frac{\partial}{\partial r} + \frac{1}{r^2}\frac{\partial^2}{\partial\theta^2}\right) + V(r)\right\}u(r,\theta) = \varepsilon\,u(r,\theta)$$

§12.4 角運動量と球面調和関数
12.4.1 角度変数 ϕ に関する微分方程式の解

式(12.10)は角度変数 ϕ に関する微分方程式であるがこれは簡単に解けて，解は $\Phi(\phi) = c\,\mathrm{e}^{im\phi}$ の形をしていることがわかる．なぜなら，$\Phi(\phi) = c\,\mathrm{e}^{im\phi}$ を代入すると，$\Phi' = cim\,\mathrm{e}^{im\phi}$，$\Phi'' = -cm^2\,\mathrm{e}^{im\phi}$ であって，定数が $\nu = m^2$ であれば式(12.10)が満たされるからである．ところで，角度 ϕ のとり方は全く自由であるから，$\Phi(\phi)$ の関数の値は角度 ϕ のとり方を 2π だけずらしても同じ，つまり $\phi \to \phi + 2n\pi$（n：整数）としても同じで1価関数でなければならない．このような条件を満たすためには $\mathrm{e}^{inm(2\pi)} = 1$ の必要があるから，m は 0，±1，±2，$\cdots$ のような整数でなければならない．

また，積分定数 c は規格化の条件

$$\int \Psi(\boldsymbol{r})^* \Psi(\boldsymbol{r})\,d\boldsymbol{r} = 1$$

を満足するように決めればよい．微分体積要素が $d\boldsymbol{r} = r^2 \sin\theta\,dr\,d\theta\,d\phi$ であることに注意すると，規格化条件は次のようになる．

$$\begin{aligned}
&\int \Psi(\boldsymbol{r})^* \Psi(\boldsymbol{r})\,d\boldsymbol{r} \\
&= \iiint R(r)^* \Theta(\theta)^* \Phi(\phi)^* R(r)\,\Theta(\theta)\,\Phi(\phi)\,r^2 \sin\theta\,dr\,d\theta\,d\phi \\
&= \int_0^\infty R(r)^* R(r)\,r^2 dr \int_0^\pi \Theta(\theta)^* \Theta(\theta) \sin\theta\,d\theta \int_0^{2\pi} \Phi(\phi)^* \Phi(\phi)\,d\phi \\
&= 1
\end{aligned}$$

これを常に満たすには各積分を1としておかなければならないので，結局，

$$\int_0^\infty R(r)^* R(r)\,r^2 dr = 1 \qquad (12.11)$$

$$\int_0^\pi \Theta(\theta)^* \Theta(\theta) \sin\theta\,d\theta = 1 \qquad (12.12)$$

§12.4 角運動量と球面調和関数

$$\int_0^{2\pi} \Phi(\phi)^* \Phi(\phi)\, d\phi = 1 \tag{12.13}$$

でなければならない．式(12.13)を使えば，$\Phi(\phi)$ の規格化は

$$\int_0^{2\pi} c^* e^{-im\phi}\, c\, e^{im\phi}\, d\phi = 1$$

とすればよいので，積分定数は $c = \sqrt{1/2\pi}$ と決められる．結局，角度変数 ϕ に対する解は次式で表される．

$$\Phi(\phi) = \sqrt{\frac{1}{2\pi}}\, e^{im\phi} \qquad m = 0,\ \pm 1,\ \pm 2,\cdots \tag{12.14}$$

§8.1で勉強したことを参考にすると，この式は角運動量の z 成分 L_z に対する固有関数と同じで，整数 m は磁気量子数とよばれるものであることがわかる．

12.4.2 角度変数 θ に関する微分方程式の解

次に，式(12.9)の角度変数 θ に対する微分方程式について考える．まず，前節の結果から定数 ν は m^2 でなければならないことがわかったので，これを式(12.9)に代入すると次のようになる．

$$\frac{d^2 \Theta(\theta)}{d\theta^2} + \frac{\cos\theta}{\sin\theta}\frac{d\Theta(\theta)}{d\theta} + \left(\lambda - \frac{m^2}{\sin^2\theta}\right)\Theta(\theta) = 0 \tag{12.15}$$

ここで，$\cos\theta = x$ と置いて，$\Theta(\theta) \to P(x)$ に対して式を書き直す．まず，

$$\frac{d\Theta}{d\theta} = \frac{dP}{dx}\frac{dx}{d\theta}$$

$$= -\sin\theta\,\frac{dP}{dx}$$

$$\frac{d^2\Theta}{d\theta^2} = -\cos\theta\,\frac{dP}{dx} - \sin\theta\,\frac{d}{d\theta}\frac{dP}{dx}$$

$$= -\cos\theta\,\frac{dP}{dx} - \sin\theta\,\frac{d}{dx}\left(\frac{dP}{dx}\right)\frac{dx}{d\theta}$$

$$= -\cos\theta\,\frac{dP}{dx} + \sin^2\theta\,\frac{d^2 P}{dx^2}$$

$$= -x\,\frac{dP}{dx} + (1 - x^2)\frac{d^2 P}{dx^2}$$

であるので，これらを式 (12.15) に代入して，

$$(1-x^2)\frac{d^2P}{dx^2} - x\frac{dP}{dx} + \frac{\cos\theta}{\sin\theta}\left(-\sin\theta\frac{dP}{dx}\right) + \left(\lambda - \frac{m^2}{1-x^2}\right)P = 0$$

$$(1-x^2)\frac{d^2P}{dx^2} - 2x\frac{dP}{dx} + \left(\lambda - \frac{m^2}{1-x^2}\right)P = 0$$

$$\frac{d}{dx}\left\{(1-x^2)\frac{dP}{dx}\right\} + \left(\lambda - \frac{m^2}{1-x^2}\right)P = 0$$

$$m = 0, \ \pm 1, \ \pm 2, \ \pm 3, \cdots \cdot \quad (12.16)$$

が得られる．ここで，数学で調べられてわかっている結果を利用することにすると，解は**ルジャンドルの多項式**（Legendre polynomial）とよばれる特殊な関数で与えられることがわかっている．

微分方程式(12.16)に対する具体的な解き方は付録 A 2.1 にあるので，参照して頂きたい．微分方程式の解は，いつも簡単な既知の関数の組合せで表せるとは限らない．むしろ，微分方程式が新しい関数を定義していると考えた方がいいかもしれない．式(12.16)の微分方程式の解として定義される関数がルジャンドルの多項式（関数）である．ここではその結果を使うことにするが，同じような考え方はよく出てくるので，多少横道にそれることになるが常微分方程式の級数展開による一般的な解法について簡単に勉強しておこう．簡単な例として，次の微分方程式

$$\frac{dy}{dx} = y$$

は，指数関数を定義していると考えることができることを示してみよう．解を級数展開して，

$$y = a_0 + a_1 x + a_2 x^2 + a_3 x^3 + \cdots\cdot$$

と表すと，その微分は

$$\frac{dy}{dx} = a_1 + 2a_2 x + 3a_3 x^2 + \cdots\cdot$$

§12.4 角運動量と球面調和関数

であるから,これらを元の微分方程式の右辺と左辺に代入すると

$$a_1 + 2a_2 x + 3a_3 x^2 + \cdots = a_0 + a_1 x + a_2 x^2 + a_3 x^3 + \cdots$$

となる.この等式が x によらず恒等的に成立するためには各べき乗の係数が等しくなくてはならないから係数の間には次の関係が成立しなければならない.

$$a_1 = a_0$$

$$2a_2 = a_1, \quad a_2 = \frac{1}{2} a_0$$

$$3a_3 = a_2, \quad a_3 = \frac{1}{3}\frac{1}{2} a_0$$

$$\vdots$$

このように,微分方程式にしたがって係数の間の関係が一義的に決まり,一つの係数 a_0 さえ決めれば,解が求まったことになる.この係数 a_0 は積分定数であって,規格化の条件などによって決められる.したがって,微分方程式の解は次のようなべき級数の形で書けることになる.

$$y = a_0 + a_0 x + \frac{1}{2} a_0 x^2 + \frac{1}{3}\frac{1}{2} a_0 x^3 + \cdots + \frac{1}{n!} a_0 x^n + \cdots$$

$$= a_0 \sum \frac{1}{n!} x^n$$

このようなべき級数は何か関数 $f(x)$ を定義していると考え,適当に名前をつけてもよいであろう.ただこの場合は指数関数のテイラー展開が

$$e^x = \sum \frac{1}{n!} x^n$$

と書けることがすでにわかっているので,この微分方程式の解は指数関数ということになる.

　したがって,ルジャンドル関数などという特殊な関数が出てきたからといって驚く必要はない.さて,式(12.16)を見ると,$\theta = 0, \pi$ のとき,$x = \pm 1$ となり,式の中に分母が 0 となる項ができてしまう.しかし,角度のとり方は全く自由で,$\theta = 0, \pi$ は物理的に特別な角度ではないので,$\theta = 0, \pi$

で解が発散するような異常が起きてはいけない．そのためには，特別な条件が満たされていなければならない．数学の結果では，関数 $P(x)$ が $-1 \leq x \leq 1$ の全領域で有限な解をもつためには，定数 λ が l を整数として $l(l+1)$ という条件を満たす必要がある．このとき，整数 m はさらに l と $-l$ の範囲になくてはならない．つまり

$$\lambda = l(l+1), \quad m = l, \ l-1, \ l-2, \cdots, \ -l, \quad l = 0, \ 1, \ 2, \ 3, \cdots (整数) \tag{12.17}$$

でなければならないことがわかっている．角度変数 θ に対する解はルジャンドル関数 P_l^m で与えられる．

12.4.3 球面調和関数と角運動量

以上まとめてみると，角度部分の波動関数は，$Y(\theta, \phi) = \Theta(\theta)\Phi(\phi)$ で与えられる．これは**球面調和関数**（spherical harmonics）とよばれる関数である．$\Phi(\phi)$ は式(12.14)で与えられる指数関数であり，$\Theta(\theta)$ はルジャンドルの多項式である．球面調和関数は m, l ごとに異なる．ここでは証明はしないが，異なる球面調和関数は互いに直交している．規格化された球面調和関数の具体的な形を以下に示す．

$$Y_0^0 = \frac{1}{\sqrt{4\pi}}$$

$$Y_1^0 = \sqrt{\frac{3}{4\pi}} \cos\theta$$

$$Y_1^{\pm 1} = \mp \sqrt{\frac{3}{8\pi}} \sin\theta \, e^{\pm i\phi}$$

$$Y_2^0 = \sqrt{\frac{5}{16\pi}} (3\cos^2\theta - 1)$$

$$Y_2^{\pm 1} = \mp \sqrt{\frac{15}{8\pi}} \sin\theta \cos\theta \, e^{\pm i\phi}$$

$$Y_2^{\pm 2} = \sqrt{\frac{15}{32\pi}} \sin^2\theta \, e^{\pm 2i\phi}$$

§12.4 角運動量と球面調和関数

$$Y_3^0 = \sqrt{\frac{7}{16\pi}} \left(5\cos^3\theta - 3\cos\theta\right)$$

$$Y_3^{\pm 1} = \mp\sqrt{\frac{21}{64\pi}} \left(5\cos^2\theta - 1\right)\sin\theta\, \mathrm{e}^{\pm i\phi}$$

$$Y_3^{\pm 2} = \sqrt{\frac{105}{32\pi}} \cos\theta \sin^2\theta\, \mathrm{e}^{\pm 2i\phi}$$

$$Y_3^{\pm 3} = \mp\sqrt{\frac{35}{64\pi}} \sin^3\theta\, \mathrm{e}^{\pm 3i\phi}$$

(12.18)

さて,式(12.7)

$$L^2 Y(\theta, \phi) = \lambda\hbar^2 Y(\theta, \phi)$$

は角運動量の2乗 L^2 に対する固有値問題であるが,その固有関数は球面調和関数になっていることがわかった.また,式 (12.17) の条件から固有値は $l(l+1)\hbar^2$ である.実はこの結果は第8章において全く別の方法で導いた結果と一致している.興味のある読者は第8章を復習してもらいたい.

また, $\varPhi(\phi)$ は第8章で勉強した角運動量の z 成分, L_z の固有関数と一致している.これらの角運動量に関する固有値問題を整理し,シュレーディンガー方程式とともにまとめて示すと次のように書ける.

$$\mathscr{H}R(r)\varTheta(\theta)\varPhi(\phi) = \varepsilon R(r)\varTheta(\theta)\varPhi(\phi)$$
$$L^2 \varTheta(\theta)\varPhi(\phi) = l(l+1)\hbar^2 \varTheta(\theta)\varPhi(\phi)$$
$$L_z \varPhi(\phi) = m\hbar\, \varPhi(\phi)$$

ここで, l は角度に関係した量子数なので**方位量子数**(azimuthal quantum number)とよばれる 0, 1, 2, 3, ⋯ の整数である. $l=0$ の状態をアルファベットの記号で s 状態, $l=1$ の状態を p 状態, $l=2$ の状態を d 状態,以下 $l=3$, 4, 5, ⋯ の状態を f, g, h, ⋯ 状態ということもある.また m は第8章で勉強したように磁石に関係した量子数なので**磁気量子数**(magnetic quantum number)とよばれる l, $l-1$, $l-2$, $l-3$, ⋯, $-l$ の $2l+1$ 個の整数である.なお,中心力場の場合には,シュレーディ

ンガー方程式が変数分離形に書けるので，l, m の 2 つの量子数で状態を分類できるが，中心力場ではない一般の場合にはそうなるとは限らない．しかし，中心力場からのずれがあまり大きくない場合，たとえば多電子原子などの場合は，便宜上 l, m の 2 つの量子数で状態を分類することが多い．

ところで，L^2 は θ と ϕ だけに作用し，L_z は ϕ だけに作用するので，波動関数 $\Psi(r,\theta,\phi) = R(r)\Theta(\theta)\Phi(\phi)$ は L^2 や L_z の固有関数とみることもできる．なぜなら，

$$L^2 R(r)\Theta(\theta)\Phi(\phi) = R(r)L^2\Theta(\theta)\Phi(\phi)$$
$$= R(r)l(l+1)\hbar^2\Theta(\theta)\Phi(\phi)$$
$$= l(l+1)\hbar^2 R(r)\Theta(\theta)\Phi(\phi)$$

であるので，確かに，波動関数 $\Psi(r,\theta,\phi)$ は L^2 の固有関数でもある．第 7 章で勉強したことを思い出すと，波動関数と同じ固有関数をもつ物理量はハミルトニアンと交換し，その値をはかったときに決まった値を示す保存量であると考えられる．中心力場では角運動量の大きさ（の 2 乗）L^2 や角運動量の z 成分 L_z は保存される．

問　　題

[1]　中心力場では角運動量の z 成分 L_z は保存量であることを，シュレーディンガー方程式の波動関数と L_z の固有関数を比較して説明しなさい．

[2]　中心力場における d 状態の角度部分の波動関数をテキストを見てすべて書きなさい．この d 状態には何個の異なる状態があるか調べなさい．また，各波動関数を方位量子数と磁気量子数で分類して示しなさい．

13

水素原子の問題 (II)

　前章に引き続き水素原子について動径方向のシュレーディンガー方程式を解き，波動関数を求める．動径波動関数は，より複雑な系を考える場合の基礎となるので重要である．式変形がわかりにくい場合もあきらめずに，考え方を理解して，実際の問題にぶつかったときにまた立ち返ることをおすすめする．とりあえず，水素原子のエネルギー準位について理解できればよい．
　［ポイント］　水素原子の波動関数とエネルギー準位

§13.1　動径波動関数

13.1.1　動径シュレーディンガー方程式

　第12章で角度部分の波動関数が得られたので，距離 r に関する微分方程式(12.6)が解ければ波動関数が求められたことになる．変数分離の定数 λ は式(12.17)で与えられているので，これを式(12.6)に代入すると，

$$\frac{d}{dr}\left(r^2 \frac{dR(r)}{dr}\right) + \frac{2m_e}{\hbar^2} r^2 \{\varepsilon - V(r)\} R(r) = l(l+1) R(r)$$

が得られる．ここで，関数を $R(r) = \chi(r)/r$ と置き換えると，

$$\frac{dR}{dr} = \frac{1}{r}\frac{d\chi}{dr} - \frac{1}{r^2}\chi$$

であるから，

$$\frac{d}{dr}\left(r \frac{d\chi}{dr} - \chi\right) - \frac{l(l+1)}{r} \chi + \frac{2m_e}{\hbar^2} \{\varepsilon - V(r)\} r \chi = 0$$

$$\frac{d\chi}{dr} + r\frac{d^2\chi}{dr^2} - \frac{d\chi}{dr} - \frac{l(l+1)}{r}\chi + \frac{2m_e}{\hbar^2}\{\varepsilon - V(r)\}r\,\chi = 0$$

となり，r を払って整理すると次式が得られる．

$$\frac{d^2\chi}{dr^2} - \frac{l(l+1)}{r^2}\chi + \frac{2m_e}{\hbar^2}\{\varepsilon - V(r)\}\chi = 0$$

$$-\frac{\hbar^2}{2m_e}\frac{d^2\chi}{dr^2} + \left\{V(r) + \frac{\hbar^2}{2m_e}\frac{l(l+1)}{r^2}\right\}\chi = \varepsilon\chi \quad (13.1)$$

この式はちょうど，$V(r) + \dfrac{\hbar^2}{2m_e}\dfrac{l(l+1)}{r^2}$ をポテンシャルエネルギーとする r 方向の 1 次元シュレーディンガー方程式になっている．この方程式を**動径シュレーディンガー方程式**（radial Schrödinger equation）という．

関数 R を χ で置き換えたことは，3 次元の状態を r 方向の 1 次元に投影したことに相当している．なぜなら，微小体積 $d\boldsymbol{r}$ にある電子の存在確率を考えると，

$$|\Psi(\boldsymbol{r})|^2 d\boldsymbol{r} = |R(r)\,\Theta(\theta)\,\Phi(\phi)|^2 r^2 dr \sin\theta\,d\theta\,d\phi$$
$$= |R(r)|^2 r^2 dr |\Theta(\theta)\,\Phi(\phi)|^2 \sin\theta\,d\theta\,d\phi$$

であるが，R を χ で置き換えるとこの式は

$$|\chi(r)|^2\,dr|\Theta(\theta)\,\Phi(\phi)|^2 \sin\theta\,d\theta\,d\phi$$

となるので，r 方向だけを取り出せば $|\chi(r)|^2$ が微小区間 dr にある電子の存在確率のように見えるからである．ポテンシャルエネルギーの中に現れた余分な項 $\dfrac{\hbar^2}{2m_e}\dfrac{l(l+1)}{r^2}$ は 1 次元に投影したために出てきた遠心力に相当するポテンシャルエネルギーである．この項が遠心力を表していることは，古典力学と対応してみればすぐにわかる．すなわち，動径 r 方向の単位ベクトルを $\boldsymbol{e}_r$ として，力 $\boldsymbol{f}$ をポテンシャルエネルギーの勾配から求め，

$$\boldsymbol{f} = -\operatorname{grad}\left(\frac{\hbar^2}{2m_e}\frac{l(l+1)}{r^2}\right) = -\frac{\partial}{\partial r}\left(\frac{\hbar^2}{2m_e}\frac{l(l+1)}{r^2}\right)\boldsymbol{e}_r$$

式中の $l(l+1)\hbar^2$ が角運動量の 2 乗に当るので，これを L^2 と書いておき，古典力学における角運動量の定義 $L = m_e v r$ を使えば

§13.1 動径波動関数

$$f_r = -\frac{d}{dr}\left(\frac{L^2}{2m_e}\frac{1}{r^2}\right) = \frac{L^2}{m_e r^3} = \frac{(rm_e v)^2}{m_e r^3} = \frac{m_e v^2}{r}$$

となる．これは確かに古典力学の遠心力になっている．

さて，これまでの議論は中心力場に対して一般的に成り立つが，これ以上，先に進むにはポテンシャルエネルギー $V(r)$ を具体的に与えなければならない．水素原子の場合は，式(13.1)の $V(r)$ にクーロン相互作用を入れて

$$-\frac{\hbar^2}{2m_e}\frac{d^2\chi}{dr^2} + \left\{\frac{-e^2}{4\pi\epsilon_0 r} + \frac{\hbar^2}{2m_e}\frac{l(l+1)}{r^2}\right\}\chi = \varepsilon\chi \quad (13.2)$$

を解くことになる．この微分方程式の解法は，付録 A 2.2 に詳細に述べてあるので参考にして頂きたい．ここでは概要だけを示すことにする．

まず，極限状態における解の推定結果を参考にして，解を次のように置く．

$$\chi_l \equiv r^{l+1}\exp\left(-\frac{\sqrt{2m_e|\varepsilon|}}{\hbar}r\right)f(r) \quad (13.3)$$

ここで，式を簡単化するため，

$$r \equiv \frac{4\pi\epsilon_0 \hbar^2}{m_e e^2}\xi, \qquad |\varepsilon| \equiv \frac{m_e e^4}{(4\pi\epsilon_0)^2\hbar^2}\eta$$

と置いて，微分方程式(13.2)を整理すると，

$$-\frac{d^2\chi}{d\xi^2} + \frac{l(l+1)}{\xi^2}\chi - \frac{2}{\xi}\chi = 2\eta\chi$$

となる．さらに，

$$\alpha \equiv \frac{1}{\sqrt{2\eta}}, \qquad \rho \equiv \frac{2\xi}{\alpha}$$

と置くと次式が得られる．

$$\frac{d^2\chi}{d\rho^2} + \left\{-\frac{1}{4} - \frac{l(l+1)}{\rho^2} + \frac{\alpha}{\rho}\right\}\chi = 0 \quad (13.4)$$

また，式(13.3)のようなパラメータの置き換えは，

$$\chi(\rho) \equiv \rho^{l+1}\,e^{-\rho/2}F(\rho)$$

となるので，これを式(13.4)に代入して，ρ を変数とする関数 $F(\rho)$ の微分方程式に書き直すと，

$$\rho F'' + \{2(l+1) - \rho\} F' + (\alpha - l - 1) F = 0 \qquad (13.5)$$

が得られる．この微分方程式の解は**ラゲールの多項式**(Laguerre's polynomial)で与えられることがわかっている．

ただし，$r \to \infty$ で発散しない物理的に意味のある解が存在するのは，次の条件を満たす特別な場合だけである（付録 A 2.2 参照）．

$$\alpha = n \qquad (13.6)$$

ここで，n は $1, 2, 3, \cdots$ の整数であり，前節で勉強した方位量子数 l とは，

$$n \geq l + 1 \qquad (13.7)$$

の関係があり，l は n 以上にならない．α を元のパラメータに置き換えれば，式(13.6)から系のエネルギーが求められるが，エネルギーは連続的な値はとれず整数 n, l が関係した特別な値になることがわかる．

13.1.2 動径波動関数とエネルギー準位

式(13.2)の解が発散してしまわないためには，系のエネルギーは

$$\varepsilon_n = -\frac{m_e e^4}{(4\pi\epsilon_0)^2 \hbar^2} \frac{1}{2\alpha^2} = -\frac{m_e e^4}{2(4\pi\epsilon_0)^2 \hbar^2} \frac{1}{n^2} \qquad (13.8)$$

でなければならない．ここで，$n = 1, 2, 3, \cdots$ であって，エネルギーは不連続な特別な値しかとれない．整数 n はエネルギーを決める量子数であって，**主量子数**(principal quantum number)という．ただし，方位量子数 l は n 以上にならないという条件が必要である．

さて，**動径波動関数**（r 方向の波動関数）(radial wavefunction)はラゲールの多項式 $F(\rho)$ がわかれば，$\chi(\rho) = e^{-\rho/2} \rho^{l+1} F(\rho)$ からパラメータを書き換えて求められる．積分定数は規格化の条件によって定めればよい．

いくつかの，n, l に対する動径波動関数を規格化して次に示す．

§13.1 動径波動関数

$$R_{1s}(r) = \left(\frac{Z}{a_0}\right)^{3/2} 2e^{-Zr/a_0}$$

$$R_{2s}(r) = \left(\frac{Z}{a_0}\right)^{3/2} \frac{1}{\sqrt{2}} \left(1 - \frac{1}{2}\frac{Zr}{a_0}\right) e^{-Zr/2a_0}$$

$$R_{2p}(r) = \left(\frac{Z}{a_0}\right)^{3/2} \frac{1}{2\sqrt{6}} \frac{Zr}{a_0} e^{-Zr/2a_0}$$

$$R_{3s}(r) = \left(\frac{Z}{a_0}\right)^{3/2} \frac{2}{3\sqrt{3}} \left\{1 - \frac{2}{3}\frac{Zr}{a_0} + \frac{2}{27}\left(\frac{Zr}{a_0}\right)^2\right\} e^{-Zr/3a_0}$$

$$R_{3p}(r) = \left(\frac{Z}{a_0}\right)^{3/2} \frac{8}{27\sqrt{6}} \frac{Zr}{a_0} \left(1 - \frac{1}{6}\frac{Zr}{a_0}\right) e^{-Zr/3a_0}$$

$$R_{3d}(r) = \left(\frac{Z}{a_0}\right)^{3/2} \frac{4}{81\sqrt{30}} \left(\frac{Zr}{a_0}\right)^2 e^{-Zr/3a_0}$$

$$R_{4s}(r) = \left(\frac{Z}{a_0}\right)^{3/2} \frac{1}{4} \left\{1 - \frac{3}{4}\frac{Zr}{a_0} + \frac{1}{8}\left(\frac{Zr}{a_0}\right)^2 - \frac{1}{192}\left(\frac{Zr}{a_0}\right)^3\right\} e^{-Zr/4a_0}$$

$$R_{4p}(r) = \left(\frac{Z}{a_0}\right)^{3/2} \frac{\sqrt{5}}{16\sqrt{3}} \frac{Zr}{a_0} \left\{1 - \frac{1}{4}\frac{Zr}{a_0} + \frac{1}{80}\left(\frac{Zr}{a_0}\right)^2\right\} e^{-Zr/4a_0}$$

$$R_{4d}(r) = \left(\frac{Z}{a_0}\right)^{3/2} \frac{1}{64\sqrt{5}} \left(\frac{Zr}{a_0}\right)^2 \left(1 - \frac{1}{12}\frac{Zr}{a_0}\right) e^{-Zr/4a_0}$$

$$R_{4f}(r) = \left(\frac{Z}{a_0}\right)^{3/2} \frac{1}{768\sqrt{35}} \left(\frac{Zr}{a_0}\right)^3 e^{-Zr/4a_0}$$

(13.9)

ここで，Z は原子番号で水素原子の場合は $Z=1$ であるが，あとの便宜を考えて，電荷が $+Ze$ の原子核の周りに電子が1つだけある水素原子様イオンの場合に一般化して解を示した．また，式を簡単にするために $a_0 = 4\pi\epsilon_0\hbar^2/m_e e^2$ と置いた．パラメータ a_0 は**ボーア半径**（Bohr radius）とよばれる量で，ほぼ水素原子の大きさに相当している．a_0 を使って電荷 Ze の水素原子様イオンに対するエネルギーを表せば，

$$\varepsilon_n = -\frac{Z^2 e^2}{(4\pi\epsilon_0)2a_0}\frac{1}{n^2}$$

である．

§13.2　水素原子のエネルギー準位

第12章およびこの章の前節までに求めた水素原子の波動関数と，その波動関数が表す状態のエネルギーについてまとめておく．波動関数 $\Psi(r)$ で表される状態は

$$\Psi_{nlm}(r,\theta,\phi) = R_{nl}(r)\,Y_l^m(\theta,\phi)$$

$$Y_l^m(\theta,\phi) = P_l^m(\cos\theta)\,\Phi_m(\phi)$$

のように，3つの整数，主量子数 n，方位量子数 l，磁気量子数 m で特徴づけられる．主量子数 n，方位量子数 l，磁気量子数 m の状態に対する波動関数であることを明示するために，ここでは関数に添え字をつけて示してある．

関数の具体的な形は §12.4 および §13.1 に示した．エネルギーは

$$\varepsilon_n = -\frac{m_e e^4}{2(4\pi\epsilon_0)^2 \hbar^2}\frac{1}{n^2}$$

と与えられ，主量子数 $n\,(=1,2,3,\cdots)$ だけによって決まる．この式を見ると一番低いエネルギー準位は $n=1$ の場合であることがわかる．このとき，l は n 以上にならないから，$l=0$ しかとることができない．また，m は $+l$ と $-l$ の間の整数であるから $m=0$ である．すなわち，一番エネルギーの低い状態は，エネルギーが $\varepsilon_1 = -m_e e^4/2(4\pi\epsilon_0)^2\hbar^2$ で波動関数は

$$\Psi_{100}(r,\theta,\phi) = R_{10}(r)\,Y_0^0(\theta,\phi) = \left(\frac{1}{a_0}\right)^{3/2} 2e^{-r/a_0} \frac{1}{\sqrt{4\pi}}$$

で表すことができる．これまでの慣習では，状態を主量子数 n と方位量子数 l で代表させて表すことが多く，また $l=0,1,2,3,4,5,\cdots$ の状態にはそれぞれ s，p，d，f，g，h，$\cdots$ と名前がつけられているので，この慣習にしたがえばエネルギーが一番低い状態は 1s 状態 $(n=1,l=0)$ と言える．第12章で勉強したことを思い出せば，この状態は角運動量の大きさ（の2乗）$\hbar^2 l(l+1)$ が 0 で，角運動量の z 成分 $m\hbar$ が 0 の状態である．

§13.2 水素原子のエネルギー準位

次に，エネルギーが低い状態は $n=2$ の場合で，$\varepsilon_2 = \varepsilon_1/4$ である．このとき，l は $l=0,1$ の値がとれる．すなわち，2s と 2p の状態が存在しうる．さらに，$l=0$ の場合（2s 状態）は $m=0$ の状態しかとれないが，$l=1$ の場合（2p 状態）は $m=1,0,-1$ の3つの状態がとれる．このように，ε_2 の状態は全部で4重（もしスピンを考慮するなら8重）に縮退している．2s 状態は角運動量の大きさ（の2乗）が0で，角運動量の z 成分が0の状態である．2p 状態は角運動量の大きさの2乗が $2\hbar^2$ で，角運動量の z 成分が $\hbar$ と 0 と $-\hbar$ の3つの状態である．それぞれの状態を表す波動関数は次のようになる．

$$\Psi_{200}(r,\theta,\phi) = R_{20}(r)\,Y_0^0(\theta,\phi)$$
$$= \left(\frac{1}{a_0}\right)^{3/2} \frac{1}{\sqrt{2}} \left(1 - \frac{1}{2}\frac{r}{a_0}\right) e^{-r/2a_0} \frac{1}{\sqrt{4\pi}}$$

$$\Psi_{211}(r,\theta,\phi) = R_{21}(r)\,Y_1^1(\theta,\phi)$$
$$= \left(\frac{1}{a_0}\right)^{3/2} \frac{1}{2\sqrt{6}} \frac{r}{a_0} e^{-r/2a_0} \left(-\sqrt{\frac{3}{8\pi}} \sin\theta\right) e^{i\phi}$$

$$\Psi_{210}(r,\theta,\phi) = R_{21}(r)\,Y_1^0(\theta,\phi)$$
$$= \left(\frac{1}{a_0}\right)^{3/2} \frac{1}{2\sqrt{6}} \frac{r}{a_0} e^{-r/2a_0} \sqrt{\frac{3}{4\pi}} \cos\theta$$

$$\Psi_{21-1}(r,\theta,\phi) = R_{21}(r)\,Y_1^{-1}(\theta,\phi)$$
$$= \left(\frac{1}{a_0}\right)^{3/2} \frac{1}{2\sqrt{6}} \frac{r}{a_0} e^{-r/2a_0} \sqrt{\frac{3}{8\pi}} \sin\theta \, e^{-i\phi}$$

次に，エネルギーが低い状態は $n=3$ の場合で，$\varepsilon_3 = \varepsilon_1/9$ である．このとき，l は $l=0,1,2$ の値がとれる．すなわち，3s と 3p と 3d の状態が存在しうる．さらに，$l=0$ の場合（3s 状態）は $m=0$ の状態しかとれないが，$l=1$ の場合（3p 状態）は $m=1,0,-1$ の3つの状態，$l=2$ の場合（3d 状態）は $m=2,1,0,-1,-2$ の5つの状態がとれる．このように，$\varepsilon_3 = \varepsilon_1/9$ の状態は合計して9重（もしスピンを考慮するなら18重）に縮退している．各状態を表す波動関数は $n=2$ の場合と同様に求めることがで

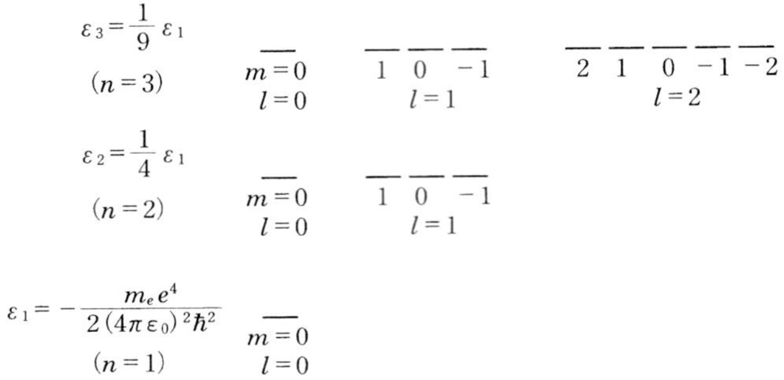

$$\varepsilon_3 = \frac{1}{9}\varepsilon_1$$
$(n=3)$ 　　　$\overline{}$　　$\overline{}\ \overline{}\ \overline{}$　　$\overline{}\ \overline{}\ \overline{}\ \overline{}\ \overline{}$
　　　　　　　$m=0$　　$1\ \ 0\ -1$　　　$2\ \ 1\ \ 0\ -1\ -2$
　　　　　　　$l=0$　　　$l=1$　　　　　　$l=2$

$$\varepsilon_2 = \frac{1}{4}\varepsilon_1$$
$(n=2)$ 　　　$\overline{}$　　$\overline{}\ \overline{}\ \overline{}$
　　　　　　　$m=0$　　$1\ \ 0\ -1$
　　　　　　　$l=0$　　　$l=1$

$$\varepsilon_1 = -\frac{m_e e^4}{2(4\pi\varepsilon_0)^2 \hbar^2}$$
$(n=1)$ 　　　$\overline{}$
　　　　　　　$m=0$
　　　　　　　$l=0$

図 13.1 水素原子のエネルギーレベル

き,それぞれ角運動量の異なる状態として理解できる.

　波動関数が求められたので,これを使って種々の物理量の値を求めることができる.ここでは,例として1s状態の電子がどの付近に存在するか$\langle 1/r^2 \rangle$を計算して推定してみよう.$1/r^2$の期待値は定義にしたがって,

$$\left\langle \frac{1}{r^2} \right\rangle = \int \Psi_{100}(r,\theta,\phi)^* \frac{1}{r^2} \Psi_{100}(r,\theta,\phi)\, d\boldsymbol{r}$$

を計算すれば求められる.ここで,注意しなくてはいけないのは極座標における微小体積要素が$d\boldsymbol{r} = r^2 \sin\theta\, dr\, d\theta\, d\phi$であることだが,計算そのものはむずかしくない.計算を実行すると

$$\left\langle \frac{1}{r^2} \right\rangle = \int_0^\infty R_{10}(r)^* \frac{1}{r^2} R_{10}(r)\, r^2\, dr \int_\Omega Y_0^0(\theta,\phi)^* Y_0^0(\theta,\phi) \sin\theta\, d\theta\, d\phi$$

$$= \int_0^\infty \left(\frac{1}{a_0}\right)^3 4\mathrm{e}^{-2r/a_0}\, dr$$

$$= \frac{2}{a_0^2}$$

となり,古典力学の軌道半径に相当する大きさが,およそa_0程度であることがわかる.

　一番エネルギーの低い基底状態と,次にエネルギーが低い励起状態とのエ

§13.2 水素原子のエネルギー準位

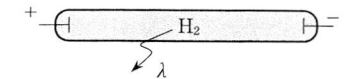

$$\frac{1}{\lambda} = R\left(\frac{1}{M^2} - \frac{1}{N^2}\right) \qquad R：リュードベリ定数$$

$M = 1$ ：ライマン系列
$M = 2$ ：バルマー系列
$M = 3$ ：パッシェン系列
$M = 4$ ：ブラケット系列
$M = 5$ ：プント系列

図 **13.2** 水素原子の発する線スペクトルの波長

ネルギー差 $|\varepsilon_1 - \varepsilon_2|$ を，実際に数値を入れて計算してみると約 $10.2\,\mathrm{eV}$ となるが，これは室温のエネルギー $0.03\,\mathrm{eV}$ に比較して非常に大きいので，普通の状態でこのエネルギーを越えることは考えにくい．したがって，通常水素原子の電子 1 個は基底状態である 1s 状態をとっていると考えられる．しかし，非常に大きなエネルギーを加えると電子は別の状態をとりうる．

一般に高温のガスが発する光はある特定の波長で強く輝く成分（輝線スペクトル）を有しているが，水素の一群の輝線スペクトルの波長間には次の関係のあることが実験的に求められている．

$$\frac{1}{\lambda} = R\left(\frac{1}{M^2} - \frac{1}{N^2}\right)$$

ただし，M, N は整数で $M < N$ である．また，R は**リュードベリ定数**(Rydberg constant)（または，リュードベルグ定数）とよばれる定数である．可視光の波長範囲にあるのは $M = 2$ で $N = 3, 4, 5, 6, \cdots$ のバルマー系列とよばれる系列の中の最初の 4 本である．紫外側には $M = 1$ で $N = 2, 3, 4, \cdots$ などのライマン系列，赤外側には $M = 3$ で $N = 4, 5, 6, \cdots$ のパッシェン系列など，研究者の名前のついた輝線スペクトル群がある．

水素原子のエネルギー準位は式 (13.8) で与えられたが，高いエネルギー準位の電子が低いエネルギー状態に落ち込むとき，そのエネルギーの差に相当するだけの光が放出されると考えると，光のスペクトルを求めることができ

る．光の周波数 ν とエネルギー E の間に成立するアインシュタインの関係 $E = h\nu$ を使えば，エネルギー準位の差に相当する光の波長 λ は次のように与えられ，ちょうどスペクトル系列の関係が得られることがわかる．

$$\frac{1}{\lambda} = \frac{\nu}{c} = \frac{2\pi^2 m_e e^4}{(4\pi\epsilon_0)^2 c h^3} \left(\frac{1}{n_1^2} - \frac{1}{n_2^2} \right)$$

この係数の値は実験で求められるリュードベリ定数によく一致していることが確かめられている．このように，量子力学は水素原子の状態を非常によく説明できる．

水素原子以外の原子では電子が2個以上ある．これまでに勉強したことからわかるように，電子間の相互作用項があると，シュレーディンガー方程式を変数分離法を使って解くことができない．したがって，水素原子以外の原子に対しては解析解を求めることができない．しかし，自分以外の電子の影響を見かけ上，原子核の電荷の中にとり込んで考えれば，一電子と原子核の問題になるので，多電子原子に対しても水素原子は定性的によい近似になっている．そこで，近似的に3つの量子数 n, l, m によって状態が分類できるとして，水素原子の解から一般的な原子の状態を推定してみよう．

多くの電子をもつ原子の場合，電子はまずエネルギーが一番低い1s状態をとると考えられる．さらに，スピン状態の異なるもう一つの電子が1s状態をとることができる．電子を2個有するヘリウム原子（He：原子番号 $Z = 2$）では，スピン状態の異なる2個の電子によって1s状態が埋められる．これを $(1s)^2$ のように書く．電子を3個有するリチウム原子（Li：原子番号 $Z = 3$）では，まずスピン状態の異なる2個の電子が1s状態をとる．しかし，電子はフェルミ粒子であり2つ以上の粒子が同じ量子状態をとることはできないので，3番目の電子はもはや1s状態をとることができず，次にエネルギーが低い2sまたは2p状態をとることになる．つまり，$(1s)^2(2s)$ または $(1s)^2(2p)$ のような状態をとることになる．水素原子近似の範囲では電子が2s状態と2p状態のどちらをとるかはわからないので，図には水素

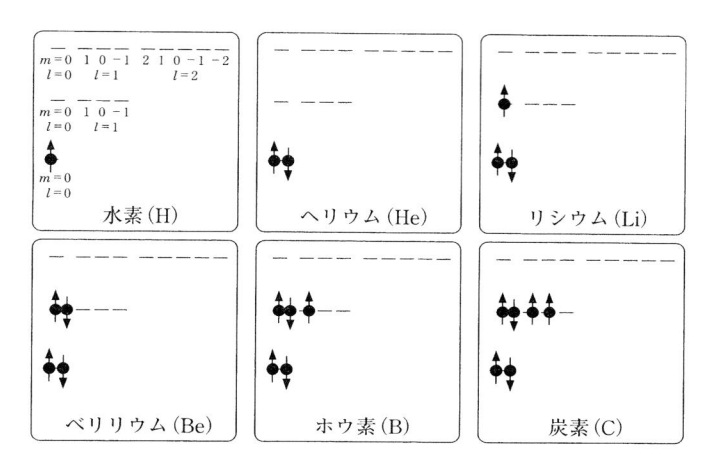

図 13.3 電子の占有状態

原子近似から予想される一例を示した．ベリリウム（Be：$Z=4$），ホウ素（B：$Z=5$），炭素（C：$Z=6$）と電子が増えるにつれ，2s または 2p 状態が埋められていくが，3 番目から 10 番目までの電子は 2s または 2p 状態をとることができる．たとえば，ベリリウム：$(1s)^2(2s)^2$，ホウ素：$(1s)^2(2s)^2(2p)$，炭素：$(1s)^2(2s)^2(2p)^2$ のように考えられる．ただし，2p の 3 つの異なった状態がどのように埋められていくかについても，水素原子近似は無力である．また，エネルギー準位の値も水素原子の場合とは違ったものになることは言うまでもない．

11 番目以降の電子はさらにエネルギーが高い 3s または 3p または 3d 状態をとる．このように考えていくと，水素原子近似で原子の電子状態を大雑把に理解することができる．

問　題

[1]　水素原子の 1s 状態について $\langle 1/r \rangle$ を求めなさい．

14

量子力学の近似解法（I）（摂動論）

　シュレーディンガー方程式を解析的に解くことは，実際の系では，ほとんどの場合不可能である．そこで，いろいろな近似解法が考えられている．ここでは，実際の系を，解がわかっている比較的簡単な系に微小な作用がはたらいたと近似し，状態の変化を求めることを考える．このような近似法を摂動近似という．有限次の摂動近似がいつも成功するとは限らないが，摂動近似は比較的地道な方法であり，やり方は確立されていて近似の物理的な意味もわかりやすい．

　[ポイント]　摂動近似の考え方

§14.1　定常で縮退がない場合の摂動近似

14.1.1　摂動近似の方法

　摂動（perturbation）とは，もともと天文学の用語である．ただ1つの惑星が太陽の周りを回っている場合，その惑星の運動は古典力学によって解析的に解くことができ，楕円軌道を描くことがわかっている．しかし実際には太陽系にはたくさんの惑星があり，ある惑星の運動は，他の惑星の影響を受けるため，解析的に解くことができない．しかし，楕円軌道からの ずれ は小さいので，ずれ を求めて軌道を推定することができる．ある惑星と太陽の間の引力のような主要な力の作用による運動が，惑星同士の引力のような小さな力の影響で乱されることを摂動という．主要な力による運動が正確に解かれているとき，微小な力の影響を近似的に求める方法が摂動論である

§14.1 定常で縮退がない場合の摂動近似

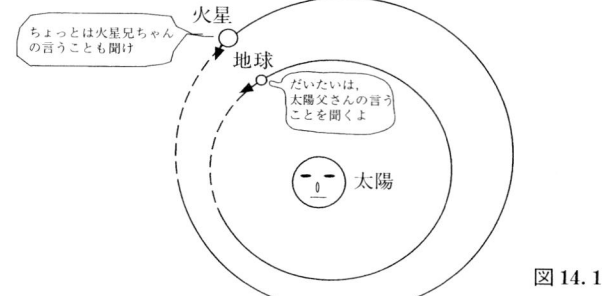

図 14.1 摂動論の考え方

(図 14.1).

話を簡単にするためにまず，定常で縮退がない場合を考える．摂動がない場合のハミルトニアンを $\mathcal{H}_0$，摂動を表すハミルトニアンを $\mathcal{H}'$ として，系全体のハミルトニアン $\mathcal{H}$ は

$$\mathcal{H} = \mathcal{H}_0 + \mathcal{H}'$$

と表されるとする．また，摂動がない場合，無摂動系(unperturbed system)のシュレーディンガー方程式は解けていて，

$$\mathcal{H}_0 \Psi_n^{(0)} = \varepsilon_n^{(0)} \Psi_n^{(0)}$$

を満たす波動関数とエネルギー固有値がわかっているものとする．

摂動の効果は十分に小さいとしよう．ただし，$\mathcal{H}'$ は一般に演算子であって，数ではないので，効果が小さいといってもその程度はよくわからない．そこで小さいことを表すためにとりあえず目印として演算子ではなく普通の数である λ という係数をつけておき，この係数 λ が小さいことにする．係数 λ は便宜的な目印なので，最後の答が得られ役目が終わったら $\lambda = 1$ とすればよい．したがって，ここでは次のハミルトニアン

$$\mathcal{H} = \mathcal{H}_0 + \lambda \mathcal{H}'$$

で表される系を解くことにする．シュレーディンガー方程式

$$\mathcal{H} \Psi_n = \varepsilon_n \Psi_n$$

の解を求めるために，波動関数とエネルギー固有値をλで展開する．つまり，

$$\Psi_n = \Psi_n^{(0)} + \lambda \Psi_n^{(1)} + \lambda^2 \Psi_n^{(2)} + \cdots \quad (14.1)$$

$$\varepsilon_n = \varepsilon_n^{(0)} + \lambda \varepsilon_n^{(1)} + \lambda^2 \varepsilon_n^{(2)} + \cdots \quad (14.2)$$

とする．結局，解くべきシュレーディンガー方程式はλについて展開した形で

$$(\mathcal{H}_0 + \lambda \mathcal{H}')(\Psi_n^{(0)} + \lambda \Psi_n^{(1)} + \lambda^2 \Psi_n^{(2)} + \cdots)$$
$$= (\varepsilon_n^{(0)} + \lambda \varepsilon_n^{(1)} + \lambda^2 \varepsilon_n^{(2)} + \cdots)(\Psi_n^{(0)} + \lambda \Psi_n^{(1)} + \lambda^2 \Psi_n^{(2)} + \cdots) \quad (14.3)$$

となる．両辺のλのべき数を対応させてその係数を等しいと置くと，

λ^0 の項： $\quad \mathcal{H}_0 \Psi_n^{(0)} = \varepsilon_n^{(0)} \Psi_n^{(0)} \quad (14.4)$

λ^1 の項： $\quad \mathcal{H}_0 \Psi_n^{(1)} + \mathcal{H}' \Psi_n^{(0)} = \varepsilon_n^{(0)} \Psi_n^{(1)} + \varepsilon_n^{(1)} \Psi_n^{(0)} \quad (14.5)$

λ^2 の項： $\quad \mathcal{H}_0 \Psi_n^{(2)} + \mathcal{H}' \Psi_n^{(1)} = \varepsilon_n^{(0)} \Psi_n^{(2)} + \varepsilon_n^{(1)} \Psi_n^{(1)} + \varepsilon_n^{(2)} \Psi_n^{(0)} \quad (14.6)$

$$\cdots\cdots\cdots\cdots\cdots\cdots\cdots$$

であることがわかる．式(14.4)は無摂動系のシュレーディンガー方程式になっている．式(14.5)が1次近似，式(14.6)が2次近似の範囲で成立する関係である．

14.1.2 定常で縮退がない場合の1次摂動近似

この節では，1次近似の式，式(14.5)を解いて，1次の補正エネルギー$\varepsilon_n^{(1)}$と，1次の補正波動関数$\Psi_n^{(1)}$を求める．そのためにまず，補正波動関数$\Psi_n^{(1)}$をすでに求められている無摂動系の波動関数$\Psi_n^{(0)}$を使って表す．任意の関数は直交関数系で展開できることを思い出そう．たとえば，われわれは任意関数fをテイラー展開して$f(x) = c_0 + c_1 x^1 + \cdots + c_n x^n + \cdots$のように表せることを知っているし，周期関数はフーリエ展開して，三角関数の和の形で表せることを習ったはずである．これと同じように，任意の直交関数系$\Psi_0^{(0)}, \Psi_1^{(0)}, \cdots, \Psi_n^{(0)}, \cdots$を使って関数を展開することができる．無摂動系の波動関数$\Psi_n^{(0)}$は固有値問題の固有関数で完全規格直交関数系をなす

§14.1 定常で縮退がない場合の摂動近似

ので，未知関数 $\Psi_n^{(1)}$ を波動関数 $\Psi_n^{(0)}$ を使って展開してみよう．つまり，

$$\Psi_n^{(1)} = \sum_m C_{nm}^{(1)} \Psi_m^{(0)} \tag{14.7}$$

と置くことができる．ここで，係数 $C_{nm}^{(1)}$ を決めれば1次近似の範囲で波動関数が求まることになる．式(14.7)を式(14.5)に代入し，係数 $C_{nm}^{(1)}$ は単に数であり $\mathcal{H}_0$ とは交換できることを利用して整理すると，

$$\sum_m C_{nm}^{(1)} \mathcal{H}_0 \Psi_m^{(0)} + \mathcal{H}' \Psi_n^{(0)} = \varepsilon_n^{(0)} \sum_m C_{nm}^{(1)} \Psi_m^{(0)} + \varepsilon_n^{(1)} \Psi_n^{(0)} \tag{14.8}$$

となる．式(14.4)の関係を使って第1項を書き換えると，

$$\sum_m C_{nm}^{(1)} \varepsilon_m^{(0)} \Psi_m^{(0)} + \mathcal{H}' \Psi_n^{(0)} = \varepsilon_n^{(0)} \sum_m C_{nm}^{(1)} \Psi_m^{(0)} + \varepsilon_n^{(1)} \Psi_n^{(0)}$$

であるので，整理して，

$$\sum_m C_{nm}^{(1)} (\varepsilon_m^{(0)} - \varepsilon_n^{(0)}) \Psi_m^{(0)} = \varepsilon_n^{(1)} \Psi_n^{(0)} - \mathcal{H}' \Psi_n^{(0)} \tag{14.9}$$

が得られる．ここで，式(14.9)の左側から $\Psi_k^{(0)*}$ を乗じて積分を行うと

$$\sum_m C_{nm}^{(1)} (\varepsilon_m^{(0)} - \varepsilon_n^{(0)}) \int \Psi_k^{(0)*} \Psi_m^{(0)} d\boldsymbol{r} = \varepsilon_n^{(1)} \int \Psi_k^{(0)*} \Psi_n^{(0)} d\boldsymbol{r} - \int \Psi_k^{(0)*} \mathcal{H}' \Psi_n^{(0)} d\boldsymbol{r}$$

である．積分は，$\Psi^{(0)}$ が直交関数系であるので $k \neq m$ のときはゼロであり，また波動関数は規格化されているから，$k = m$ のときは1である．すなわち，

$$\int \Psi_k^{(0)*} \Psi_m^{(0)} d\boldsymbol{r} = \delta_{k,m}$$

であることを利用すると

$$C_{nk}^{(1)} (\varepsilon_k^{(0)} - \varepsilon_n^{(0)}) = \varepsilon_n^{(1)} \delta_{k,n} - \int \Psi_k^{(0)*} \mathcal{H}' \Psi_n^{(0)} d\boldsymbol{r} \tag{14.10}$$

となる．ここで $\delta_{k,m}$ は**クロネッカーのデルタ**（Kronecker's delta）で，$k = m$ のとき1，$k \neq m$ のときゼロであることを表す記号である．和を求めるとき，クロネッカーのデルタのついている項は，$k = m$ のときだけが残り，他はゼロであることに注意すれば，式(14.10)が求まる．

［問］式(14.9)から式(14.10)が求まることを確かめなさい．

式 (14.10) から，

$$k = n \quad \text{のときは} \quad \varepsilon_n^{(1)} = \int \Psi_n^{(0)*} \mathcal{H}' \Psi_n^{(0)} \, d\boldsymbol{r}$$

である．このようにして，1次の補正エネルギーとして **1次摂動エネルギー** (first order perturbation energy) $\varepsilon_n^{(1)}$ が求められた．

また，この節では縮退がない場合を扱うことにしたが，縮退がない場合は状態が異なればエネルギーは異なるので $\varepsilon_n^{(0)} \neq \varepsilon_k^{(0)}$ であり，$\varepsilon_n^{(0)} - \varepsilon_k^{(0)}$ で割ることができるから，

$$k \neq n \quad \text{のときは} \quad C_{nk}^{(1)} = \frac{1}{\varepsilon_n^{(0)} - \varepsilon_k^{(0)}} \int \Psi_k^{(0)*} \mathcal{H}' \Psi_n^{(0)} \, d\boldsymbol{r}$$

であることがわかる．ここで，展開係数が決められたので，波動関数に関する1次の補正（1次摂動の波動関数）$\Psi_n^{(1)} = \sum_m C_{nm}^{(1)} \Psi_m^{(0)}$ が求められたことになる．

なお，$k = n$ のときの係数 $C_{nn}^{(1)}$ は決まっていないが，次のように考えれば決める必要のないことがわかる．波動関数は規格化条件を満たさなくてはならないので，$\int \Psi_n^* \Psi_n \, d\boldsymbol{r} = 1$ である．したがって，1次の補正の範囲では，

$$\int (\Psi_n^{(0)} + \lambda \Psi_n^{(1)})^* (\Psi_n^{(0)} + \lambda \Psi_n^{(1)}) \, d\boldsymbol{r} = 1$$

でなければならない．これを書き直して λ の2次以上の項は無視し，1次までの項をとると

$$\int \Psi_n^{(0)*} \Psi_n^{(0)} \, d\boldsymbol{r} + \lambda \left\{ \int (\Psi_n^{(1)*} \Psi_n^{(0)} + \Psi_n^{(0)*} \Psi_n^{(1)}) \, d\boldsymbol{r} \right\} = 1$$

である．この式の第1項は無摂動系の波動関数で規格化されているから1であることに注意すると，

$$\int (\Psi_n^{(1)*} \Psi_n^{(0)} + \Psi_n^{(0)*} \Psi_n^{(1)}) \, d\boldsymbol{r} = 0$$

である．1次摂動の波動関数を代入し，

§14.1 定常で縮退がない場合の摂動近似

$$\int \left(\sum_m C_{nm}^{(1)*} \Psi_m^{(0)*} \Psi_n^{(0)} + \Psi_n^{(0)*} \sum_m C_{nm}^{(1)} \Psi_m^{(0)} \right) dr = 0$$

となるが，ここで波動関数の規格直交性を使えば

$$C_{nn}^{(1)*} + C_{nn}^{(1)} = 0$$

なる関係が得られる．したがって $C_{nn}^{(1)}$ は純虚数であれば何でもよいことになる．つまり，γ を実数として $C_{nn}^{(1)} = i\gamma$ と表せる．以上の結果を使って，1次近似の範囲で波動関数を書けば $\Psi_n = \Psi_n^{(0)} + \lambda \Psi_n^{(1)} = \Psi_n^{(0)} + i\gamma\lambda\Psi_n^{(0)} + \sum_{m \neq n} C_{nm}^{(1)} \Psi_m^{(0)}$ であるが，初めの2つの項をまとめて書くと，1次近似の範囲で $\Psi_n^{(0)}(1 + i\gamma\lambda) \sim \Psi_n^{(0)} \mathrm{e}^{i\gamma\lambda}$ となる．ここで波動関数は絶対値が1のファクタ $\mathrm{e}^{i\gamma\lambda}$ だけ違っていても同じ状態を表すことを思い出すと，結局 $C_{nn}^{(1)}$ は考えなくてよいことになる．あるいは形式上はゼロとして式(14.7)を使えばよいことがわかる．

以上の結果をまとめると，1次摂動エネルギーと波動関数の1次補正係数は次のように書ける．

$$\varepsilon_n^{(1)} = \langle n | \mathcal{H}' | n \rangle \qquad (14.11)$$

$$C_{nk}^{(1)} = \frac{1}{\varepsilon_n^{(0)} - \varepsilon_k^{(0)}} \langle k | \mathcal{H}' | n \rangle \qquad (14.12)$$

なお，ここで $\langle k|A|n \rangle$ のような記号は Dirac によって導入された記号で，$\langle k|A|n \rangle = \int \Psi_k^* A \Psi_n \, dr$ のような積分を表している．ディラックの記号の詳細については第17章で述べることにするが，量子力学においては，$\int \Psi_k^* A \Psi_n \, dr$ のような積分を扱う必要がよく生じる．このような積分はいちいち書くのが面倒であるし，理論的な扱いでは実際に値を求める必要は必ずしもないので，ディラックの記号で表すと便利である．積分はディラックの記号では

$$\int \Psi_k^* A \Psi_n \, dr \equiv \langle \Psi_k | A | \Psi_n \rangle \qquad \text{or} \qquad \langle k|A|n \rangle$$

のように表される．

1次の摂動近似を使おうとする者は，途中の式変形がわからなくても最後の結果である式(14.11), (14.12)を覚えておけばよい．

14.1.3 定常で縮退がない場合の2次摂動近似

定常で縮退がない場合について，さらに高次の近似を考える．前節で1次の摂動近似について学んだが，同じようにしてλ^2の係数を比較した式(14.6)から2次の摂動近似を導くことができる．さらに高次の近似も同様に導くことができるが，ここでは2次近似までを求めておくことにする．式(14.6)は

$$\mathcal{H}_0 \Psi_n^{(2)} + \mathcal{H}' \Psi_n^{(1)} = \varepsilon_n^{(0)} \Psi_n^{(2)} + \varepsilon_n^{(1)} \Psi_n^{(1)} + \varepsilon_n^{(2)} \Psi_n^{(0)}$$

であるが，1次の摂動近似の場合と同様に2次の波動関数の補正項を無摂動系の波動関数で展開した式

$$\Psi_n^{(2)} = \sum_m C_{nm}^{(2)} \Psi_m^{(0)}$$

と，すでに前節において求めた1次の補正項の展開式を代入すると

$$\sum_m C_{nm}^{(2)} \mathcal{H}_0 \Psi_m^{(0)} + \sum_m C_{nm}^{(1)} \mathcal{H}' \Psi_m^{(0)}$$
$$= \varepsilon_n^{(0)} \sum_m C_{nm}^{(2)} \Psi_m^{(0)} + \varepsilon_n^{(1)} \sum_m C_{nm}^{(1)} \Psi_m^{(0)} + \varepsilon_n^{(2)} \Psi_n^{(0)}$$

となることがわかる．無摂動系のシュレーディンガー方程式を使えば，

$$\sum_m C_{nm}^{(2)} (\varepsilon_m^{(0)} - \varepsilon_n^{(0)}) \Psi_m^{(0)} - \varepsilon_n^{(1)} \sum_m C_{nm}^{(1)} \Psi_m^{(0)} - \varepsilon_n^{(2)} \Psi_n^{(0)} = -\sum_m C_{nm}^{(1)} \mathcal{H}' \Psi_m^{(0)}$$

となる．左側から$\Psi_k^{(0)*}$を掛けて積分すると，波動関数の規格直交性から

$$C_{nk}^{(2)}(\varepsilon_k^{(0)} - \varepsilon_n^{(0)}) - \varepsilon_n^{(1)} C_{nk}^{(1)} - \varepsilon_n^{(2)} \delta_{nk} = -\sum_m C_{nm}^{(1)} \langle k|\mathcal{H}'|m\rangle$$

である．$k = n$の場合を考え，すでに求められている$\varepsilon_n^{(1)}$と$C_{nm}^{(1)}$を代入すれば，

$$\varepsilon_n^{(2)} = \sum_m C_{nm}^{(1)} \langle n|\mathcal{H}'|m\rangle - \varepsilon_n^{(1)} C_{nn}^{(1)}$$
$$= \sum_m C_{nm}^{(1)} \langle n|\mathcal{H}'|m\rangle - C_{nn}^{(1)} \langle n|\mathcal{H}'|n\rangle$$

§14.1 定常で縮退がない場合の摂動近似

$$= \sum_m{}' C_{nm}^{(1)} \langle n|\mathcal{H}'|m\rangle$$

$$= \sum_m{}' \left(\frac{1}{\varepsilon_n^{(0)} - \varepsilon_m^{(0)}} \langle m|\mathcal{H}'|n\rangle\right)\langle n|\mathcal{H}'|m\rangle$$

$$= \sum_m{}' \frac{1}{\varepsilon_n^{(0)} - \varepsilon_m^{(0)}} \left|\langle n|\mathcal{H}'|m\rangle\right|^2$$

となり，2次の摂動エネルギーが得られる．ただし，$\sum{}'$ の記号は $n = m$ 以外について和をとるという意味である．また，最後の式では $\langle m|\mathcal{H}'|n\rangle = \langle n|\mathcal{H}'|m\rangle^*$ であることを使ったが，この複素共役の関係については第17章で勉強するので，とりあえず認めておくことにしよう．

$k \neq n$ の場合の関係式からは係数 $C_{nk}^{(2)}$ が求められる．すなわち，

$$C_{nk}^{(2)}(\varepsilon_k^{(0)} - \varepsilon_n^{(0)}) - \varepsilon_n^{(1)} C_{nk}^{(1)} = -\sum_m C_{nm}^{(1)}\langle k|\mathcal{H}'|m\rangle$$

$$C_{nk}^{(2)}(\varepsilon_k^{(0)} - \varepsilon_n^{(0)}) - \langle n|\mathcal{H}'|n\rangle \frac{1}{\varepsilon_n^{(0)} - \varepsilon_k^{(0)}} \langle k|\mathcal{H}'|n\rangle$$

$$= -\sum_m \frac{1}{\varepsilon_n^{(0)} - \varepsilon_m^{(0)}} \langle m|\mathcal{H}'|n\rangle\langle k|\mathcal{H}'|m\rangle$$

$$C_{nk}^{(2)} = \sum_m \frac{1}{(\varepsilon_n^{(0)} - \varepsilon_k^{(0)})(\varepsilon_n^{(0)} - \varepsilon_m^{(0)})} \langle m|\mathcal{H}'|n\rangle\langle k|\mathcal{H}'|m\rangle$$

$$- \frac{1}{(\varepsilon_n^{(0)} - \varepsilon_k^{(0)})^2} \langle n|\mathcal{H}'|n\rangle\langle k|\mathcal{H}'|n\rangle$$

である．$k = n$ の場合の係数は，1次摂動の場合と同様に，決める必要がない．

以上をまとめると，2次の摂動近似による補正エネルギー，**2次摂動エネルギー**（second order perturbation energy）と補正波動関数の係数は

$$\varepsilon_n^{(2)} = \sum_m{}' \frac{1}{\varepsilon_n^{(0)} - \varepsilon_m^{(0)}} \left|\langle n|\mathcal{H}'|m\rangle\right|^2 \tag{14.13}$$

$$C_{nk}^{(2)} = \sum_m \frac{1}{(\varepsilon_n^{(0)} - \varepsilon_k^{(0)})(\varepsilon_n^{(0)} - \varepsilon_m^{(0)})} \langle m|\mathcal{H}'|n\rangle\langle k|\mathcal{H}'|m\rangle$$

$$- \frac{1}{(\varepsilon_n^{(0)} - \varepsilon_k^{(0)})^2} \langle n|\mathcal{H}'|n\rangle\langle k|\mathcal{H}'|n\rangle \tag{14.14}$$

である．

2次の摂動近似を使おうとする者は，途中の式変形がわからなくても最後の結果である式(14.13)，(14.14)を覚えておけばよい．

§14.2 ヘリウム原子の電子状態（摂動近似）

この節では，実際に定常で縮退がない場合の1次の摂動近似を使って，**ヘリウム原子**（helium atom）の状態を求めてみよう．なお，2次摂動近似の例題として，付録A3.1に一様な電場中におかれた水素原子（基底状態）の問題をあげておいたので，参考にされたい．

ヘリウム原子のシュレーディンガー方程式は第3章で求めた．ヘリウム原子は質量 $4M_p$，電荷 $2e$ を有する原子核と，質量 m_e，電荷 $-e$ を有する電子2個からなる．原子核の質量は電子の質量に比較して非常に大きいので，原子核は動かないとしてよいであろう．したがって，図3.3に示したように座標をとれば，ヘリウム原子の全エネルギーは電子2個の運動エネルギー $T = \dfrac{\boldsymbol{p}_1^2}{2m_e} + \dfrac{\boldsymbol{p}_2^2}{2m_e}$ と，原子核とそれぞれの電子との間のクーロンエネルギーおよび電子間のクーロンエネルギーの和からなるポテンシャルエネルギー

$$U = \frac{-2e^2}{4\pi\epsilon_0 r_1} + \frac{-2e^2}{4\pi\epsilon_0 r_2} + \frac{e^2}{4\pi\epsilon_0 |\boldsymbol{r}_1 - \boldsymbol{r}_2|}$$

で表される．したがって，この系のハミルトニアン $\mathcal{H}$ は運動量を微分演算子で置き換え，

$$\mathcal{H} = -\frac{\hbar^2}{2m_e}\nabla_1^2 - \frac{\hbar^2}{2m_e}\nabla_2^2 - \frac{2e^2}{4\pi\epsilon_0 r_1} - \frac{2e^2}{4\pi\epsilon_0 r_2} + \frac{e^2}{4\pi\epsilon_0 |\boldsymbol{r}_1 - \boldsymbol{r}_2|}$$

であることがわかる．ここで，最後の電子間のクーロン相互作用は小さいと考えられるので，摂動として扱うことにする．すなわち，この章の記号を使って

§14.2 ヘリウム原子の電子状態（摂動近似）

$$\mathcal{H}_0 = -\frac{\hbar^2}{2m_e}\nabla_1^2 - \frac{\hbar^2}{2m_e}\nabla_2^2 - \frac{2e^2}{4\pi\epsilon_0 r_1} - \frac{2e^2}{4\pi\epsilon_0 r_2}$$

$$\mathcal{H}' = \frac{e^2}{4\pi\epsilon_0|\boldsymbol{r}_1 - \boldsymbol{r}_2|}$$

と書くことができる．

まず，摂動がない場合の解を求めておこう．無摂動系のシュレーディンガー方程式は $\mathcal{H}_0 \Psi_n^{(0)} = \varepsilon_n^{(0)} \Psi_n^{(0)}$ であるが，この式に波動関数を $\Psi_n^{(0)}(\boldsymbol{r}_1, \boldsymbol{r}_2) \equiv u_n^{(0)}(\boldsymbol{r}_1) v_n^{(0)}(\boldsymbol{r}_2)$ のように変数分離形で置いて代入すると，

$$-\frac{\hbar^2}{2m_e} v_n^{(0)} \nabla_1^2 u_n^{(0)} - \frac{\hbar^2}{2m_e} u_n^{(0)} \nabla_2^2 v_n^{(0)} - \frac{2e^2}{4\pi\epsilon_0 r_1} u_n^{(0)} v_n^{(0)} - \frac{2e^2}{4\pi\epsilon_0 r_2} u_n^{(0)} v_n^{(0)}$$
$$= \varepsilon_n^{(0)} u_n^{(0)} v_n^{(0)}$$

となる．両辺を $u_n^{(0)} v_n^{(0)}$ で割って整理すると

$$\left\{-\frac{\hbar^2}{2m_e} \frac{\nabla_1^2 u_n^{(0)}}{u_n^{(0)}} - \frac{2e^2}{4\pi\epsilon_0 r_1}\right\} + \left\{-\frac{\hbar^2}{2m_e} \frac{\nabla_2^2 v_n^{(0)}}{v_n^{(0)}} - \frac{2e^2}{4\pi\epsilon_0 r_2}\right\} = \varepsilon_n^{(0)}$$

である．最初の括弧の中は変数として $\boldsymbol{r}_1$ だけを含み，2番目の括弧の中は変数として $\boldsymbol{r}_2$ だけを含む．その和が変数によらない定数であるが，このような関係が成り立つためにはそれぞれの括弧の中が定数でなくてはならないので，結局 $\varepsilon_{1n}^{(0)}, \varepsilon_{2n}^{(0)}$ を定数として

$$-\frac{\hbar^2}{2m_e} \frac{\nabla_1^2 u_n^{(0)}}{u_n^{(0)}} - \frac{2e^2}{4\pi\epsilon_0 r_1} = \varepsilon_{1n}^{(0)}$$

$$-\frac{\hbar^2}{2m_e} \frac{\nabla_2^2 v_n^{(0)}}{v_n^{(0)}} - \frac{2e^2}{4\pi\epsilon_0 r_2} = \varepsilon_{2n}^{(0)}$$

の2つの式が得られることになる．ただし，$\varepsilon_n^{(0)} = \varepsilon_{1n}^{(0)} + \varepsilon_{2n}^{(0)}$ である．これら2つの式を見やすいように書き直すと

$$\left\{-\frac{\hbar^2}{2m_e}\nabla_1^2 - \frac{2e^2}{4\pi\epsilon_0 r_1}\right\} u_n^{(0)} = \varepsilon_{1n}^{(0)} u_n^{(0)}$$

$$\left\{-\frac{\hbar^2}{2m_e}\nabla_2^2 - \frac{2e^2}{4\pi\epsilon_0 r_2}\right\} v_n^{(0)} = \varepsilon_{2n}^{(0)} v_n^{(0)}$$

である．これらは水素原子に対するシュレーディンガー方程式と同じ形をしている．ただし，クーロンポテンシャルエネルギーの電荷部分が，水素原子

の場合は e^2 であるのに対し，ここでは $2e^2$ となっている点が違っている．したがって，波動関数とエネルギーは，水素原子に対して求められている解の e^2 の部分を $2e^2$ とすれば求められることになる(式(13.9)で $Z=2$ とすればよい)．つまり，エネルギーが一番低い基底状態は 1s 状態であって，

$$u_{1s}^{(0)} = \frac{1}{\sqrt{4\pi}}\left(\frac{2}{a_0}\right)^{3/2} 2\mathrm{e}^{-2r_1/a_0}, \qquad \varepsilon_{1,1s}^{(0)} = -\frac{2e^2}{(4\pi\epsilon_0)\,a_0}$$

$$v_{1s}^{(0)} = \frac{1}{\sqrt{4\pi}}\left(\frac{2}{a_0}\right)^{3/2} 2\mathrm{e}^{-2r_2/a_0}, \qquad \varepsilon_{2,1s}^{(0)} = -\frac{2e^2}{(4\pi\epsilon_0)\,a_0}$$

のように求められる．また，無摂動系の基底状態における波動関数 $\Psi_n^{(0)} = u_n^{(0)} v_n^{(0)}$ とエネルギー $\varepsilon_{1n}^{(0)} = \varepsilon_{1n}^{(0)} + \varepsilon_{2n}^{(0)}$ は次のように求められる．

$$\Psi_1^{(0)}(r_1, r_2) = \frac{1}{4\pi}\left(\frac{2}{a_0}\right)^3 4\mathrm{e}^{-2(r_1+r_2)/a_0} = \frac{8}{\pi a_0^3}\mathrm{e}^{-2(r_1+r_2)/a_0}$$

$$\varepsilon_1^{(0)} = -\frac{4e^2}{(4\pi\epsilon_0)\,a_0}$$

賢明な読者はこのような導き方はおかしいと思うかもしれない．電子はフェルミ粒子であるのに，この結果は 2 つの電子が同じ状態をとっておりパウリの原理に反する説明になっている．また，フェルミ粒子系の波動関数は反対称でなくてはならないはずなのに，ここで求めた波動関数は変数 r_1 と r_2 を入れ替えても符号は変わらないので反対称になっていない．しかし，実際上問題は生じないのでここでは簡単のために系の波動関数を上のように書いておくことにする．なぜなら，空間に対する上記の解は対称であるが，スピンに対する波動関数が反対称であれば全体として波動関数は反対称になり，スピンまで含めれば正しい解になるからである．つまり，スピンの異なる 2 個の電子が 1s 状態（空間の量子状態）をとっている場合が正しい解になるからである．いちいちスピンまで含めて書くのは煩雑であるので，特に問題が起こらない限りここで表したように状態を空間部分の波動関数だけで表すことにしたい．さて，前節で導いたように，1 次の摂動エネルギーは無摂動系の波動関数で摂動ハミルトニアンを挟んで積分すれば求められる．すなわ

ち，

$$\varepsilon_1^{(1)} = \langle \Psi_1^{(0)} | \mathcal{H}' | \Psi_1^{(0)} \rangle$$

$$= \iint \frac{8}{\pi a_0^3} e^{-2(r_1+r_2)/a_0} \frac{e^2}{4\pi\epsilon_0 |\boldsymbol{r}_1 - \boldsymbol{r}_2|} \frac{8}{\pi a_0^3} e^{-2(r_1+r_2)/a_0} \, d\boldsymbol{r}_1 \, d\boldsymbol{r}_2$$

を計算すればよい．実際の積分計算には多少数学のテクニックが必要であるが，計算結果を借用すれば

$$\varepsilon_1^{(1)} = \frac{5}{4} \frac{e^2}{(4\pi\epsilon_0) a_0}$$

である．したがって，1次の摂動近似の範囲でヘリウム原子における基底状態のエネルギーは

$$\varepsilon_1 = \varepsilon_1^{(0)} + \varepsilon_1^{(1)} = -2.75 \frac{e^2}{(4\pi\epsilon_0) a_0}$$

と求められる．電子が2個独立に存在する水素原子近似の解 $-4\dfrac{e^2}{(4\pi\epsilon_0) a_0}$ に比べると，1次摂動近似のエネルギーは高いが，これは電子間のクーロン斥力に起因するものである．

§14.3 定常で縮退がある場合の摂動近似

この節では無摂動系が縮退している場合を考える．§14.1 では系が縮退していない場合の摂動エネルギーを求めたが，系が縮退している場合は状態が異なっていても同じエネルギーをもつので，波動関数を与える式(14.12)などの分母がゼロになり，発散してしまって正しい解を与えない．これは，縮退している場合には，§14.1 の方法では摂動状態が正しく表されていないためである．

$\varepsilon_n^{(0)}$ の状態が，空間について ρ 重に縮退しているとする．その波動関数は $\Psi_{n1}^{(0)}, \Psi_{n2}^{(0)}, \Psi_{n3}^{(0)}, \cdots, \Psi_{n\rho-1}^{(0)}, \Psi_{n\rho}^{(0)}$ であり，規格直交関係 $\int \Psi_{n\alpha}^{(0)*} \Psi_{n\beta}^{(0)} \, d\tau = \delta_{\alpha,\beta}$ を満たすように選ばれているとする．あとで述べるように，縮退している状態の波動関数は任意性があり一義的には定まらないが，互いに直交するよう

に選ぶことはできる．摂動 $\mathcal{H}'$ が加わると，無摂動系の縮退していたエネルギーは一般にいくつかの準位に分裂するわけであるが，逆に分裂したエネルギー準位に属する波動関数は摂動が小さくなるにつれて，すなわち $\lambda \to 0$ となるにつれて無摂動系の波動関数に収束するはずである．

しかし，無摂動系の縮退状態における波動関数は一義的には決まらない．たとえば，$\Psi_{n1}^{(0)}, \Psi_{n2}^{(0)}, \Psi_{n3}^{(0)}, \cdots, \Psi_{n\rho-1}^{(0)}, \Psi_{n\rho}^{(0)}$ がエネルギー $\varepsilon_n^{(0)}$ の波動関数であるとすると，その1次結合

$$\Psi_{n\mu}^{(0)} = c_1 \Psi_{n1}^{(0)} + c_2 \Psi_{n2}^{(0)} + c_3 \Psi_{n3}^{(0)} + \cdots + c_{\rho-1} \Psi_{n\rho-1}^{(0)} + c_\rho \Psi_{n\rho}^{(0)}$$

は，やはりシュレーディンガー方程式を満たしており，

$$\begin{aligned}
\mathcal{H}_0 \Psi_{n\mu}^{(0)} &= c_1 \mathcal{H}_0 \Psi_{n1}^{(0)} + c_2 \mathcal{H}_0 \Psi_{n2}^{(0)} + c_3 \mathcal{H}_0 \Psi_{n3}^{(0)} + \cdots \\
&\qquad + c_{\rho-1} \mathcal{H}_0 \Psi_{n\rho-1}^{(0)} + c_\rho \mathcal{H}_0 \Psi_{n\rho}^{(0)} \\
&= c_1 \varepsilon_n^{(0)} \Psi_{n1}^{(0)} + c_2 \varepsilon_n^{(0)} \Psi_{n2}^{(0)} + c_3 \varepsilon_n^{(0)} \Psi_{n3}^{(0)} + \cdots \\
&\qquad + c_{\rho-1} \varepsilon_n^{(0)} \Psi_{n\rho-1}^{(0)} + c_\rho \varepsilon_n^{(0)} \Psi_{n\rho}^{(0)} \\
&= \varepsilon_n^{(0)} (c_1 \Psi_{n1}^{(0)} + c_2 \Psi_{n2}^{(0)} + c_3 \Psi_{n3}^{(0)} + \cdots + c_{\rho-1} \Psi_{n\rho-1}^{(0)} + c_\rho \Psi_{n\rho}^{(0)}) \\
&= \varepsilon_n^{(0)} \Psi_{n\mu}^{(0)}
\end{aligned}$$

であるから，やはり解になっている．したがって $\Psi_{n1}^{(0)}, \Psi_{n2}^{(0)}, \Psi_{n3}^{(0)}, \cdots, \Psi_{n\rho-1}^{(0)}$，$\Psi_{n\mu}^{(0)}$ を解にしてもよいわけである．つまり，$\lambda \to 0$ で収束した波動関数が予め求められている無摂動系の波動関数そのものに一致するとは限らないで，一般には無摂動系の波動関数の1次結合に収束することになる．そこで，式 (14.1) において摂動系の波動関数を λ で展開するとき，無摂動系の0次の波動関数を次のように書いておく必要がある．

$$\Psi_n = \sum_{\alpha=1}^{\rho} c_\alpha \Psi_{n\alpha}^{(0)} + \lambda \Psi_n^{(1)} + \lambda^2 \Psi_n^{(2)} + \cdots$$

$$\varepsilon_n = \varepsilon_n^{(0)} + \lambda \varepsilon_n^{(1)} + \lambda^2 \varepsilon_n^{(2)} + \cdots$$

これをシュレーディンガー方程式 $(\mathcal{H}_0 + \lambda \mathcal{H}') \Psi_n = \varepsilon_n \Psi_n$ に代入して λ の各べき数の係数を等しいと置くと式(14.5), (14.6) などに対応して，1次摂動，2次摂動の近似式が求められる．このあとの式の導出過程に興味がな

§14.3 定常で縮退がある場合の摂動近似

い読者は，縮退した状態のエネルギーが摂動によってどのように変化するか求めた式(14.18)までの間は読みとばしてもよい．

結局，縮退がある場合の近似式を求めるには，縮退がない場合の $\Psi_n^{(0)}$ の部分を $\sum_{\alpha=1}^{\rho} c_\alpha \Psi_{n\alpha}^{(0)}$ と置き換えればよいので，たとえば1次摂動近似の式は

$$\mathcal{H}_0 \Psi_n^{(1)} + \mathcal{H}' \sum_{\alpha=1}^{\rho} c_\alpha \Psi_{n\alpha}^{(0)} = \varepsilon_n^{(0)} \Psi_n^{(1)} + \varepsilon_n^{(1)} \sum_{\alpha=1}^{\rho} c_\alpha \Psi_{n\alpha}^{(0)} \qquad (14.15)$$

となる．またここで，波動関数の1次補正項を求めるには無摂動系の波動関数で展開すればよいが，そのとき

$$\Psi_n^{(1)} = \sum_m \sum_\alpha^\rho C_{nm\alpha}^{(1)} \Psi_{m\alpha}^{(0)} \qquad (14.16)$$

としなければならない．これに注意して式(14.15)に代入した結果は，

$$\mathcal{H}_0 \sum_m \sum_\alpha^\rho C_{nm\alpha}^{(1)} \Psi_{m\alpha}^{(0)} + \mathcal{H}' \sum_{\alpha=1}^{\rho} c_\alpha \Psi_{n\alpha}^{(0)} = \varepsilon_n^{(0)} \sum_m \sum_\alpha^\rho C_{nm\alpha}^{(1)} \Psi_{m\alpha}^{(0)} + \varepsilon_n^{(1)} \sum_{\alpha=1}^{\rho} c_\alpha \Psi_{n\alpha}^{(0)}$$

$$\sum_m \sum_\alpha^\rho C_{nm\alpha}^{(1)} (\varepsilon_m^{(0)} - \varepsilon_n^{(0)}) \Psi_{m\alpha}^{(0)} - \varepsilon_n^{(1)} \sum_{\alpha=1}^{\rho} c_\alpha \Psi_{n\alpha}^{(0)} = -\mathcal{H}' \sum_{\alpha=1}^{\rho} c_\alpha \Psi_{n\alpha}^{(0)}$$

である．両辺に左側から $\Psi_{k\beta}^{(0)*}$ を乗じて積分すると，波動関数の規格直交性から

$$\sum_{\alpha=1}^{\rho} c_\alpha \langle k\beta | \mathcal{H}' | n\alpha \rangle - \varepsilon_n^{(1)} c_\beta \delta_{kn} \delta_{\alpha\beta} = 0 \qquad (14.17)$$

である．この式は c_β についての1次の同次方程式である．この式の解が $c_\alpha = 0$ ($\alpha = 1, 2, \cdots, \rho$) 以外の意味のある解をもつには，係数行列式が0でなければならない．すなわち

$$\left| \langle k\beta | \mathcal{H}' - \varepsilon_n^{(1)} \delta_{kn} \delta_{\alpha\beta} | n\alpha \rangle \right| = 0 \qquad (14.18)$$

を満足する必要がある．

また，式(14.16)で $n \neq k$ の場合について解けば1次の係数 $C_{nm\alpha}^{(1)}$ が求まる．2次以上の摂動近似についても同様に近似式を求めることができる．

式(14.18)を具体的に書き表せば

```
2s     ━━━━━━━   ⋐≡≡≡≡≡
2p1, 2p0, 2p-1
```

```
1s     ━━━━━━━           ━━━━━━━   図 14.2 摂動による
                                              エネルギー分裂
         無摂動系            摂動系
```

$$\begin{vmatrix} \langle n1|\mathcal{H}'|n1\rangle - \varepsilon_n^{(1)} & \langle n1|\mathcal{H}'|n2\rangle & \cdots\cdots & \langle n1|\mathcal{H}'|n\rho\rangle \\ \langle n2|\mathcal{H}'|n1\rangle & \langle n2|\mathcal{H}'|n2\rangle - \varepsilon_n^{(1)} & \cdots\cdots & \langle n2|\mathcal{H}'|n\rho\rangle \\ \cdots\cdots & \cdots\cdots & \cdots\cdots & \cdots\cdots \\ \langle n\rho|\mathcal{H}'|n1\rangle & \cdots\cdots & \cdots\cdots & \langle n\rho|\mathcal{H}'|n\rho\rangle - \varepsilon_n^{(1)} \end{vmatrix} = 0$$

(14.19)

もし完全に縮退が解ければ，ρ 個のエネルギー準位に分裂することになる．重根があれば一部が縮退したまま残る．いずれにしても $\varepsilon_n^{(1)}$ を解いて求め，これを式(14.17)に代入すれば c_β が求まり，第 0 次の波動関数が一義的に決まることになる．

縮退がある場合の摂動近似の例題として，付録 A 3.2 に一様な電場中に置かれた水素原子(励起状態)の問題をあげておいたので参考にされたい．その結果を見ると図 14.2 に示されるように摂動によって縮退がとけ，エネルギーが分裂することがわかる．

§14.4 遷移確率（非定常的な場合の摂動近似）

この節では非定常状態の摂動論について述べる．定常状態にある系が時間を含まないシュレーディンガー方程式 $\mathcal{H}_0 \Psi_n^{(0)} = \varepsilon_n^{(0)} \Psi_n^{(0)}$ で表されているとする．ある時刻に摂動が加わったとき，この系はどのように変化するかを調べる．このとき，摂動が時間とともに変化しない場合でも系は時間とともに変化するので，時間を含むシュレーディンガー方程式を扱わなければならな

§14.4 遷移確率（非定常的な場合の摂動近似）

い．つまり，

$$(\mathcal{H}_0 + \mathcal{H}')\Psi = i\hbar \frac{\partial \Psi}{\partial t} \tag{14.20}$$

を解かなければならない．以下の考え方は前節までの摂動論と全く同じである．

無摂動系の定常状態における波動関数の時間変化は $\exp(-i\varepsilon_n^{(0)}t/\hbar)$ のファクターをもっていることに注意して，波動関数 Ψ を $\mathcal{H}_0$ の波動関数で展開し次のように表す．

$$\Psi = \sum_n C_n(t)\, \Psi_n^{(0)} \exp\left(-\frac{i\varepsilon_n^{(0)}t}{\hbar}\right)$$

定常的な場合とは違って，展開係数は時間の関数である．これを式(14.20)に代入すれば，

$$\sum_n C_n(t)\mathcal{H}_0 \Psi_n^{(0)} \exp\left(-\frac{i\varepsilon_n^{(0)}t}{\hbar}\right) + \sum_n C_n(t)\mathcal{H}' \Psi_n^{(0)} \exp\left(-\frac{i\varepsilon_n^{(0)}t}{\hbar}\right)$$

$$= i\hbar \sum_n \frac{dC_n(t)}{dt} \Psi_n^{(0)} \exp\left(-\frac{i\varepsilon_n^{(0)}t}{\hbar}\right)$$

$$+ i\hbar \sum_n C_n(t)\,\Psi_n^{(0)}\left(-i\frac{\varepsilon_n^{(0)}}{\hbar}\right) \exp\left(-\frac{i\varepsilon_n^{(0)}t}{\hbar}\right)$$

であるが，無摂動系のシュレーディンガー方程式の関係を使えば，

$$\sum_n C_n(t)\mathcal{H}' \Psi_n^{(0)} \exp\left(-\frac{i\varepsilon_n^{(0)}t}{\hbar}\right) = i\hbar \sum_n \frac{dC_n(t)}{dt}\Psi_n^{(0)} \exp\left(-\frac{i\varepsilon_n^{(0)}t}{\hbar}\right)$$

となる．この式の両辺に左側から $\Psi_k^{(0)*} \exp\left(\frac{i\varepsilon_k^{(0)}t}{\hbar}\right)$ を掛けて，積分して整理すれば，

$$\frac{dC_k(t)}{dt} = \frac{1}{i\hbar} \sum_n C_n(t)\langle \Psi_k^{(0)} | \mathcal{H}' | \Psi_n^{(0)} \rangle \exp\left(\frac{i(\varepsilon_k^{(0)} - \varepsilon_n^{(0)})t}{\hbar}\right)$$

$$= \frac{1}{i\hbar} \sum_n C_n(t)\langle k | \mathcal{H}' | n \rangle \exp\left(\frac{i(\varepsilon_k^{(0)} - \varepsilon_n^{(0)})t}{\hbar}\right)$$

である．定常状態の摂動と同じように，摂動の効果が小さいことを示すため，$\mathcal{H}'$ を $\lambda\mathcal{H}'$ と書き換え，係数 C_n を λ のべき乗で展開して上式に代入

し，各べきが両辺で等しいと置くと

$$\frac{dC_k^{(0)}(t)}{dt} = 0$$

$$\frac{dC_k^{(1)}(t)}{dt} = \frac{1}{i\hbar} \sum_n C_n^{(0)}(t) \langle k|\mathcal{H}'|n\rangle \exp\left(\frac{i(\varepsilon_k^{(0)} - \varepsilon_n^{(0)})t}{\hbar}\right)$$

$$\cdots\cdots\cdots\cdots \tag{14.21}$$

となる．ただし，

$$C_n = C_n^{(0)} + \lambda C_n^{(1)} + \lambda^2 C_n^{(2)} + \cdots$$

である．

　時刻 0 から t までの間，摂動 $\mathcal{H}'$ が加えられた場合を考えよう．このとき，最初の定常状態において系は n 状態にあったとする．すなわち，初期条件を $\Psi(0) = \Psi_n^{(0)}$ とし，ここに摂動が加わったとすると，

$$C_n^{(0)}(0) = 1$$
$$C_k^{(0)}(0) = 0 \qquad (k \neq n)$$

であるので，式(14.21)を積分して

$$C_k^{(1)}(t) = \frac{1}{i\hbar} \int_0^t \langle k|\mathcal{H}'|n\rangle \exp\left(\frac{i(\varepsilon_k^{(0)} - \varepsilon_n^{(0)})t}{\hbar}\right) dt$$

が得られ，k 状態の波動関数の係数は有限の値をもつようになる．これは定常状態で n 状態にあった系に，t 時間後には別の状態 k が混ざることを表している．このことを系に摂動が加えられた結果 $n \to k$ なる遷移を起こしたといい，係数の大きさの 2 乗 T を遷移の確率という．**遷移確率**(transition probability) は

$$T = |C_k|^2$$

で与えられる．いま，摂動 $\mathcal{H}'$ は時刻 $t=0$ に加えられ，そのあとは時間とともに変化しないとすると，$\mathcal{H}'$ の部分は積分の外に出せるので

$$C_k^{(1)}(t) = \frac{1}{i\hbar} \langle k|\mathcal{H}'|n\rangle \int_0^t e^{i\omega_{kn}t} dt$$

$$= -\frac{1}{\hbar} \langle k|\mathcal{H}'|n\rangle \frac{1}{\omega_{kn}} (e^{i\omega_{kn}t} - 1)$$

§14.4 遷移確率（非定常的な場合の摂動近似）

である．ただしここで，
$$\varepsilon_k^{(0)} - \varepsilon_n^{(0)} \equiv \hbar\omega_{kn}$$
と置いた．単位時間当りに，状態 n から遷移する確率 w は

$$w = \frac{1}{t}\sum_k |C_k^{(1)}(t)|^2$$

$$= \frac{1}{t}\frac{1}{\hbar^2}\sum_k \left|\langle k|\mathcal{H}'|n\rangle\right|^2 \frac{1}{\omega_{kn}^2}(e^{i\omega_{kn}t}-1)(e^{-i\omega_{kn}t}-1)$$

$$= \frac{1}{t}\frac{1}{\hbar^2}\sum_k \left|\langle k|\mathcal{H}'|n\rangle\right|^2 \frac{4}{\omega_{kn}^2}\sin^2\frac{\omega_{kn}t}{2}$$

$$= \frac{1}{t}\frac{1}{\hbar^2}\int \left|\langle k|\mathcal{H}'|n\rangle\right|^2 \frac{4}{\omega_{kn}^2}\sin^2\frac{\omega_{kn}t}{2}\,\rho(\varepsilon_k^{(0)})\,d\varepsilon$$

である．ここで状態密度 $\rho(\varepsilon_k^{(0)})$ を使って和 $\sum$ を積分に直した．状態密度 $\rho(\varepsilon_k^{(0)})$ は終状態 k が，エネルギー $\varepsilon_k^{(0)}$ と $\varepsilon_k^{(0)}+d\varepsilon_k^{(0)}$ にある状態の数である（§10.2 参照）．また，積分の中にある関数

$$\frac{1}{\omega_{kn}^2}\sin^2\frac{\omega_{kn}t}{2}$$

は $\omega_{kn}=0$ の近傍だけで大きな値をもち，それ以外では振動しながら振幅が $1/\omega_{kn}^2$ に比例して急激に減少するので，デルタ関数的に振舞う．一般に $|\langle k|\mathcal{H}'|n\rangle|$ や，$\rho(\varepsilon_k^{(0)})$ は，$\varepsilon_k^{(0)}$ の関数としてゆるやかに変化するので，これらを積分の外に出して，

$$w \approx \frac{1}{t}\frac{1}{\hbar^2}\left|\langle k|\mathcal{H}'|n\rangle\right|^2 \rho(\varepsilon_k)\int \frac{4}{\omega_{kn}^2}\sin^2\frac{\omega_{kn}t}{2}\,\hbar\,d\omega_{kn}$$

$$= \frac{2\pi}{\hbar}\left|\langle k|\mathcal{H}'|n\rangle\right|^2 \rho(\varepsilon_k) \tag{14.22}$$

と計算できる．ただし，ここで次の定積分の結果を使った．

$$\int_{-\infty}^{\infty}\frac{\sin^2 x}{x^2}\,dx = \pi$$

式(14.22)の結果は，**フェルミの黄金律**（Fermi's golden rule）とよばれる，状態の遷移確率に関する重要な関係式である．

問題

[1] 1次元のバネ（1次元調和振動子）系に対するハミルトニアンは，バネ定数を k として，$\mathcal{H}_0 = -\dfrac{\hbar^2}{2m_e}\dfrac{d^2}{dx^2} + \dfrac{1}{2}kx^2$ のように書かれ，基底状態のエネルギーは $\varepsilon_0 = \dfrac{\hbar\omega}{2}$ であり，その波動関数は $\Psi_0(x) = \left(\dfrac{2m_e\omega}{h}\right)^{1/4} \exp\left(-\dfrac{m_e\omega}{2\hbar}x^2\right)$ である．ただし，$\omega = \sqrt{k/m_e}$．このバネ系に $\mathcal{H}' = ax$ なる摂動が加わったとき，基底状態のエネルギーの変化を1次摂動の範囲で見積りなさい．

15

量子力学の近似解法（II）（変分法）

　ここでは，シュレーディンガー方程式を近似的に解く方法として，変分原理に基づいた近似法について勉強する．摂動論が地道な方法であるのに対し，変分法は一攫千金的な方法で，この近似を成功させるには物理的イメージが重要である．しかし，摂動近似の無限次に対応した効果をとり入れることもできるので，摂動近似よりも良い近似解が得られる場合がある．
　［ポイント］　変分法の概念

§15.1　変分原理と変分法

　変分原理（variational principle）に基づいた近似解法が**変分法**（calculus of variations）である．摂動論は地道に1次，2次と近似を積み重ねて解を求めていくが，地道な方法が必ずしも成功するとは限らない．摂動項が十分に小さいとみなせるとは限らないし，また，摂動の影響は小さいはずなのに，1次摂動の範囲では正の大きな補正が，2次摂動では負の比較的大きな補正が与えられ，無限次までの効果を正確にとり入れたとき初めて補正が互いに打ち消し合って，結局 小さな効果しか与えないこともある．このような場合，摂動近似はよい近似とはいえない．変分法はこのような無限次までの効果を考慮できるので比較的良い結果を与えることがある．
　まず，ここで用いる変分原理について簡単にまとめておく．

> **［変分原理］** シュレーディンガー方程式 $\mathcal{H}\Psi = \varepsilon\Psi$ の解は $\langle\Psi|\Psi\rangle = 1$ を満たし，積分
> $$E = \int \Psi(\boldsymbol{r})^* \mathcal{H}\, \Psi(\boldsymbol{r})\, d\boldsymbol{r}$$
> に停留値をとらせる．

　特に，基底状態に対してはこの積分は極小値になるので，その理由を簡単に説明しておく．任意の規格化された関数 u に対し次の積分を計算してみよう．

$$E = \int u(\boldsymbol{r})^* \mathcal{H}\, u(\boldsymbol{r})\, d\boldsymbol{r} \tag{15.1}$$

いま，実際にはシュレーディンガー方程式の解はわからないわけであるが，正しい波動関数を $\Psi_n(\boldsymbol{r})$ と仮定して，関数 u を展開する．すでに学んだように，異なる固有値に対応する波動関数は互いに直交し，通常 規格化されている．このような，規格直交関数系を使えば，任意の関数はその1次結合で表すことができる．これはいろいろな関数がテイラー展開して書けることと似ている．そこで，関数 u を

$$u(\boldsymbol{r}) = \sum_{n=0}^{\infty} C_n\, \Psi_n(\boldsymbol{r}) \tag{15.2}$$

のように書くことにしよう．ただし，関数 u は規格化されているとしたので，$\langle u(\boldsymbol{r})|u(\boldsymbol{r})\rangle = 1$ から，係数 C_n が次の条件を満足する必要がある．

$$\begin{aligned}
\langle u(\boldsymbol{r})|u(\boldsymbol{r})\rangle &= \Big\langle \sum_{n=0}^{\infty} C_n\, \Psi_n(\boldsymbol{r}) \Big| \sum_{m=0}^{\infty} C_m\, \Psi_m(\boldsymbol{r}) \Big\rangle \\
&= \sum_{n=0}^{\infty} \sum_{m=0}^{\infty} C_n^*\, C_m \langle \Psi_n(\boldsymbol{r})|\Psi_m(\boldsymbol{r})\rangle \\
&= \sum_{n=0}^{\infty} \sum_{m=0}^{\infty} C_n^*\, C_m\, \delta_{nm} = \sum_{n=0}^{\infty} |C_n|^2 = 1
\end{aligned}$$

ここで，正しい解は規格化されているとし，直交関係を満たしていることを使った．式(15.2)を式(15.1)に代入すると，

§15.1 変分原理と変分法

$$E = \int u(\boldsymbol{r})^* \mathcal{H} u(\boldsymbol{r}) \, d\boldsymbol{r} = \Big\langle \sum_{n=0}^{\infty} C_n \, \Psi_n(\boldsymbol{r}) \Big| \mathcal{H} \Big| \sum_{m=0}^{\infty} C_m \Psi_m(\boldsymbol{r}) \Big\rangle$$

$$= \sum_{n=0}^{\infty} \sum_{m=0}^{\infty} C_n{}^* C_m \langle \Psi_n(\boldsymbol{r}) | \mathcal{H} | \Psi_m(\boldsymbol{r}) \rangle$$

$$= \sum_{n=0}^{\infty} \sum_{m=0}^{\infty} C_n{}^* C_m \, \varepsilon_m \langle \Psi_n(\boldsymbol{r}) | \Psi_m(\boldsymbol{r}) \rangle$$

$$= \sum_{n=0}^{\infty} |C_n|^2 \varepsilon_n \qquad (15.3)$$

が得られる．基底状態のエネルギーを ε_0 とし，$\sum_{n=0}^{\infty} |C_n|^2 = 1$ であるので $\varepsilon_0 = \varepsilon_0 \sum_{n=0}^{\infty} |C_n|^2$ を式(15.3)の両辺から差し引くと，

$$E - \varepsilon_0 = \sum_{n=0}^{\infty} |C_n|^2 (\varepsilon_n - \varepsilon_0) \geqq 0$$

である．ここで，絶対値の2乗は正であり，基底状態は一番エネルギーが低い状態であるから，右辺は正であるとした．つまり，規格化された種々の関数 u に対して積分式(15.1)を試しに計算し，その中で一番エネルギーが低いものをとれば，試した中では基底状態のエネルギーに近い値が得られることがわかる．

図 15.1　変分法の原理

この方法がうまくいくためには，試す関数，**試行関数**（trial function）の中に解にできるだけ近いものが含まれていなくてはならないわけで，全く無作為に関数を選んだのではうまくいかないことは当然である．変分法がうまくいくには，物理的なイメージに基づいて試行関数を選ぶ必要がある．その具体例として，次節にヘリウム原子の電子状態を変分法によって求める例を示した．

§15.2　ヘリウム原子の電子状態（変分法）

ヘリウム原子の電子状態を変分法によって求めてみよう．ヘリウム原子に対するハミルトニアンは

$$\mathcal{H} = -\frac{\hbar^2}{2m_e}\nabla_1^2 - \frac{\hbar^2}{2m_e}\nabla_2^2 - \frac{2e^2}{4\pi\epsilon_0 r_1} - \frac{2e^2}{4\pi\epsilon_0 r_2} + \frac{e^2}{4\pi\epsilon_0 r_{12}} \tag{15.4}$$

と表されることはすでに勉強した．

しかし，一つの電子に注目すると，もう一つの電子は原子核の電荷 $+2e$ をシールド（遮蔽）するようにはたらくと考えられるので，電子間のクーロンポテンシャルエネルギーは，シールドされた原子核の電荷と電子の間のクーロンポテンシャルエネルギーの中に近似的にくり込むことができるであろう．このように考えた近似的なハミルトニアン $\mathcal{H}_a$ は次のように書けるであろう．

$$\mathcal{H}_a = -\frac{\hbar^2}{2m_e}\nabla_1^2 - \frac{\hbar^2}{2m_e}\nabla_2^2 - \frac{Ze^2}{4\pi\epsilon_0 r_1} - \frac{Ze^2}{4\pi\epsilon_0 r_2} \tag{15.5}$$

ここで，Ze はシールドされた原子核の電荷である．式(15.5)をハミルトニアンとするシュレーディンガー方程式は，水素原子の場合と同じように解くことができる．この波動関数は解に近いと考え，試行関数として用いて変分法を適用し，最低のエネルギーを与える Z を求めてみよう．

まず，式(15.5)をハミルトニアンとする系の波動関数を求めておく．波動

§15.2　ヘリウム原子の電子状態（変分法）

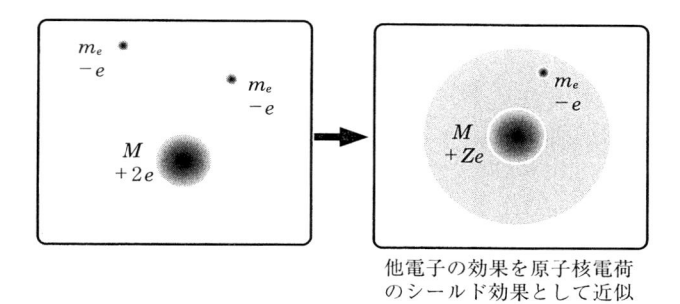

他電子の効果を原子核電荷
のシールド効果として近似

図 15.2　ヘリウム原子における 1 電子近似

関数を $\Psi(\boldsymbol{r}_1, \boldsymbol{r}_2) = \Psi_a(\boldsymbol{r}_1)\Psi_b(\boldsymbol{r}_2)$ と置くと，シュレーディンガー方程式は

$$-\frac{\hbar^2 \Psi_b(\boldsymbol{r}_2)}{2m_e}\nabla_1^2 \Psi_a(\boldsymbol{r}_1) - \frac{\hbar^2 \Psi_a(\boldsymbol{r}_1)}{2m_e}\nabla_2^2 \Psi_b(\boldsymbol{r}_2) - \frac{Ze^2 \Psi_a(\boldsymbol{r}_1)\Psi_b(\boldsymbol{r}_2)}{4\pi\epsilon_0 r_1}$$
$$- \frac{Ze^2 \Psi_a(\boldsymbol{r}_1)\Psi_b(\boldsymbol{r}_2)}{4\pi\epsilon_0 r_2} = \varepsilon\, \Psi_a(\boldsymbol{r}_1)\Psi_b(\boldsymbol{r}_2)$$

となる．両辺を $\Psi_a(\boldsymbol{r}_1)\Psi_b(\boldsymbol{r}_2)$ で割って整理すると

$$\left\{-\frac{\hbar^2}{2m_e}\frac{\nabla_1^2 \Psi_a(\boldsymbol{r}_1)}{\Psi_a(\boldsymbol{r}_1)} - \frac{Ze^2}{4\pi\epsilon_0 r_1}\right\} + \left\{-\frac{\hbar^2}{2m_e}\frac{\nabla_2^2 \Psi_b(\boldsymbol{r}_2)}{\Psi_b(\boldsymbol{r}_2)} - \frac{Ze^2}{4\pi\epsilon_0 r_2}\right\} = \varepsilon$$

である．ここで，左辺第 1 項は変数 $\boldsymbol{r}_1$ だけを含み，第 2 項は変数 $\boldsymbol{r}_2$ だけを含むので，これらを足したものが右辺の $\boldsymbol{r}_1$ にも $\boldsymbol{r}_2$ にもよらない定数になるためには，それぞれの項が定数でなければならない．その定数を $\varepsilon_a, \varepsilon_b$ とすると次の 2 つの微分方程式が得られる．ただし，$\varepsilon_a + \varepsilon_b = \varepsilon$ である．

$$\left\{-\frac{\hbar^2}{2m_e}\nabla_1^2 - \frac{Ze^2}{4\pi\epsilon_0 r_1}\right\}\Psi_a(\boldsymbol{r}_1) = \varepsilon_a\, \Psi_a(\boldsymbol{r}_1)$$

$$\left\{-\frac{\hbar^2}{2m_e}\nabla_2^2 - \frac{Ze^2}{4\pi\epsilon_0 r_2}\right\}\Psi_b(\boldsymbol{r}_2) = \varepsilon_b\, \Psi_b(\boldsymbol{r}_2)$$

これらの微分方程式はそれぞれ水素原子のシュレーディンガー方程式において，電荷 e^2 を Ze^2 で置き換えたものになっているので，水素原子に対する解の e^2 を Ze^2 で置き換えたものが解である．式(15.5)のハミルトニアンにおいて基底状態の波動関数 $\Psi(\boldsymbol{r}_1, \boldsymbol{r}_2) = \Psi_a(\boldsymbol{r}_1)\Psi_b(\boldsymbol{r}_2)$ とエネルギー

$\varepsilon_a + \varepsilon_b$ は次のように求められる．

$$\left.\begin{array}{l} \Psi = \dfrac{Z^3}{\pi a_0{}^3}\,e^{-Z(r_1+r_2)/a_0} \\[2mm] \varepsilon = -\,\dfrac{Z^2 e^2}{4\pi\epsilon_0 a_0} \end{array}\right\} \qquad (15.6)$$

次に，この式(15.5)の近似ハミルトニアンに対する波動関数を試行関数として変分法を適用する．正しいハミルトニアンである式(15.4)を試行関数の式(15.6)ではさんで積分を求めると

$$E = \int \Psi_a(\boldsymbol{r}_1)^* \Psi_b(\boldsymbol{r}_2)^* \mathscr{H}\, \Psi_a(\boldsymbol{r}_1)\, \Psi_b(\boldsymbol{r}_2)\, d\boldsymbol{r}_1\, d\boldsymbol{r}_2$$

となる．ここで，

$$\mathscr{H} = \mathscr{H}_a + \frac{(Z-2)\,e^2}{4\pi\epsilon_0}\left(\frac{1}{r_1} + \frac{1}{r_2}\right) + \frac{e^2}{4\pi\epsilon_0 r_{12}}$$

であることを利用すると

$$\begin{aligned} E = &-\frac{Z^2 e^2}{4\pi\epsilon_0 a_0} \\ &+ \frac{(Z-2)\,e^2}{4\pi\epsilon_0}\int \Psi_a(\boldsymbol{r}_1)^* \Psi_b(\boldsymbol{r}_2)^* \left(\frac{1}{r_1} + \frac{1}{r_2}\right)\Psi_a(\boldsymbol{r}_1)\, \Psi_b(\boldsymbol{r}_2)\, d\boldsymbol{r}_1\, d\boldsymbol{r}_2 \\ &+ \frac{e^2}{4\pi\epsilon_0}\int \Psi_a(\boldsymbol{r}_1)^* \Psi_b(\boldsymbol{r}_2)^* \frac{1}{r_{12}}\, \Psi_a(\boldsymbol{r}_1)\, \Psi_b(\boldsymbol{r}_2)\, d\boldsymbol{r}_1\, d\boldsymbol{r}_2 \end{aligned}$$

を計算すればよいことになる．第2項の積分は1と2について対称であるので簡単に実行できて，

$$\begin{aligned} &\frac{(Z-2)\,e^2}{4\pi\epsilon_0}\,2\int \Psi_a(\boldsymbol{r}_1)^* \frac{1}{r_1}\, \Psi_a(\boldsymbol{r}_1)\, d\boldsymbol{r}_1 \int \Psi_b(\boldsymbol{r}_2)^* \Psi_b(\boldsymbol{r}_2)\, d\boldsymbol{r}_2 \\ &= \frac{(Z-2)\,e^2}{4\pi\epsilon_0}\,2\int \Psi_a(\boldsymbol{r}_1)^* \frac{1}{r_1}\, \Psi_a(\boldsymbol{r}_1)\, d\boldsymbol{r}_1 \\ &= \frac{(Z-2)\,e^2}{4\pi\epsilon_0}\,2\,\frac{Z^3}{\pi a_0{}^3}\int_0^\infty \frac{1}{r_1}\,e^{-2Zr_1/a_0} r_1{}^2\, dr_1 \int_0^\pi \sin\theta_1\, d\theta_1 \int_0^{2\pi} d\phi_1 \\ &= \frac{(Z-2)\,e^2}{4\pi\epsilon_0}\,\frac{2Z}{a_0} \end{aligned}$$

となる．また，最後の積分はややこしいので結果のみを示すと，結局，

$$\frac{e^2}{4\pi\epsilon_0}\int \varPsi_a(\boldsymbol{r}_1)^*\varPsi_b(\boldsymbol{r}_2)^*\frac{1}{r_{12}}\varPsi_a(\boldsymbol{r}_1)\varPsi_b(\boldsymbol{r}_2)\,d\boldsymbol{r}_1\,d\boldsymbol{r}_2 = \frac{e^2}{4\pi\epsilon_0}\frac{5Z}{8a_0}$$

となるので,積分 E は

$$E = \frac{e^2}{4\pi\epsilon_0 a_0}\left\{-Z^2 + (Z-2)2Z + \frac{5Z}{8}\right\}$$
$$= \frac{e^2}{4\pi\epsilon_0 a_0}\left(Z^2 - \frac{27Z}{8}\right)$$

と求まる.ここで,積分 E が最小になるように Z を決めると $\partial E/\partial Z = 0$ から $2Z = 27/8$,すなわち $Z = 27/16 = 2 - 5/16$ である.このようにして求められた原子核の電荷は電子から見た有効電荷であり,Z が本来の値 2 からずれている量 5/16 は原子核の電荷 $2e$ が他の電子の負の荷電雲によって打ち消された量と解釈することができる.

さて,積分 E の最小値は $E = -2.85(e^2/4\pi\epsilon_0 a_0)$ と求められるが,これは 1 次摂動近似の値 $E = -2.75(e^2/4\pi\epsilon_0 a_0)$ よりも低く,実験値 $E = -2.90(e^2/4\pi\epsilon_0 a_0)$ に近い.このように良い結果が得られたのは,試行関数として物理的にもっともな関数を選んだからである.

§15.3 ハイトラー−ロンドンの方法

変分原理を応用した代表的な解法の一つに**ハイトラー−ロンドンの方法** (Heitler-London's theory) がある.この方法では試行関数 u として,関数 $\chi_1, \chi_2, \chi_3, \cdots, \chi_n$ の 1 次結合を選ぶ.これらの関数は正規直交関数系でなくてもよい.

$$u = c_1\chi_1 + c_2\chi_2 + c_3\chi_3 + \cdots + c_n\chi_n \tag{15.7}$$

ここで,積分 E が極小になるように係数 $c_1, c_2, c_3, \cdots, c_n$ を決めれば,これらの関数の 1 次結合の中ではもっとも解に近い近似解が得られたことになる.さて,式(15.1)の積分 E を計算する場合,関数は規格化されている必要があるので,それを考慮するとここでは,

$$E = \frac{\langle u|\mathcal{H}|u\rangle}{\langle u|u\rangle} \tag{15.8}$$

を計算し，極小条件を求めればよいことになる．そこで，式(15.8)に式(15.7)を代入すると

$$E = \frac{\sum_i \sum_j c_i^* c_j \langle \chi_i|\mathcal{H}|\chi_j\rangle}{\sum_i \sum_j c_i^* c_j \langle \chi_i|\chi_j\rangle}$$

となるので，これを変形し

$$E \sum_i \sum_j c_i^* c_j \langle \chi_i|\chi_j\rangle = \sum_i \sum_j c_i^* c_j \langle \chi_i|\mathcal{H}|\chi_j\rangle$$

を得る．この式を c_k^* で偏微分して，変分原理から積分 E が極小となる条件が最も解に近いと考え，$\partial E/\partial c_k^* = 0$ と置くと，

$$\frac{\partial E}{\partial c_k^*} \sum_i \sum_j c_i^* c_j \langle \chi_i|\chi_j\rangle + E \sum_j c_j \langle \chi_k|\chi_j\rangle = \sum_j c_j \langle \chi_k|\mathcal{H}|\chi_j\rangle$$

$$\sum_j c_j \{\langle \chi_k|\mathcal{H}|\chi_j\rangle - E\langle \chi_k|\chi_j\rangle\} = 0$$

のような連立1次方程式が得られる．恒等的にゼロでない解 $c_1, c_2, c_3, \cdots, c_n$ が存在するには係数行列式がゼロでなければならないので，

$$|\langle \chi_k|\mathcal{H}|\chi_j\rangle - E\langle \chi_k|\chi_j\rangle| = 0 \tag{15.9}$$

を解いて，E を求めればこれが関数 $\chi_1, \chi_2, \chi_3, \cdots, \chi_n$ の1次結合を試行関数にとったときにもっとも解に近いエネルギーになっている．すなわち，根 $E_1, E_2, E_3, \cdots, E_n$ は $\mathcal{H}$ の固有値に対する近似解である．この場合も関数のとり方は物理的にもっともらしいとり方をしたときに良い近似解が得られることは当然である．

なお，式(15.9)を具体的な行列式で書けば次式のようになる．

$$\begin{vmatrix} \mathcal{H}_{11} - E\Delta_{11} & \mathcal{H}_{12} - E\Delta_{12} & \cdots & \mathcal{H}_{1n} - E\Delta_{1n} \\ \mathcal{H}_{21} - E\Delta_{21} & \mathcal{H}_{22} - E\Delta_{22} & \cdots & \mathcal{H}_{2n} - E\Delta_{2n} \\ \cdots & \cdots & \cdots & \cdots \\ \mathcal{H}_{n1} - E\Delta_{n1} & \mathcal{H}_{n2} - E\Delta_{n2} & \cdots & \mathcal{H}_{nn} - E\Delta_{nn} \end{vmatrix} = 0$$

また，係数 $c_1, c_2, c_3, \cdots, c_n$ は

$$\begin{pmatrix} \mathcal{H}_{11} - E\varDelta_{11} & \mathcal{H}_{12} - E\varDelta_{12} & \cdots & \mathcal{H}_{1n} - E\varDelta_{1n} \\ \mathcal{H}_{21} - E\varDelta_{21} & \mathcal{H}_{22} - E\varDelta_{22} & \cdots & \mathcal{H}_{2n} - E\varDelta_{2n} \\ \cdots & \cdots & \cdots & \cdots \\ \mathcal{H}_{n1} - E\varDelta_{n1} & \mathcal{H}_{n2} - E\varDelta_{n2} & \cdots & \mathcal{H}_{nn} - E\varDelta_{nn} \end{pmatrix} \begin{pmatrix} c_1 \\ c_2 \\ \vdots \\ c_n \end{pmatrix} = 0$$

が満たされるように定めればよいので，エネルギー E に対応する近似的な波動関数が求められる．ただし，ここで，$\mathcal{H}_{ij} = \langle \chi_i | \mathcal{H} | \chi_j \rangle$，$\varDelta_{ij} = \langle \chi_i | \chi_j \rangle$ である．

ハイトラー–ロンドン法の例題として，水素分子の状態を次に勉強する．

§15.4　水素分子の電子状態（ハイトラー–ロンドン法）

もともと，ハイトラー–ロンドンの理論が作られた，水素分子の問題を考えてみよう．2つの水素原子の核を A, B とし，両原子核間の距離を r_{AB} とする．原子核は電子に比較して質量が十分に大きいので，原子核は静止しているものと近似して扱う．図15.3に示すように，原子核 A からはかった電子 1, 2 までの距離を r_{A1}, r_{A2}，原子核 B からはかった電子 1, 2 までの距離を r_{B1}, r_{B2} とする．また，2つの電子間の距離を r_{12} とする．この系のハミルトニアンは

$$\mathcal{H} = -\frac{\hbar^2}{2m_e}(\nabla_1^2 + \nabla_2^2) - \frac{e^2}{4\pi\epsilon_0}\left(\frac{1}{r_{A1}} + \frac{1}{r_{B1}} + \frac{1}{r_{A2}} + \frac{1}{r_{B2}}\right) + \frac{e^2}{4\pi\epsilon_0}\left(\frac{1}{r_{AB}} + \frac{1}{r_{12}}\right)$$

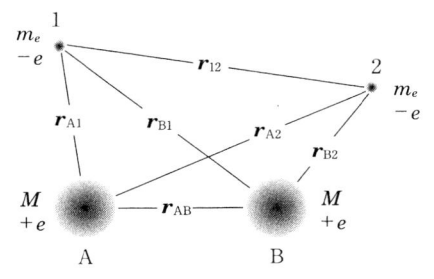

図15.3　水素分子

である．

　2つの原子核 A, B が遠く離れていて，$r_{AB} \to \infty$ の場合，この系は2つの独立な水素原子になり，その基底状態は 1s 状態である．このときの系の波動関数は各原子に対する波動関数の積となり

$$\Psi_{1s}{}^A(\boldsymbol{r}_1)\,\Psi_{1s}{}^B(\boldsymbol{r}_2)$$

のように表せる．ここで，$\Psi_{1s}{}^A(\boldsymbol{r}_1)$ は電子 1 の原子核 A の周りの 1s 状態の意味である．

　2つの原子核が近づいてくると，電子 1, 2 は区別がつかないので，このような状態は $\Psi_{1s}{}^B(\boldsymbol{r}_1)\,\Psi_{1s}{}^A(\boldsymbol{r}_2)$ のように書くこともできるであろう．そこで，r_{AB} が近い場合の近似式として次の波動関数を考える．

$$c_1\,\Psi_{1s}{}^A(\boldsymbol{r}_1)\,\Psi_{1s}{}^B(\boldsymbol{r}_2) + c_2\,\Psi_{1s}{}^B(\boldsymbol{r}_1)\,\Psi_{1s}{}^A(\boldsymbol{r}_2) \tag{15.10}$$

すなわち，2つの関数 $\chi_1 = \Psi_{1s}{}^A(\boldsymbol{r}_1)\,\Psi_{1s}{}^B(\boldsymbol{r}_2)$, $\chi_2 = \Psi_{1s}{}^B(\boldsymbol{r}_1)\,\Psi_{1s}{}^A(\boldsymbol{r}_2)$ の 1 次結合として波動関数を表し，係数をハイトラー-ロンドンの方法にしたがって変分原理に基づいて決めてみよう．式 (15.10) を試行関数，c_1, c_2 を変分パラメータとして，式 (15.9) を作ればよいので，$\mathcal{H}_{ij} = \langle \chi_i | \mathcal{H} | \chi_j \rangle$, $\varDelta_{ij} = \langle \chi_i | \chi_j \rangle$ と置いて

$$\begin{vmatrix} \mathcal{H}_{11} - E & \mathcal{H}_{12} - E\varDelta_{12} \\ \mathcal{H}_{21} - E\varDelta_{21} & \mathcal{H}_{22} - E \end{vmatrix} = 0$$

が得られる．ただし，ここで使ったもともとの水素原子の波動関数は規格化されているとして，$\varDelta_{11} = \varDelta_{22} = 1$ とした．対称性に注意すれば $\mathcal{H}_{11} = \mathcal{H}_{22}$, $\mathcal{H}_{12} = \mathcal{H}_{21}$ および $\varDelta_{12} = \varDelta_{21}$ であるので，この行列式は結局

$$(\mathcal{H}_{11} - E)^2 - (\mathcal{H}_{12} - E\varDelta_{12})^2 = 0$$

となり，解を求めると

$$(\mathcal{H}_{11} - E - \mathcal{H}_{12} + E\varDelta_{12})(\mathcal{H}_{11} - E + \mathcal{H}_{12} - E\varDelta_{12}) = 0$$

$$E = \frac{\mathcal{H}_{11} \pm \mathcal{H}_{12}}{1 \pm \varDelta_{12}}$$

である．

§15.4　水素分子の電子状態（ハイトラー‐ロンドン法）

また，$c_1(\mathcal{H}_{11} - E) + c_2(\mathcal{H}_{12} - E\Delta_{12}) = 0$ などに，求められた E を代入して計算すれば波動関数が求められるが，$E = \dfrac{\mathcal{H}_{11} + \mathcal{H}_{12}}{1 + \Delta_{12}}$ の場合は

$$c_1\left(\mathcal{H}_{11} - \frac{\mathcal{H}_{11} + \mathcal{H}_{12}}{1 + \Delta_{12}}\right) + c_2\left(\mathcal{H}_{12} - \frac{\mathcal{H}_{11} + \mathcal{H}_{12}}{1 + \Delta_{12}}\Delta_{12}\right) = 0$$

から $c_1 = c_2$ の関係が得られる．同様にして，$E = \dfrac{\mathcal{H}_{11} - \mathcal{H}_{12}}{1 - \Delta_{12}}$ の場合は $c_1 = - c_2$ と求められる．波動関数はおのおの $\Psi_\pm = c_1(\chi_1 \pm \chi_2)$ となる．係数 c_1 は規格化条件から決定すればよい．すなわち

$$\langle \Psi_\pm | \Psi_\pm \rangle = 1$$
$$|c_1|^2 \{\langle \chi_1|\chi_1\rangle \pm \langle \chi_1|\chi_2\rangle \pm \langle \chi_2|\chi_1\rangle + \langle \chi_2|\chi_2\rangle\} = 1$$
$$|c_1|^2 (2 \pm 2\Delta_{12}) = 1$$
$$c_1 = \frac{1}{\sqrt{2 \pm 2\Delta_{12}}}$$

である．以上の結果をまとめると水素分子に対する解は次のようになり，変分法によって水素分子の近似解が求められた．

$$\Psi_\pm = \frac{1}{\sqrt{2 \pm 2\Delta_{12}}}(\Psi_{1s}{}^{A}(\boldsymbol{r}_1)\,\Psi_{1s}{}^{B}(\boldsymbol{r}_2) \pm \Psi_{1s}{}^{B}(\boldsymbol{r}_1)\,\Psi_{1s}{}^{A}(\boldsymbol{r}_2)), \quad E = \frac{\mathcal{H}_{11} \pm \mathcal{H}_{12}}{1 \pm \Delta_{12}}$$

具体的には，$\mathcal{H}_{11} = \mathcal{H}_{22}$，$\mathcal{H}_{12} = \mathcal{H}_{21}$ などの積分を計算する必要があるが，水素原子が独立に存在している場合の基底状態(1s 状態)のエネルギーは，分子を作ることによって2つのエネルギー準位に分離し，対称な波動関数で表される状態と反対称な波動関数で表される状態ができることがわかる．電子はフェルミ粒子であり，フェルミ粒子は反対称な波動関数で表される．したがって，これらの状態は空間以外の状態を表すスピンがそれぞれ反対称，対称となっていなければならない．すなわち，

$$\Psi_+ = \frac{1}{\sqrt{2 + 2\Delta_{12}}}(\Psi_{1s}{}^{A}(\boldsymbol{r}_1)\,\Psi_{1s}{}^{B}(\boldsymbol{r}_2) + \Psi_{1s}{}^{B}(\boldsymbol{r}_1)\,\Psi_{1s}{}^{A}(\boldsymbol{r}_2)), \quad E = \frac{\mathcal{H}_{11} + \mathcal{H}_{12}}{1 + \Delta_{12}}$$

で表される空間の波動関数が対称の状態では，2個の電子は異なったスピン状態をとり，すなわちスピンが反対称である．スピンが反対称な状態は一つ

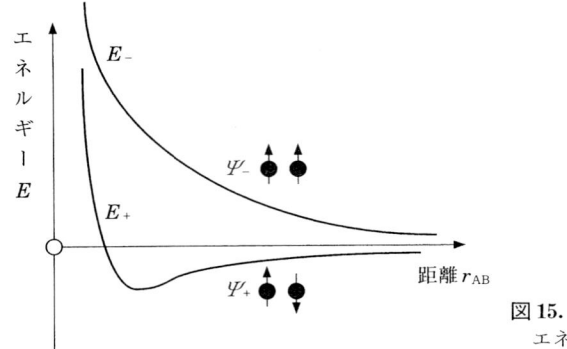

図 15.4 水素分子の
　　　　エネルギー

で，この状態はスピン1重項である．一方，

$$\Psi_- = \frac{1}{\sqrt{2-2\Delta_{12}}}(\Psi_{1s}^A(r_1)\Psi_{1s}^B(r_2) - \Psi_{1s}^B(r_1)\Psi_{1s}^A(r_2)), \quad E = \frac{\mathcal{H}_{11} - \mathcal{H}_{12}}{1 - \Delta_{12}}$$

で表される空間の波動関数が反対称の状態では2個の電子は同じスピン状態をとり，スピンは対称でなければならない．スピンが対称な状態は3種類あり，この状態はスピン3重項である．実際に $\mathcal{H}_{ij}$, Δ_{ij} 等の積分を求めた結果を使って，各状態のエネルギーを水素原子間距離 r_{AB} を横軸にとって表すと，図15.4のようになることが知られている．前者の状態のエネルギーが低くなるので，水素分子の基底状態は2個の電子が異なるスピンをもち空間の波動関数が対称な状態であることがわかる．しかも，そのエネルギーは水素原子が独立に存在する場合よりも低いので，分子を作る方が安定であることも理解できる．

問　　題

[1] $\mathcal{H} = -\frac{1}{2}\frac{d^2}{dx^2} + \frac{1}{2}x^2 + ax$ なるハミルトニアンで表されるバネ系における基底状態のエネルギーを変分法を用いて推定しなさい．この系は ax の余分なポテンシャルが加わってバネの強さが変わった 1 次元バネ系である．もともとのバネ系，$\mathcal{H}_0 = -\frac{1}{2}\frac{d^2}{dx^2} + \frac{\nu^2}{2}x^2$ の基底状態に対する波動関数とエネルギーは $X_0 = \left(\frac{\nu}{\pi}\right)^{1/4}\exp\left(-\frac{\nu}{2}x^2\right)$, $\varepsilon_0 = \nu/2$ である．この波動関数を試行関数として用い，ν を変分パラメータとしなさい．また，$\mathcal{H} = \mathcal{H}_0 + \frac{1}{2}(1-\nu^2)x^2 + ax$ であることを使いなさい．

16

散乱の問題

　散乱の問題は量子力学の応用問題として重要であるが，量子力学を理解する上で必ずしも必要というわけではない．この章は，散乱の問題を解く必要が生じたときに勉強を始める取り掛かりとして書いてあるので，散乱に興味のない読者はこの章は読み飛ばしてもよい．

　散乱を扱うための境界条件の導入，散乱断面積の概念等をまとめてあるので，参考にしてもらいたい．散乱の問題に関する解法の代表例として，部分波による方法とグリーン関数法をとり上げて説明した．

　［ポイント］散乱断面積について理解する

§16.1　散乱断面積

　ここでは，入射粒子が無限遠方から飛来し，標的である散乱体に衝突して，散乱され無限遠方に飛び去る問題を扱う．散乱の実験では，原子や原子核，素粒子などの標的にプローブとなる粒子をぶつけ，実験結果の解釈から標的の内部構造や相互作用等を知ることができる．また，プローブ粒子のエネルギー損失から固体やプラズマの性質を明らかにできる．したがって，散乱の問題を正確に扱うことは重要である．

　衝突の問題を量子力学的に扱うには，シュレーディンガー方程式を解けばよい．これは既にこれまでの章で勉強したことと基本的に同じである．しかし，これまでの章が束縛粒子の問題を扱ってきたのに対し，散乱の問題では

§16.1　散乱断面積

「粒子が無限遠方から飛来し，無限遠方に飛び去る」という境界条件が異なっている．たとえば，入射粒子として電子を，散乱体として陽子を考えると，これは第12章と第13章で勉強した水素原子の問題と同じで，全く同じシュレーディンガー方程式を解くことになる．しかし，水素原子の問題では電子は原子核に束縛されており，無限遠方では電子の存在確率は0とした．散乱の問題では無限遠方の粒子を考えなくてはならない．そこで散乱の問題では，その境界条件が扱いやすいように「散乱断面積」の概念を導入する．

簡単のために，水素原子の問題と同様に，散乱体（陽子）の質量 M が入射粒子（電子）の質量 m_e に比較して十分に大きいとする．散乱体の運動は無視できるとして，その中心を座標の原点 O とする．一般に，入射粒子が散乱体に衝突して散乱されるとき，入射粒子のエネルギーに変化がない場合を弾性散乱といい，入射粒子が散乱体にエネルギーの一部を与えて入射粒子のエネルギーが変化する場合を非弾性散乱という．いま考えている問題は弾性散乱である．非弾性散乱の場合は取扱いが面倒であるが，基本的な考え方は同じである．

系のシュレーディンガー方程式は，入射粒子の運動エネルギーとポテンシャルエネルギーから，

$$\left\{-\frac{\hbar^2}{2m_e}\nabla^2 + U(\boldsymbol{r})\right\}\Psi(\boldsymbol{r}) = \varepsilon\,\Psi(\boldsymbol{r})$$

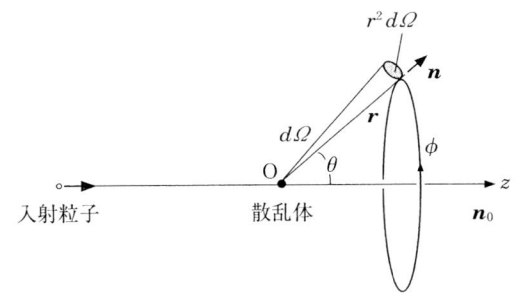

図 16.1　散乱

のように書ける．無限遠方にはポテンシャルはおよばないとして $r \to \infty$ のとき $U = 0$ とすると（厳密にはここでは $rU(r) \to 0$ とする），無限遠方にある入射粒子は自由粒子のように振舞い，エネルギーは

$$\varepsilon = \frac{\hbar^2 k^2}{2m_e}$$

と書くことができる．図 16.1 に示すように，粒子は z 方向（単位ベクトルを $\boldsymbol{n}_0$）に入射し r 方向（単位ベクトルを $\boldsymbol{n}$ とする）に散乱されるとする．入射粒子の波動関数は平面波 e^{ikz} で表される．e^{ikz} が波動関数で，それに対応するエネルギー固有値が ε であることは，$U = 0$ としたシュレーディンガー方程式に波動関数を代入してみれば確かめられる．いまの場合，水素原子の問題とは違ってエネルギー固有値は離散的でなく，連続的である．

［問］自由粒子に対する波動関数が平面波であることを，平面波の解をシュレーディンガー方程式に代入して確かめなさい．

また，原点にある散乱体で散乱された粒子を遠方から見ると，原点から発生する球面波のように見える．立体角 $d\Omega$ の r だけ離れた面 $r^2 d\Omega$ を通る粒子数は r にはよらないから，球面波は $e^{i\boldsymbol{k}\cdot\boldsymbol{r}}/r$ に比例する．結局，波動関数は遠方では入射平面波と散乱球面波の重ね合せとして，

$$\varPsi(\boldsymbol{r}) \sim e^{ikz} + f(\theta, \phi) \frac{e^{i\boldsymbol{k}\cdot\boldsymbol{r}}}{r} \tag{16.1}$$

のように近似できることになる．ここで，波動関数は規格化されていないが，散乱の問題では，入射粒子がどのように散乱されるかに興味があるので，規格化する必要はない．入射粒子の数を N とすると，微分散乱断面積 $\sigma(\theta, \phi)$ は，θ, ϕ 方向の立体角 $d\Omega = \sin\theta \, d\theta \, d\phi$ に見出される粒子の数 $N\sigma(\theta, \phi) d\Omega$ として定義され，**散乱振幅**（scattering amplitude）$f(\theta, \phi)$ とは

$$\sigma(\theta, \phi) \, d\Omega = |f(\theta, \phi)|^2 \, d\Omega \tag{16.2}$$

の関係にある．全散乱断面積 σ_{tot} は，これを立体角について積分した

$$\sigma_{\text{tot}} = \int \sigma(\theta, \phi) \, d\Omega = \int \sigma(\theta, \phi) \sin\theta \, d\theta \, d\phi \tag{16.3}$$

で定義される．散乱の問題は，これらの**散乱断面積** (scattering cross section) を求める問題である．

§16.2　中心力場による散乱

中心力場では，ポテンシャル $U(\boldsymbol{r})$ は原点からの距離 r だけの関数 $V(r)$ で表されるから，$U(\boldsymbol{r}) = V(r)$ と置いて，シュレーディンガー方程式は

$$\left\{ -\frac{\hbar^2}{2m_e} \nabla^2 + V(r) \right\} \Psi(\boldsymbol{r}) = \varepsilon \, \Psi(\boldsymbol{r})$$

である．中心力場における波動関数は，第12章と第13章で勉強したように変数分離形で書ける．角度 ϕ 方向と θ 方向については，散乱の問題も水素原子の問題も何ら違いはないので，第12章の結果を流用すれば，角度部分の波動関数が $P_l^m(\cos\theta) e^{im\phi}$ と書けることはすぐにわかる．したがって，波動関数は

$$\Psi(r, \theta, \phi) = \sum_{l=0}^{\infty} \sum_{m=-l}^{l} \frac{\chi_l(r)}{r} P_l^m(\cos\theta) \, e^{im\phi}$$

と表される．ここで，l は角運動量の大きさを表す方位量子数で $0, 1, 2, \cdots$ の整数，m は角運動量の z 成分を表す磁気量子数で $-l, -l+1, \cdots, l$ の整数である．ただし，z 方向に入射した粒子の散乱を扱う問題では系の対称性から，波動関数は角度 ϕ によらないはずであるから，$m = 0$ の項だけで表されるはずである．

$$\Psi(r, \theta) = \sum_{l=0}^{\infty} \frac{\chi_l(r)}{r} P_l(\cos\theta) \tag{16.4}$$

また，動径波動関数 χ_l は式(13.1)

$$-\frac{\hbar^2}{2m_e} \frac{d^2 \chi_l}{dr^2} + \left\{ V(r) + \frac{\hbar^2}{2m_e} \frac{l(l+1)}{r^2} \right\} \chi_l = \varepsilon \, \chi_l$$

を満たす．動径方向の波動関数は，水素原子の問題と散乱の問題で境界条件が異なるので，改めて解き直さなければならない．以下，問題が扱いやすいように，エネルギーとポテンシャルを $\varepsilon = \dfrac{\hbar^2 k^2}{2m_e}$，$\nu(r) = \dfrac{2m_e}{\hbar^2} V(r)$ と置き換えると，式(13.1)は

$$\frac{d^2 \chi_l}{dr^2} + \left\{ k^2 - \frac{l(l+1)}{r^2} \right\} \chi_l = \nu(r)\, \chi_l \tag{16.5}$$

となる．次に，付録 A 2.2 にある水素原子に対する動径シュレーディンガー方程式の解法を参考にして，式(16.5)の微分方程式を境界条件に合うように解いてみよう．この問題に対する境界条件は，関数が無限遠方で

$$\Psi \sim \mathrm{e}^{ikz} + f(\theta)\, \frac{\mathrm{e}^{ikr}}{r} \tag{16.6}$$

となることである．

式(16.5)において，無限遠方で主要な項は k^2 の項であって，ポテンシャルや $1/r^2$ に比例する項は無視できるので，

$$\frac{d^2 \chi_l}{dr^2} \sim -k^2 \chi_l$$

と近似できる．この微分方程式の解で，無限遠方で発散しないものは

$$\chi_l = c_1\, \mathrm{e}^{-ikr} + c_2\, \mathrm{e}^{ikr}$$

である．ただし，粒子がどこからも湧き出してこないとすれば，プラス方向に進む粒子とマイナス方向に進む粒子の存在確率は同じであるから，係数の絶対値は等しくなければならない．

$$|c_1|^2 = |c_2|^2$$

この条件を満たし，あとあとの整理に都合がいいように，係数を

$$c_1 = \frac{-C_l}{2ik} \exp\left[-i\left(\delta_l - \frac{l\pi}{2} \right) \right]$$

$$c_2 = \frac{C_l}{2ik} \exp\left[i\left(\delta_l - \frac{l\pi}{2} \right) \right]$$

と置くと，解は

$$\chi_l = \frac{C_l}{k} \sin\left(kr - \frac{l\pi}{2} + \delta_l\right) \tag{16.7}$$

となる．これを式(16.4)に代入すると，無限遠方の波動関数は，

$$\Psi(r, \theta) \approx \sum_{l=0}^{\infty} \frac{C_l}{kr} \sin\left(kr - \frac{l\pi}{2} + \delta_l\right) P_l(\cos\theta) \tag{16.8}$$

と表されるはずである．式(16.8)は，式(16.6)と一致していなければならない．そこで，2つの式が一致するように，定数 C_l と δ_l を決めてみよう．そのために，式(16.6)を $P_l(\cos\theta)$ で展開して表す．まず，第1項を

$$\mathrm{e}^{ikz} = \mathrm{e}^{ikr\cos\theta} = \sum_{l=0}^{\infty} g_l(r) \, P_l(\cos\theta)$$

と展開する．展開係数を求めるには，直交性とルジャンドル関数の性質を使って，

$$\begin{aligned}
\int_0^\pi \mathrm{e}^{ikr\cos\theta} P_l(\cos\theta) \sin\theta \, d\theta &= \sum_{l'=0}^{\infty} g_{l'}(r) \int_{-1}^{1} P_{l'}(x) \, P_l(x) \, dx \\
&= g_l(r) \int_{-1}^{1} \{P_l(x)\}^2 \, dx \\
&= \frac{2}{2l+1} g_l(r)
\end{aligned} \tag{16.9}$$

であるから，

$$g_l(r) = \frac{2l+1}{2} \int_0^\pi \mathrm{e}^{ikr\cos\theta} P_l(\cos\theta) \sin\theta \, d\theta$$

を計算すればよいことがわかる．式(16.9)の積分計算と同様に，変数を $x \equiv \cos\theta$ と置き換え，部分積分をくり返し行うと

$$\begin{aligned}
g_l(r) &= \frac{2l+1}{2} \int_{-1}^{1} \mathrm{e}^{ikrx} P_l(x) \, dx \\
&= \frac{2l+1}{2} \left\{ \frac{1}{ikr} \left[\mathrm{e}^{ikrx} P_l(x) \right]_{-1}^{1} - \frac{1}{ikr} \int_{-1}^{1} \mathrm{e}^{ikrx} P_l'(x) \, dx \right\} \\
&= \frac{2l+1}{2} \left\{ \frac{1}{ikr} \left[\mathrm{e}^{ikrx} P_l(x) \right]_{-1}^{1} \right. \\
&\qquad \left. + \frac{1}{(kr)^2} \left[\mathrm{e}^{ikrx} P_l'(x) \right]_{-1}^{1} - \frac{1}{(kr)^2} \int_{-1}^{1} \mathrm{e}^{ikrx} P_l''(x) \, dx \right\}
\end{aligned}$$

となるので，r が十分に大きい極限では係数は $1/r$ の高次の項は省略して
$$g_l(r) \approx \frac{2l+1}{2}\frac{1}{ikr}\{e^{ikr} - (-1)^l e^{-ikr}\}$$
と求まる．

次に，式(16.6)の第 2 項を
$$f(\theta) \equiv \sum_{l=0}^{\infty} \frac{2l+1}{2ik} a_l P_l(\cos\theta) \tag{16.10}$$
のように置くと，式(16.6)は結局，
$$\Psi \sim e^{ikz} + f(\theta)\frac{e^{ikr}}{r}$$
$$= \sum_{l=0}^{\infty}\frac{2l+1}{2}\frac{1}{ikr}\{e^{ikr} - (-1)^l e^{-ikr}\} P_l(\cos\theta)$$
$$+ \sum_{l=0}^{\infty}\frac{2l+1}{2ik} a_l P_l(\cos\theta)\frac{e^{ikr}}{r}$$
$$= \sum_{l=0}^{\infty}\frac{2l+1}{2ikr}\{(1+a_l)e^{ikr} - (-1)^l e^{-ikr}\} P_l(\cos\theta)$$
のように，$P_l(\cos\theta)$ で展開した形に書ける．この式を式(16.8)と比較してみれば，
$$C_l e^{-i(l\pi/2-\delta_l)} = (2l+1)(1+a_l)$$
$$C_l e^{i(l\pi/2-\delta_l)} = (2l+1)(-1)^l$$
でなければならないことがわかる．これを整理すると，
$$C_l = (2l+1)\,i^l\,e^{i\delta_l}$$
$$a_l = e^{2i\delta_l} - 1$$
の関係が得られる．これらの定数を式(16.10)に代入すると，散乱振幅は
$$f(\theta) = \sum_{l=0}^{\infty}\frac{2l+1}{2ik}(e^{2i\delta_l} - 1) P_l(\cos\theta)$$
となり，微分断面積は
$$\sigma(\theta) = \sum_{l=0}^{\infty}\sum_{l'=0}^{\infty}\frac{(2l+1)(2l'+1)}{4k^2}(e^{2i\delta_l}-1)(e^{-2i\delta_{l'}}-1) P_l(\cos\theta) P_{l'}(\cos\theta)$$
のように求められる．さらに，全断面積はこれを積分して，

§16.2 中心力場による散乱

$$\sigma_{\text{tot}} = \int \sigma(\theta)\, d\Omega$$

$$= \sum_{l=0}^{\infty} \sum_{l'=0}^{\infty} \frac{(2l+1)(2l'+1)}{4k^2} (e^{2i\delta_l}-1)(e^{-2i\delta_{l'}}-1)$$

$$\times \int P_l(\cos\theta)\, P_{l'}(\cos\theta)\, d\Omega$$

$$= \sum_{l=0}^{\infty} \frac{2l+1}{2k^2} (1 - e^{2i\delta_l} - e^{-2i\delta_l} + 1)\, 2\pi$$

$$= \frac{4\pi}{k^2} \sum_{l=0}^{\infty} (2l+1)\sin^2\delta_l \tag{16.11}$$

と計算される.なお,ここで,次のルジャンドル関数の性質を用いた.

$$\int_{-1}^{1} P_l(x)\, P_{l'}(x)\, dx = 0 \qquad l \neq l'$$

$$= \frac{2}{2l+1} \qquad l = l'$$

式(16.11)は,l に関する和になっており,各項がそれぞれ角運動量(の2乗)が $\hbar^2 l(l+1)$ である粒子の散乱断面積と考えることができる.ここで述べたような,全体の波を l が異なる波の和として扱う方法を**部分波**(partial wave)の方法という場合がある.水素原子の問題の類似性から,$l=0$ の状態を s 波,$l=1$ を p 波,$l=2$ を d 波とよぶ.δ_l は,ポテンシャル $V(r)=0$ の場合,すなわち自由粒子の場合からの位相のずれを表しており,位相定数または**位相のずれ**(phase shift)とよばれる.中心力場では部分波に対する位相定数 δ_l が求められれば,式(16.11)から散乱断面積が計算できる.

簡単な例題として,図 16.2 のようにポテンシャルが

$$U(r) = -U_0 \qquad r < a$$
$$= 0 \qquad r > a$$

で表される(井戸型ポテンシャル)中心力場による散乱を考えてみる.入射粒子の運動量を $\hbar k$ とすると,角運動量は腕の長さ b を掛けて $b\hbar k$ と見積られる.古典的に考えると,**衝突パラメータ**(impact parameter)b が有限

(a) 井戸型ポテンシャル　　(b) 衝突パラメータ

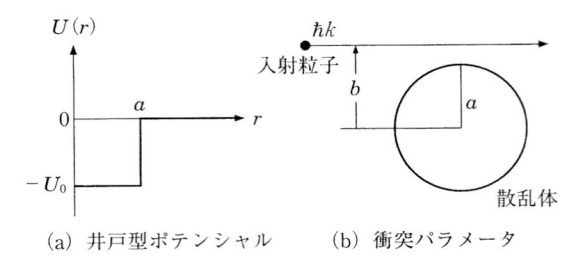

図 **16.2**　井戸型ポテンシャルによる散乱

なポテンシャルの範囲 $b<a$ に入らなければ作用を受けないから散乱されない．つまり，散乱されるためには，$\hbar l \approx b\hbar k < a\hbar k$ すなわち $l < ak$ でなくてはならないと考えられる．いま，入射粒子のエネルギーが十分に低く，低速で $ak < 1$ とみなせる場合を考えると，l は $0, 1, 2, \cdots$ の整数であるから散乱が起こるのは $l=0$ の s 波だけと考えてよい．このときの散乱断面積は式 (16.11) で，$l=0$ の項だけをとって

$$\sigma_{\text{tot}} = \frac{4\pi}{k^2}\sin^2\delta_0$$

となり，対応する動径波動関数は式 (16.7) を使って

$$\chi_0 = \frac{C_0}{k}\sin(kr+\delta_0)$$

である．さて，$U_0 = -\infty$ の場合を考えると，これは粒子がポテンシャルの中に入り込めない剛体球を表している．このとき，波動関数は内部での粒子の存在確率が 0 であるから，境界条件として $\chi_0(a)=0$ を満たさなくてはならない．このときの位相定数は $\sin(ka+\delta_0)=0$ から $\delta_0 = -ka$ と求まる．散乱断面積は $\sigma_{\text{tot}} = (4\pi/k^2)\sin^2 ka$ であるが，$ka<1$ の条件を考慮すると，$\sigma_{\text{tot}} = 4\pi a^2$ と近似できる．半径 a の剛体球に対する散乱断面積は $4\pi a^2$ であって，直感と一致していることがわかる．

§16.3 グリーン関数による解法

散乱の問題は，一般の固有値問題と同様，解析的に解ける場合は少なく，何らかの近似法によらなければならない．ここでは，散乱の境界条件をとり込んだ近似法として，グリーン関数法について勉強しておく．この方法は，固体の中の電子状態を計算する代表的な計算方法の一つになっている．

§16.1 と同じく，シュレーディンガー方程式

$$\left\{-\frac{\hbar^2}{2m_e}\nabla^2 + U(\boldsymbol{r})\right\}\Psi(\boldsymbol{r}) = \varepsilon\,\Psi(\boldsymbol{r})$$

を考える．ここで，エネルギーとポテンシャルを

$$\varepsilon = \frac{\hbar^2 k^2}{2m_e}$$

$$\nu(r) = \frac{2m_e}{\hbar^2} U(\boldsymbol{r})$$

と置いて，式を見やすくすると，

$$(\nabla^2 + k^2)\,\Psi(\boldsymbol{r}) = \nu(r)\,\Psi(\boldsymbol{r})$$

が解くべき微分方程式である．

さて，一般に，微分方程式

$$(\nabla^2 + k^2)\,\Psi(\boldsymbol{r}) = F(\boldsymbol{r}) \tag{16.12}$$

の解は，右辺をディラックのデルタ関数で置いた微分方程式

$$(\nabla^2 + k^2)\,G(\boldsymbol{r},\boldsymbol{r}') = \delta(\boldsymbol{r} - \boldsymbol{r}') \tag{16.13}$$

の解 $G(\boldsymbol{r},\boldsymbol{r}')$ が求められれば

$$\Psi(\boldsymbol{r}) = \int G(\boldsymbol{r},\boldsymbol{r}')\,F(\boldsymbol{r}')\,d\boldsymbol{r}' + [(\nabla^2 + k^2)\,\Psi(\boldsymbol{r}) = 0\,\text{の解}] \tag{16.14}$$

として与えられることがわかっている．この関数 $G(\boldsymbol{r},\boldsymbol{r}')$ を**グリーン関数**(Green's function) という．式(16.14)が元の微分方程式の解になることは，式(16.14)を式(16.12)に代入して確かめられる．すなわち

$$(\nabla^2 + k^2)\,\Psi(\boldsymbol{r}) = (\nabla^2 + k^2)\Big\{\int G(\boldsymbol{r},\boldsymbol{r}')\,F(\boldsymbol{r}')\,d\boldsymbol{r}'$$
$$+ [(\nabla^2 + k^2)\,\Psi(\boldsymbol{r}) = 0\text{ の解}]\Big\}$$
$$= \int (\nabla^2 + k^2)\,G(\boldsymbol{r},\boldsymbol{r}')\,F(\boldsymbol{r}')\,d\boldsymbol{r}' + 0$$
$$= \int \delta(\boldsymbol{r}-\boldsymbol{r}')\,F(\boldsymbol{r}')\,d\boldsymbol{r}' + 0 = F(\boldsymbol{r})$$

である．さて，微分方程式
$$(\nabla^2 + k^2)\,\Psi(\boldsymbol{r}) = 0$$
の解は，入射粒子そのものの波動関数であるから，平面波
$$\Psi(\boldsymbol{r}) = e^{ikz} \tag{16.15}$$
であることがすぐにわかる．したがって，グリーン関数が求められれば，式(16.14)を使って波動関数が書けることになる．

次にグリーン関数を求めてみよう．簡単のために，$\boldsymbol{r}'$ を省略して書くと，
$$(\nabla^2 + k^2)\,G(\boldsymbol{r}) = \delta(\boldsymbol{r}) \tag{16.16}$$
の解を求めればよい．$G(\boldsymbol{r})$ と $\delta(\boldsymbol{r})$ をフーリエ変換し，
$$G(\boldsymbol{r}) = \frac{1}{(2\pi)^3}\int_{-\infty}^{\infty}\Gamma(\boldsymbol{q})\,e^{i\boldsymbol{q}\cdot\boldsymbol{r}}\,d\boldsymbol{q} \tag{16.17}$$
$$\delta(\boldsymbol{r}) = \frac{1}{(2\pi)^3}\int_{-\infty}^{\infty}e^{i\boldsymbol{q}\cdot\boldsymbol{r}}\,d\boldsymbol{q} \tag{16.18}$$
これらを式(16.16)に代入すると，
$$(\nabla^2 + k^2)\frac{1}{(2\pi)^3}\int_{-\infty}^{\infty}\Gamma(\boldsymbol{q})\,e^{i\boldsymbol{q}\cdot\boldsymbol{r}}\,d\boldsymbol{q} = \frac{1}{(2\pi)^3}\int_{-\infty}^{\infty}e^{i\boldsymbol{q}\cdot\boldsymbol{r}}\,d\boldsymbol{q}$$
$$\frac{1}{(2\pi)^3}\int_{-\infty}^{\infty}\{\Gamma(\boldsymbol{q})(-q^2)\,e^{i\boldsymbol{q}\cdot\boldsymbol{r}} + k^2\Gamma(\boldsymbol{q})\,e^{i\boldsymbol{q}\cdot\boldsymbol{r}}\}\,d\boldsymbol{q} = \frac{1}{(2\pi)^3}\int_{-\infty}^{\infty}e^{i\boldsymbol{q}\cdot\boldsymbol{r}}\,d\boldsymbol{q}$$
であるから，
$$\Gamma(\boldsymbol{q}) = \frac{1}{-q^2 + k^2}$$
と求まる．この結果を式(16.17)に代入すれば，グリーン関数は

§16.3 グリーン関数による解法

$$\begin{aligned}
G(\boldsymbol{r}) &= -\frac{1}{(2\pi)^3} \int \frac{1}{q^2 - k^2} \mathrm{e}^{i\boldsymbol{q}\cdot\boldsymbol{r}} \, d\boldsymbol{q} \\
&= -\frac{1}{(2\pi)^3} \int_0^\infty \frac{1}{q^2 - k^2} \left\{ \int_0^\pi \mathrm{e}^{iqr\cos\theta} \sin\theta \, d\theta \int_0^{2\pi} d\phi \right\} q^2 \, dq \\
&= -\frac{1}{(2\pi)^2} \int_0^\infty \frac{1}{q^2 - k^2} \frac{1}{iqr} \{\mathrm{e}^{iqr} - \mathrm{e}^{-iqr}\} q^2 \, dq \\
&= -\frac{1}{2\pi r} \frac{1}{2} \int_{-\infty}^\infty \frac{1}{2\pi i} \frac{1}{2} \left\{ \frac{1}{q-k} + \frac{1}{q+k} \right\} \{\mathrm{e}^{iqr} - \mathrm{e}^{-iqr}\} \, dq \\
&= -\frac{1}{4\pi r} \mathrm{e}^{ikr}
\end{aligned}$$

のように求められる．ここで，q についての積分は複素積分の留数定理を用いて行った．

なお，デルタ関数が式(16.18)のように表せることは，デルタ関数のフーリエ積分を形式的に書いてみればわかる．量子力学の計算では，デルタ関数の表式(16.18)はよく使われるので，道筋からはずれるが，ここで簡単に説明しておこう．簡単のために1次元で考えると，任意の関数 $f(x)$ はフーリエ変換を使って，

$$f(x) = \frac{1}{2\pi} \int_{-\infty}^\infty F(k) \, \mathrm{e}^{ikx} \, dk$$

と書ける．フーリエ逆変換は

$$F(k) = \int_{-\infty}^\infty f(x') \, \mathrm{e}^{-ikx'} \, dx'$$

と書けるので，これを元の式に代入すると

$$\begin{aligned}
f(x) &= \frac{1}{2\pi} \int_{-\infty}^\infty \int_{-\infty}^\infty f(x') \, \mathrm{e}^{-ikx'} \mathrm{e}^{ikx} \, dx' \, dk \\
&= \int_{-\infty}^\infty f(x') \left\{ \frac{1}{2\pi} \int_{-\infty}^\infty \mathrm{e}^{ik(x-x')} \, dk \right\} dx'
\end{aligned}$$

となり，デルタ関数の定義から

$$\frac{1}{2\pi} \int_{-\infty}^\infty \mathrm{e}^{ik(x-x')} \, dk = \delta(x - x')$$

であることがわかる．

元にもどって，結局，求められたグリーン関数

$$G(\bm{r}, \bm{r}') = -\frac{1}{4\pi|\bm{r}-\bm{r}'|} e^{ik|r-r'|}$$

と式(16.15)の解を式(16.14)に代入して，波動関数は形式的に

$$\Psi(\bm{r}) = e^{ikz} - \frac{1}{4\pi} \int \frac{e^{ik|r-r'|}}{|\bm{r}-\bm{r}'|} \nu(\bm{r}') \Psi(\bm{r}') d\bm{r}' \quad (16.19)$$

のように書き表せる．ただし，右辺の積分の中に波動関数が現れているので，解が求められたわけではなく，もともとの微分方程式が積分方程式に書き直されたにすぎない．しかし，式(16.19)にはすでに境界条件が入っており，また近似しやすい形になっている．

式(16.19)の第1項は，z方向の単位ベクトルが $\bm{n}_0$ であるから，$kz = (k\bm{n})\cdot(r\bm{n}_0) = (k\bm{n}_0)\cdot(r\bm{n}) = \bm{k}_0\cdot\bm{r}$ と書けることに注意し，積分の中の波動関数に左辺の解を逐次代入していくと，解は

$$\begin{aligned}
\Psi(\bm{r}) &= e^{i\bm{k}_0\cdot\bm{r}} - \frac{1}{4\pi} \int \frac{e^{ik|r-r'|}}{|\bm{r}-\bm{r}'|} \nu(\bm{r}') e^{i\bm{k}_0\cdot\bm{r}'} d\bm{r}' \\
&\quad + \frac{1}{(4\pi)^2} \int \frac{e^{ik|r-r'|}}{|\bm{r}-\bm{r}'|} \nu(\bm{r}') \left\{ \int \frac{e^{ik|r'-r''|}}{|\bm{r}'-\bm{r}''|} \nu(\bm{r}'') e^{i\bm{k}_0\cdot\bm{r}''} d\bm{r}'' \right\} d\bm{r}' + \cdots
\end{aligned}$$
$$(16.20)$$

のように求められる．ポテンシャルの影響が小さければ，逐次代入によって，良い近似解を得ることができるので便利である．式(16.20)は波動関数をポテンシャルの**べき**で展開した形であって，摂動論の別の表現方法になっている．第1次近似は特に**ボルン近似**（Born's approximation）とよばれる．

次に，微分断面積を求めておく．図16.3に示すように，ポテンシャル $V(r')$ がおよぶ範囲，つまりポテンシャルが0でなく有限で積分に寄与する範囲は散乱体の大きさで原子程度の大きさであり，実験的に散乱を観察する距離 r はそれよりもずっと離れた距離である．そこで，$\bm{n}$ を散乱方向の単位ベクトルとして，$|\bm{r}-\bm{r}'|$ を r'/r について展開すると，

§16.3 グリーン関数による解法

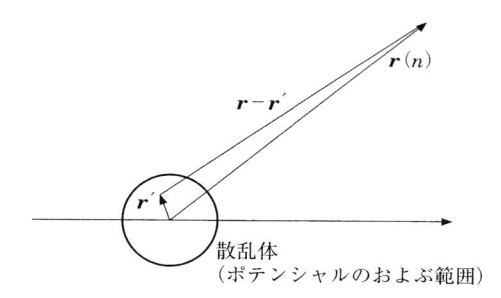

図 16.3 散乱の位置関係

散乱体
（ポテンシャルのおよぶ範囲）

$$|\bm{r}-\bm{r}'| = \sqrt{r^2 - 2\,\bm{r}\cdot\bm{r}' + r'^2}$$
$$= r\sqrt{1 - 2\frac{\bm{r}}{r}\cdot\frac{\bm{r}'}{r} + \left(\frac{r'}{r}\right)^2}$$
$$= r\sqrt{1 - 2\frac{\bm{n}\cdot\bm{r}'}{r} + \left(\frac{r'}{r}\right)^2}$$

であるから，r'/r の1次の範囲で近似して，

$$|\bm{r}-\bm{r}'| \approx r\left(1 - \frac{\bm{n}\cdot\bm{r}'}{r}\right)$$

$$\frac{1}{|\bm{r}-\bm{r}'|} \approx \frac{1}{r}$$

と近似してよい．これらを式(16.19)に代入すると，漸近形は

$$\varPsi(\bm{r}) = e^{ikz} - \frac{e^{ikr}}{4\pi r}\int e^{-ik\bm{n}\cdot\bm{r}'}\,\nu(\bm{r}')\,\varPsi(\bm{r}')\,d\bm{r}'$$

となる．散乱方向の波数ベクトルは $k\bm{n} = \bm{k}$ であることを用いて，散乱振幅は

$$f(\theta,\phi) = -\frac{1}{4\pi}\int e^{-ik\bm{n}\cdot\bm{r}'}\,\nu(\bm{r}')\,\varPsi(\bm{r}')\,d\bm{r}'$$
$$= -\frac{1}{4\pi}\int e^{-i\bm{k}\cdot\bm{r}'}\,\nu(\bm{r}')\,\varPsi(\bm{r}')\,d\bm{r}'$$
$$= -\frac{m_e}{2\pi\hbar^2}\int e^{-i\bm{k}\cdot\bm{r}}\,U(\bm{r})\,\varPsi(\bm{r})\,d\bm{r}$$

のように波動関数を使って表現できる．したがって，微分散乱断面積は

$$\sigma(\theta,\phi)\,d\Omega = \left(\frac{m_e}{2\pi\hbar^2}\right)^2 \left|\int e^{-i\boldsymbol{k}\cdot\boldsymbol{r}} U(\boldsymbol{r})\,\Psi(\boldsymbol{r})\,d\boldsymbol{r}\right|^2 d\Omega \qquad (16.21)$$

となる．

微分散乱断面積に速度 $\hbar k/m_e$ を掛けた量は，散乱中心から距離 r 離れたところの面積 $r^2 d\Omega$ を単位時間に通過する粒子数，つまり単位時間に立体角 $d\Omega$ に散乱される粒子数を表している．したがって，単位時間当りの遷移確率に対応するものである．また，第10章で勉強したように，$\boldsymbol{k}$ と $\boldsymbol{k}+d\boldsymbol{k}$ の間にある状態の数は状態密度 $\rho(\varepsilon)$ を使って，$\varepsilon = \hbar^2 k^2/2m_e$ であることを考慮すると，

$$\frac{L^3}{(2\pi)^3}\,d\boldsymbol{k} = \frac{L^3}{(2\pi)^3}\,k^2\,dk\,d\Omega = \frac{L^3}{(2\pi)^3}\frac{m_e k}{\hbar^2}\,d\varepsilon\,d\Omega = \rho(\varepsilon)\,d\varepsilon$$

と書くことができる．これを使って単位時間当りの遷移確率を表すと

$$\frac{\hbar k}{m_e}\,\sigma(\theta,\phi)\,d\Omega = \frac{2\pi}{\hbar}\left|\int e^{-i\boldsymbol{k}\cdot\boldsymbol{r}} U(\boldsymbol{r})\,\Psi(\boldsymbol{r})\,d\boldsymbol{r}\right|^2 \frac{m_e k}{(2\pi)^3 \hbar^2}\,d\Omega$$

$$= \frac{2\pi}{\hbar}\left|\int e^{-i\boldsymbol{k}\cdot\boldsymbol{r}} U(\boldsymbol{r})\,\Psi(\boldsymbol{r})\,d\boldsymbol{r}\right|^2 \rho(\varepsilon)$$

となる．ボルン近似では，

$$\frac{\hbar k}{m_e}\,\sigma(\theta,\phi)\,d\Omega = \frac{2\pi}{\hbar}\left|\int e^{-i\boldsymbol{k}\cdot\boldsymbol{r}} U(\boldsymbol{r})\,e^{-i\boldsymbol{k}_0\cdot\boldsymbol{r}}\,d\boldsymbol{r}\right|^2 \rho(\varepsilon)$$

である．これは摂動論で求めたフェルミの黄金律 式(14.22)と一致している．

問　　題

[1] 井戸型ポテンシャル

$$U(r) = -U_0 \qquad r < a$$
$$ = 0 \qquad r > a$$

による散乱の散乱振幅を，ボルン近似を使って求めなさい．

17

行列力学の基礎

　これまでに学んだ Schrödinger のやり方は量子力学を記述する一つの方法であるが，唯一ではない．量子力学が作られる過程では，Heisenberg らの行列形式による記述方法が重要な役割を果たした．現在では，見かけが異なるこれらの記述方法は本質的に同一の内容を表していることがわかっている．入門者はまずシュレーディンガー方程式がわかればよいが，量子力学を実際に使いこなすにはいろいろな方法を場面に応じて使い分けるとよい．

　[ポイント]　行列による量子力学の記述

§17.1　ディラックの表記法

　昔々，量子力学の世界には二つの強大な勢力があった．一つはこれまで主に勉強してきた Schrödinger に代表される波動力学である．もう一つは Bohr や Heisenberg に代表される**行列力学**とよばれる勢力である．Schrödinger は「物理量は演算子で，状態は波動関数で表され，系の状態はシュレーディンガー方程式で記述される」とした．一方，Heisenberg 達は「物理量は行列で，状態はベクトルで表され，系の状態は行列を対角化することによって与えられる」とした．このように，見かけ上は全く異なる理論であるのに，面白いことに交換関係だけは一致している．代数で習ったように，行列 A と行列 B の積は一般に掛ける順番によって結果が異なり $AB \neq BA$ であるが，これは演算子の交換関係に相当している．

17. 行列力学の基礎

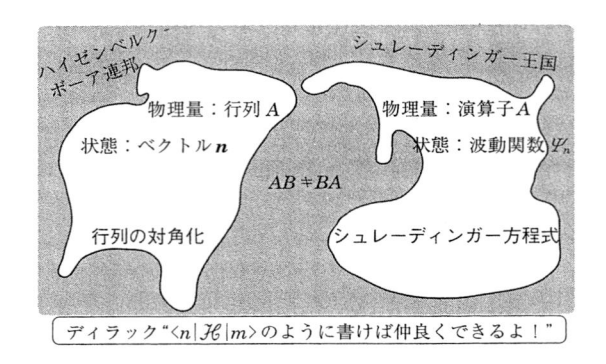

図17.1 量子力学言語の方言

(図中)
ハイゼンベルク-ボーア連邦：物理量：行列 A、状態：ベクトル n、行列の対角化
シュレーディンガー王国：物理量：演算子 A、状態：波動関数 Ψ_n、シュレーディンガー方程式
$AB \neq BA$
ディラック"$\langle n|\mathcal{H}|m\rangle$のように書けば仲良くできるよ！"

さてどちらも，実験結果をよく説明することができたが，その出発点となった物理的イメージが全く異なったため論争が続いた．しかし，現在では実は二つの理論は表現が異なるだけで，数学的には同等な内容であることがわかっている．二つの理論は量子力学の世界を表す方言だったわけである．ここでは物理的な解釈には触れないが，二つの方言にはニュアンスに微妙な違いがある．量子力学を深く学ぼうとする人には朝永博士の著書などでハイゼンベルクの行列力学がどのようにして形作られたか勉強することをおすすめする．

さて，第14章でディラックの記号について簡単に触れたが，ディラックの記号は単に省略記号として便利なだけでなく，量子力学の二つの方言を統一的に表現できるので，量子力学の世界をさらに深く理解するのに都合がよい．積分 $\int \Psi_k{}^* A \Psi_n \, d\tau$ はディラックの記号で $\langle \Psi_k|A|\Psi_n\rangle$ のように書くことにしたが，これはいろいろな k 状態と n 状態に対する値を表しているので，行列（マトリクス）の成分と見ることもできる．

§17.1 ディラックの表記法

$$\langle \Psi_k | A | \Psi_n \rangle = \begin{pmatrix} A_{11} & A_{12} & A_{13} & \cdot \\ A_{21} & A_{22} & A_{23} & \cdot \\ A_{31} & A_{32} & A_{33} & \cdot \\ \cdot & \cdot & \cdot & \cdot \\ \cdot & \cdot & \cdot & \cdot \end{pmatrix}$$

行列であることは積分を $A_{kn} = \int \Psi_k{}^* A \Psi_n \, d\boldsymbol{r}$ と書くと，より直感的に理解できるかもしれない．そこで，元の積分による定義は忘れてしまって，$\langle \Psi_k | A | \Psi_n \rangle$ は行列であるとする．

この記号はもともと一つで意味があったわけであるが，$\langle \Psi_k | A | \Psi_n \rangle$ を行列と思うと両側の $\langle \Psi_k |$ や $| \Psi_n \rangle$ はベクトルのように見える．Dirac は波動関数をベクトルとして扱い，$\langle \Psi_k |$ を**ブラベクトル** (bra-vector)，$| \Psi_n \rangle$ を**ケットベクトル** (ket-vector) と名づけた．これは括弧 $\langle \ \rangle$ (braket) の前半 $\langle$ のベクトルと，後半 $\rangle$ のベクトルの意味である．実際，波動関数は任意の完全規格直交関数 $\varphi_1, \varphi_2, \varphi_3, \cdots$ で展開でき，たとえば $\Psi_n = c_1 \varphi_1 + c_2 \varphi_2 + c_3 \varphi_3 + \cdots$ と表せるので，規格直交関数系が決まっていれば，展開係数 $c_1, c_2, c_3, \cdots$ の組を使って，同じ内容を表現することができる．つまり，波動関数 Ψ_n と展開係数の組 $c_1, c_2, c_3, \cdots$ は表現法が違うだけで同じ内容を表すことができる．このような数の組はベクトルである．そこで，過去のいきさつは忘れて，$| \Psi_n \rangle$ 等をベクトルとして扱ってみよう．つまり，

$$| \Psi_n \rangle = \begin{pmatrix} c_1 \\ c_2 \\ c_3 \\ \cdot \\ \cdot \\ \cdot \end{pmatrix}$$

と考える．同じように，

$$\langle \Psi_k | = (d_1{}^*, d_2{}^*, d_3{}^*, \cdots)$$

である．ここで複素共役にした理由は，もともと左側から掛けて積分する波動関数が複素共役をとる約束になっているからである．また，列ベクトルで

なく行ベクトルで書いてある理由は，$\int \Psi_n{}^* \Psi_n \, d\boldsymbol{r} = \langle \Psi_n | \Psi_n \rangle$ などを計算したとき，左辺の積分が

$$\int (c_1{}^*\varphi_1{}^* + c_2{}^*\varphi_2{}^* + c_3{}^*\varphi_3{}^* + \cdots)(c_1\varphi_1 + c_2\varphi_2 + c_3\varphi_3 + \cdots) \, d\boldsymbol{r}$$
$$= |c_1|^2 + |c_2|^2 + |c_3|^2 + \cdots$$

と計算されるのに対し，これと同じ結果が通常のベクトル演算で得られるようにするためである．すなわち，右辺は

$$\langle \Psi_n | \Psi_n \rangle = (c_1{}^*, c_2{}^*, c_3{}^*, \cdots) \begin{pmatrix} c_1 \\ c_2 \\ c_3 \\ \cdot \\ \cdot \\ \cdot \end{pmatrix}$$
$$= c_1{}^* c_1 + c_2{}^* c_2 + c_3{}^* c_3 + \cdots$$

と計算されるので，両者の結果が一致する．以上のように約束しておけば，ディラックの表記法でシュレーディンガーのやり方もハイゼンベルクの方法も統一的に記述できる．

§17.2 行列力学

ここでは，ハイゼンベルクの行列力学の方法をシュレーディンガーの方法と対比させて簡単に述べておこう．まず，代数を復習して物理量を表す演算子または行列の性質を再確認しておこう．ここでは特に次の重要な性質を勉強しよう．

物理量を表す行列（または演算子）はエルミート行列（または演算子）である．

代数で習ったように**エルミート行列**（Hermitian matrix）とは，行列 A

§17.2 行列力学

$$A = \begin{pmatrix} a_{11} & a_{12} & a_{13} & \cdot \\ a_{21} & a_{22} & a_{23} & \cdot \\ a_{31} & a_{32} & a_{33} & \cdot \\ \cdot & \cdot & \cdot & \cdot \end{pmatrix}$$

の行と列を入れ替え，複素共役をとった**転置共役行列**（adjoint matrix）

$$\tilde{A}^* = \begin{pmatrix} a_{11}^* & a_{21}^* & a_{31}^* & \cdot \\ a_{12}^* & a_{22}^* & a_{32}^* & \cdot \\ a_{13}^* & a_{23}^* & a_{33}^* & \cdot \\ \cdot & \cdot & \cdot & \cdot \end{pmatrix}$$

が，元の行列と等しい，$A = \tilde{A}^*$ の性質をもった行列である．$\tilde{A}^*$ を $A^\dagger$ と書く．

さてすでに第4章で勉強したように，われわれが実際に観察できる量は実数でなければならないので，物理量の固有値は実数でなければならない．物理量を表す演算子を A，固有値を a，固有関数を Ψ とすると，

$$A\Psi = a\Psi \tag{17.1}$$

であったが，演算子を行列と思い，固有関数をベクトルと思って対応づけると，この式は

$$\begin{pmatrix} a_{11} & a_{12} & a_{13} & \cdot \\ a_{21} & a_{22} & a_{23} & \cdot \\ a_{31} & a_{32} & a_{33} & \cdot \\ \cdot & \cdot & \cdot & \cdot \end{pmatrix} \begin{pmatrix} c_1 \\ c_2 \\ c_3 \\ \cdot \end{pmatrix} = a \begin{pmatrix} c_1 \\ c_2 \\ c_3 \\ \cdot \end{pmatrix} \tag{17.2}$$

の各成分に対応している．ディラックの記号で書けば式(17.2)は $A|\Psi\rangle = a|\Psi\rangle$ のように書ける．この式の行と列を入れ替え，複素共役をとると

$$(c_1^*, c_1^*, c_1^*, \cdots) \begin{pmatrix} a_{11}^* & a_{21}^* & a_{31}^* & \cdot \\ a_{12}^* & a_{22}^* & a_{32}^* & \cdot \\ a_{13}^* & a_{23}^* & a_{33}^* & \cdot \\ \cdot & \cdot & \cdot & \cdot \end{pmatrix} = (c_1^*, c_1^*, c_1^*, \cdots) a^* \tag{17.3}$$

である．これをディラックの記号で表せば $\langle\Psi|A^\dagger = \langle\Psi|a^*$ である．

ここで，式(17.2)の左側から Ψ^* を掛けると

$$(c_1{}^*, c_2{}^*, c_3{}^*, \cdots) \begin{pmatrix} a_{11} & a_{12} & a_{13} & \cdot \\ a_{21} & a_{22} & a_{23} & \cdot \\ a_{31} & a_{32} & a_{33} & \cdot \\ \cdot & \cdot & \cdot & \end{pmatrix} \begin{pmatrix} c_1 \\ c_2 \\ c_3 \\ \cdot \end{pmatrix} = a(|c_1|^2 + |c_2|^2 + |c_3|^2 + \cdots)$$

すなわち $\langle \Psi|A|\Psi\rangle = a\langle \Psi|\Psi\rangle = a$ であり,式(17.3)の右側から Ψ を掛けると

$$(c_1{}^*, c_2{}^*, c_3{}^*, \cdots) \begin{pmatrix} a_{11}{}^* & a_{21}{}^* & a_{31}{}^* & \cdot \\ a_{12}{}^* & a_{22}{}^* & a_{32}{}^* & \cdot \\ a_{13}{}^* & a_{23}{}^* & a_{33}{}^* & \cdot \\ \cdot & \cdot & \cdot & \end{pmatrix} \begin{pmatrix} c_1 \\ c_2 \\ c_3 \\ \cdot \end{pmatrix}$$
$$= a^*(|c_1|^2 + |c_2|^2 + |c_3|^2 + \cdots)$$

である.すなわち $\langle \Psi|A^\dagger|\Psi\rangle = \langle \Psi|\Psi\rangle a^* = a^*$ となる.ここで固有値 a が実数であれば,複素共役をとっても変わらないので,$a = a^*$ であることを使えば,式(17.2)の左側から Ψ^* を掛けた結果と式(17.3)の右側から Ψ を掛けた結果は等しいことがわかる.すなわち $\langle \Psi|A|\Psi\rangle = \langle \Psi|A^\dagger|\Psi\rangle$ で,物理量を表す行列 A は $A^\dagger$ と等しくエルミート行列であることがわかった.

ところで,式(17.3)の各成分を演算子に対応させて表すには,

$$\Psi^* A^\dagger = \Psi^* a^* \tag{17.4}$$

とすればよいであろう.行列についてやったことを演算子について対応づけると,式(17.1)の左側から Ψ^* を掛けて積分を行った結果

$$\int \Psi^* A \Psi \, d\mathbf{r} = a \int \Psi^* \Psi \, d\mathbf{r} = a$$

が,式(17.4)の右側から Ψ を掛けて積分を行った結果

$$\int \Psi^* A^\dagger \Psi \, d\mathbf{r} = a^* \int \Psi^* \Psi \, d\mathbf{r} = a^*$$

と等しい.つまり,$A = A^\dagger$ で,物理量の演算子はエルミートの性質を満たさなければならないことがわかる.

ここで,左から演算される $\Psi^* A^\dagger$ は $(A\Psi)^*$ に等しいことに注意してお

§17.2 行列力学

こう．なぜなら，$\Psi^* A^\dagger$ は

$$(c_1{}^*, c_2{}^*, c_3{}^*, \cdots) \begin{pmatrix} a_{11}{}^* & a_{21}{}^* & a_{31}{}^* & \cdot \\ a_{12}{}^* & a_{22}{}^* & a_{32}{}^* & \cdot \\ a_{13}{}^* & a_{23}{}^* & a_{33}{}^* & \cdot \\ \cdot & \cdot & \cdot & \cdot \end{pmatrix}$$

$$= \left(\sum_{i=1} c_i{}^* a_{1i}{}^*,\ \sum_{i=1} c_i{}^* a_{2i}{}^*,\ \sum_{i=1} c_i{}^* a_{3i}{}^*,\ \cdots \right)$$

に対応しており，$A\Psi$ は

$$\begin{pmatrix} a_{11} & a_{12} & a_{13} & \cdot \\ a_{21} & a_{22} & a_{23} & \cdot \\ a_{31} & a_{32} & a_{33} & \cdot \\ \cdot & \cdot & \cdot & \cdot \end{pmatrix} \begin{pmatrix} c_1 \\ c_2 \\ c_3 \\ \cdot \\ \cdot \end{pmatrix} = \begin{pmatrix} \sum_{j=1} a_{1j} c_j \\ \sum_{j=1} a_{2j} c_j \\ \sum_{j=1} a_{3j} c_j \\ \cdot \\ \cdot \end{pmatrix}$$

であるが，$(A\Psi)^*$ は左側から演算されるので，列ベクトルを行ベクトルに直し複素共役をとると

$$\left(\sum_{j=1} a_{1j}{}^* c_j{}^*,\ \sum_{j=1} a_{2j}{}^* c_j{}^*,\ \sum_{j=1} a_{3j}{}^* c_j{}^*,\ \cdots \right)$$

となり，$\Psi^* A^\dagger$ に等しいからである．

以上の対比から，行列 A の共役転置行列 $A^\dagger$ と対応させるには，演算子 A に対しエルミート共役な演算子 $A^\dagger$ を次のように定義しておけばよいことがわかる．

$$\int \Psi_k{}^* A^\dagger \Psi_n\, d\boldsymbol{r} = \int (A\,\Psi_k)^* \Psi_n\, d\boldsymbol{r}$$

$A = A^\dagger$ である演算子がエルミート演算子である．

次に，ハイゼンベルクの方法で状態を求める粗筋を簡単に述べる．ハイゼンベルクの方法では演算子の代りに行列が，固有(波動)関数の代りにベクトルが対応するので，行列の固有値問題を解くことがシュレーディンガー方程式を解くことに相当する．最初，波動関数はわからないので，任意の完全規格直交関数系 $u_1, u_2, \cdots, u_n$ を使って $\int u_i{}^* \mathcal{H} u_j d\boldsymbol{r}$ を計算し，ハミルトニア

ンの行列

$$\begin{pmatrix} \mathcal{H}_{11} & \mathcal{H}_{12} & \mathcal{H}_{13} & \cdot \\ \mathcal{H}_{21} & \mathcal{H}_{22} & \mathcal{H}_{23} & \cdot \\ \mathcal{H}_{31} & \mathcal{H}_{32} & \mathcal{H}_{33} & \cdot \\ \cdot & \cdot & \cdot & \cdot \end{pmatrix}$$

を作る．このような，行列を作る基になる完全規格直交関数 $u_1, u_2, \cdots, u_n$ を**基底関数** (basis function)，完全規格直交関数系が作るベクトルを**基底ベクトル** (basis vector) という．線形代数の方法にしたがえば，この行列の固有値と固有ベクトルを求めるには

$$\begin{pmatrix} \mathcal{H}_{11} & \mathcal{H}_{12} & \mathcal{H}_{13} & \cdot \\ \mathcal{H}_{21} & \mathcal{H}_{22} & \mathcal{H}_{23} & \cdot \\ \mathcal{H}_{31} & \mathcal{H}_{32} & \mathcal{H}_{33} & \cdot \\ \cdot & \cdot & \cdot & \cdot \end{pmatrix} \begin{pmatrix} \Psi_1 \\ \Psi_2 \\ \Psi_3 \\ \cdot \end{pmatrix} = \varepsilon \begin{pmatrix} \Psi_1 \\ \Psi_2 \\ \Psi_3 \\ \cdot \end{pmatrix}$$

なる式を満たす，定数 ε とベクトル $|\Psi\rangle$ を求めればよい．つまり，次の**固有方程式** (seqular equation) を作って

$$\begin{vmatrix} \mathcal{H}_{11}-\varepsilon & \mathcal{H}_{12} & \mathcal{H}_{13} & \cdot \\ \mathcal{H}_{21} & \mathcal{H}_{22}-\varepsilon & \mathcal{H}_{23} & \cdot \\ \mathcal{H}_{31} & \mathcal{H}_{32} & \mathcal{H}_{33}-\varepsilon & \cdot \\ \cdot & \cdot & \cdot & \cdot \end{vmatrix} = 0$$

この行列式の根 ε を求め，この値を代入して行列の関係式が満たされるようにベクトルを決定すればよい．

これは次のように解釈できる．すなわち，もし基底とした関数 $u_1, u_2, \cdots, u_n$ が解で波動関数 $\Psi_1, \Psi_2, \cdots, \Psi_n$ であるとすると，$\mathcal{H}\Psi_n = \varepsilon_n \Psi_n$ であるから，ハミルトニアンの行列は $\mathcal{H}_{ij} = \varepsilon_i \delta_{ij}$ となる．この行列は**対角要素** (diagonal element) にだけ値があり，他の成分はゼロになるはずである．そこで逆に，ハミルトニアンの行列が**対角行列** (diagonal matrix) になるように，行列を作る基底関数を選び直せばよい．つまり，対角行列が得られるように $u_1, u_2, \cdots, u_n$ から $\Psi_1, \Psi_2, \cdots, \Psi_n$ への変換を求めればよい．これを具体的に行うと上記の固有方程式が得られる．

話のついでに，このような変換は**ユニタリー変換**（unitary transformation）でなければならないことに注意しておこう．代数学を思い出せば，ユニタリー変換とは，$u_1, u_2, \cdots, u_n$ から $\varPsi_1, \varPsi_2, \cdots, \varPsi_n$ への変換の行列を T としたとき，$T^{-1} = T^{\dagger}$ を満たす変換のことである．基底関数の変換を行うと，ハミルトニアンの行列は

$$\mathcal{H} = T\mathcal{H}_0 T^{-1}$$

と変換されるが，このとき行列のエルミート性が保たれなくてはならない．もし $T^{-1} = T^{\dagger}$ であれば

$$\mathcal{H}^{\dagger} = (T\mathcal{H}_0 T^{-1})^{\dagger} = (T^{-1})^{\dagger}\mathcal{H}_0^{\dagger} T^{\dagger} = T\mathcal{H}_0^{\dagger} T^{-1} = T\mathcal{H}_0 T^{-1} = \mathcal{H}$$

であるので，確かにエルミート性が保たれる．

さて，ここでは具体的な方法にはこれ以上踏み込まないことにする．シュレーディンガー流のやり方で微分方程式を解く代わりに，ハイゼンベルク流のやり方では行列の対角化を行う．対角化によって求められた，対角行列の対角成分がエネルギー固有値であり，変換後のベクトルが波動関数である．

シュレーディンガーのやり方でも，ハイゼンベルクの方法でもどちらか一つの方法だけ知っていればそれで十分のように思われるかもしれないが，実はそうでもない．シュレーディンガー流の微分方程式を扱う方法は数式で考えられるので，人間にとって比較的わかりやすいが，電子計算機は微分方程式を扱うのが得意ではない．一方，ハイゼンベルク流の行列を扱う方法では成分がたくさん出てくる．このように数をたくさん扱うのは人間にとっては面倒だが，計算機は得意である．実際に複雑な問題を解く場合には計算機に行列を扱わせることが多い．いろいろな解法を知っておくことは実際に問題を解く場合に役立つ．

問　題

［1］ §8.2 でスピンを表す行列を導いたのにならって，角運動量を表す行列を導きなさい．

［2］ スピンを表す行列

$$S_y = \begin{pmatrix} 0 & -\dfrac{i}{2}\hbar \\ \dfrac{i}{2}\hbar & 0 \end{pmatrix}$$

について，

（a） この行列はエルミート行列であることを示しなさい．

（b） この行列の固有値と固有ベクトルを求めなさい．

（c） 異なる固有値に対する固有ベクトルは直交することを示しなさい．

18

さらに奥深く量子力学を学ぶために

多くの粒子が存在する系を表すには場の方法が便利である．この章では量子力学を記述する方法の一つとして場の量子論の基礎を学ぶ．

[ポイント] 生成・消滅演算子

§18.1 場の演算子

18.1.1 物理量の交換関係による定義

量子力学の世界を表現する方法として，まず第3章などで演算子を使う方法を勉強し，さらに第17章では行列を使う方法があることを勉強した．どちらも表現は異なるが数学的な内容は同じである．これらの方法を見直してみると，その根本には交換関係があることがわかる．つまり，演算子を使う方法では座標を x，これに正準共役な運動量 p_x を $\frac{\hbar}{i}\frac{\partial}{\partial x}$ とし，交換関係 $[p_x, x] = \hbar/i$ が導かれるように説明したが，実は交換関係の方が本質的であって，この交換関係が満たされる具体的方法の一つが演算子を使った方法なのである．実際，不確定性関係は交換関係だけで決まっていたことを思い出してほしい．行列を使った方法でも2つの行列の積が，積をとる順番によって異なることを利用して，交換関係が満たされるように物理量が表現されている．

量子力学が実際に形作られた過程においては演算子や行列の意味につい

て，いろいろな物理的解釈が与えられてきており，それはそれで重要なことではあるが，これ以上細かい解釈を勉強するよりはそれらを方法の一つと割り切って，一応，量子力学が使えるようになったことで満足することにし，ここでは交換関係で表される本質について考えてみよう．

さて，交換関係が本質的であることは第8章で勉強した角運動量とスピンを思い出せば納得できるであろう．角運動量はその成分が$\hbar$を最小単位としてとびとびの値をもち，最大値と最小値が存在することを仮定し，次の交換関係を満たす量として定義できた．

$$[L_x, L_y] = i\hbar L_z, \qquad [L_y, L_z] = i\hbar L_x, \qquad [L_z, L_x] = i\hbar L_y$$

このような交換関係を仮定することによって，角運動量とその固有関数について具体的な形がなくても，角運動量の性質を表すことができた．また，このことを利用してスピンを定義することができた．

このように，交換関係が重要であることは角運動量の昇降演算子の例で理解できたと思う．そこで，さらに交換関係から生成・消滅演算子を導き，量子力学の世界を表してみよう．

これまでに勉強したシュレーディンガー方程式を解いて解を求めるやり方では，粒子の波動関数とエネルギー固有値を求めて粒子の状態を決めた．この方法は粒子が少ない場合には有効であるが，粒子数が多くなると扱いがむずかしくなる．たとえば，多粒子系のハミルトニアンは

$$\mathcal{H} = \sum_i \frac{-\hbar^2}{2m_e} \nabla_i^2 - \sum_i \frac{Ze^2}{4\pi\epsilon_0 r_i} + \sum_i \sum_j \frac{e^2}{4\pi\epsilon_0 r_{ij}}$$

のように複雑になるし，これから立てられるシュレーディンガー方程式を粒子の不可弁別性が満たされるように解くことは非常に困難である．このように，粒子に注目しその粒子がどの状態にあるのかを求めることは一般にむずかしい．

これまでとは逆に，状態に着目し，ある状態に何個粒子が存在するかを考える方が都合がよい場合がある．すなわち，シュレーディンガー方程式を解

§18.1 場の演算子

く方法では，1 番目の粒子がとる状態 Ψ_1，2 番目の粒子がとる状態 $\Psi_2, \cdots$，k 番目の粒子がとる状態 Ψ_k を求め，系全体の状態を $(\Psi_1, \Psi_2, \cdots, \Psi_k, \cdots)$ と表し，しかも粒子の不可弁別性が満たされるようにする必要がある．しかし，不可弁別性が満たされた 1 番目の状態を n_1 個の粒子が，2 番目の状態を n_2 個の粒子が，$\cdots$，k 番目の状態を n_k 個の粒子が占めると考え，系全体の状態を $(n_1, n_2, \cdots, n_k, \cdots)$ と表しても全く同じことが表せるはずである．この方法では波動関数が求まっていない場合でも，形式的に解を書くことができ系の状態を議論するのに便利である．

第 8 章に述べた角運動量の昇降演算子の説明では，固有方程式を解いて固有値と固有関数を求め状態を表す代りに，磁気量子数を増やしたり減らしたりする演算子を定義して状態を表し，粒子がその状態をとるかどうかを議論した．これと同じように，粒子の数を増やしたり減らしたりする演算子を考えて，状態を占める粒子の個数で系を表示してみよう．

18.1.2　ボース粒子の生成・消滅演算子

まず，ボース粒子の場合を考える．a_k とこれに共役な演算子 $a_k{}^\dagger$（エイケイ・ダガー）を考え，次の交換関係が成り立つものとする．

$$[a_k, a_l{}^\dagger] = \delta_{kl}, \qquad [a_k{}^\dagger, a_l{}^\dagger] = 0, \qquad [a_k, a_l] = 0$$

$a_k, a_k{}^\dagger$ が粒子の数を増減する演算子であることはあとでわかる．ここで，

図 18.1　粒子の生成・消滅演算子

生成演算子 $a^\dagger$　　　消滅演算子 a

a_k は k 番目の状態にある粒子の数を一つ減らす**消滅演算子**（annihilation operator）で，$a_k{}^\dagger$ は粒子の数を一つ増やす**生成演算子**（creation operator）である．さて，演算子 N_k を次のように定義し，N_k が粒子数を表すことを導いてみよう．

$$N_k = a_k{}^\dagger a_k$$

この演算子は $N_k{}^\dagger = (a_k{}^\dagger a_k)^\dagger = (a_k)^\dagger (a_k{}^\dagger)^\dagger = a_k{}^\dagger a_k = N_k$ であるのでエルミートであって，その固有値は実数である．また，N_k の固有関数を $|n_k\rangle$，固有値を ν_k とすると

$$N_k|n_k\rangle = \nu_k|n_k\rangle$$

であり，$\nu_k = \langle n_k|a_k{}^\dagger a_k|n_k\rangle = (\langle n_k|a_k{}^\dagger)(a_k|n_k\rangle) = |a_k|n_k\rangle|^2 \geqq 0$ であるので N_k の固有値 ν_k は負ではない実数であることがわかる．さて，次の交換関係

$$[N_k, a_k] = [a_k{}^\dagger a_k, a_k] = a_k{}^\dagger[a_k, a_k] + [a_k{}^\dagger, a_k]a_k = -a_k$$

が成立するが，一方 $[N_k, a_k]$ を固有関数 $|n_k\rangle$ に作用させると，

$$[N_k, a_k]|n_k\rangle = N_k a_k|n_k\rangle - a_k N_k|n_k\rangle = N_k a_k|n_k\rangle - a_k \nu_k|n_k\rangle$$

であるので，次式が成立する．

$$N_k a_k|n_k\rangle - a_k \nu_k|n_k\rangle = -a_k|n_k\rangle$$

ここで，左辺の最後の項を右辺に移項して整理すると

$$N_k a_k|n_k\rangle = (\nu_k - 1)a_k|n_k\rangle$$

である．つまり，$a_k|n_k\rangle$ も N_k の固有ベクトルで，このとき固有値は $\nu_k - 1$ である．したがって，a_k は固有値を1つ減らす演算子である．これを μ_k 回くり返すと

$$N_k a_k a_k \cdots a_k|n_k\rangle = (\nu_k - \mu_k)a_k a_k \cdots a_k|n_k\rangle$$

が得られるので，$a_k a_k \cdots a_k|n_k\rangle$ も N_k の固有ベクトルで，固有値は $\nu_k - \mu_k$ であることがわかる．もし，ν_k が整数でないと，このくり返しは無限に続き，いずれ固有値が負になってしまう．最初に証明したように固有値は正であるので，これは許されない．このような矛盾が起こらないために

§18.1 場の演算子

は，結局 固有値が正の整数でなければならないことがわかる．

さて，このような操作をくり返すことによって粒子が何もない状態，すなわち真空状態 $|0\rangle$ が作り出され，

$$a_k|0\rangle = 0$$

となることがわかる．また，

$$N_k a_k{}^\dagger |0\rangle = a_k{}^\dagger a_k a_k{}^\dagger |0\rangle = a_k{}^\dagger (a_k{}^\dagger a_k + 1)|0\rangle = a_k{}^\dagger |0\rangle$$

であるから，$a_k{}^\dagger |0\rangle$ は N_k の固有状態で固有値は 1 であることがわかる．このようにして $a_k{}^\dagger$ は固有値を 1 つ増やす演算子であることが理解できる．

ただし，これまでの説明では規格化についてはふれなかったが，波動関数を規格化しておくためには，

$$a_p|n_1, n_2, n_3, \cdots, n_p, \cdots\rangle = \sqrt{n_p}\,|n_1, n_2, n_3, \cdots, n_p - 1, \cdots\rangle$$

$$a_p{}^\dagger |n_1, n_2, n_3, \cdots, n_p, \cdots\rangle = \sqrt{1 + n_p}\,|n_1, n_2, n_3, \cdots, n_p + 1, \cdots\rangle$$

でなければならないことがわかっている．（ここでは証明は省略する）

以上の関係を使えば，

$$a_k{}^\dagger a_k\,|n_1, n_2, n_3, \cdots, n_k, \cdots\rangle = n_k\,|n_1, n_2, n_3, \cdots, n_k, \cdots\rangle$$

となり，N_k は k 状態にある粒子の数を示すことになるので，**粒子数演算子**（number operator）といい，演算子 a_k は粒子の数を 1 つ減らすので消滅演算子，$a_k{}^\dagger$ は粒子の数を 1 つ増やすので生成演算子という．

18.1.3　フェルミ粒子の生成・消滅演算子

フェルミ粒子の場合もボース粒子と同様な議論ができるが，フェルミ粒子は複数の粒子が同じ量子状態をとれないことに対応して，N_k の固有値は 1 または 0 になる点がボース粒子の場合と異なる．フェルミ粒子の生成・消滅演算子を定義する場合は，交換関係でなく反交換関係で定義すればよい．すなわち，k 番目の状態にある粒子の数を 1 つ減らす消滅演算子 c_k と粒子の数を 1 つ増やす生成演算子 $c_k{}^\dagger$ を考え，生成・消滅演算子の間に次の反交換

関係が成り立つものとする．

$$\{c_k, c_l{}^\dagger\} = \delta_{k,l}, \qquad \{c_k, c_l\} = 0, \qquad \{c_k{}^\dagger, c_l{}^\dagger\} = 0$$

ただし，**反交換子**（anticommutator）｛　｝は $\{A, B\} = AB + BA$ なる演算を行うことを示す記号である．（反交換子を [,]$_+$ のように表すこともある）

粒子数演算子

$$N_k = c_k{}^\dagger c_k$$

はエルミートであるから，固有値は実数であり，またその固有値が正の整数であることはボース粒子の場合と全く同様に導くことができる．また，$c_k c_k + c_k c_k = 0$ であるから，$c_k c_k = 0$ であることを使えば

$$N_k N_k = c_k{}^\dagger c_k \, c_k{}^\dagger c_k = c_k{}^\dagger (1 - c_k{}^\dagger c_k) c_k = c_k{}^\dagger c_k = N_k$$

であるから，

$$N_k(N_k - 1) = 0$$

となり，粒子数演算子の固有値は 1 または 0 である．これはちょうどフェルミ粒子の状態を表すことができる．

ボース粒子における生成・消滅演算子の交換関係およびフェルミ粒子における反交換関係は，それぞれ波動関数の対称性および反対称性に起源がある．次に，フェルミ粒子を例にとって波動関数の反対称性から生成・消滅演算子の反交換関係が導かれることを示しておく．多粒子のフェルミ粒子からなる状態が波動関数 Ψ_1 で表される状態を n_1 個の粒子が，Ψ_2 の状態を n_2 個の粒子が，…，Ψ_k の状態を n_k 個の粒子が占めているとして，ケットベクトルで $|n_1, n_2, \cdots, n_k, \cdots\rangle$ と表すことにする．フェルミ粒子の場合は 1 つの量子状態に 1 つまでしか粒子が入れないので，$n_1, n_2, \cdots, n_k, \cdots$ がとる値は 0 または 1 である．さて，たとえば消滅演算子 c_2 は 2 番目状態にある粒子を消す演算子であるとする．"2 番目"のような粒子状態の順番はどのようにとってもいいが，最初に順番を決めたら途中でそれが変わっては困るので，勝手に順番を変えないことにする．

§18.1 場の演算子

たとえば，c_2 が状態 $|0,1,1,0,1,\cdots\rangle$ に作用すると，2番目の粒子数1が0になり状態は $|0,0,1,0,1,\cdots\rangle$ へと変化する．ただし，演算子が作用して実際に粒子を消す操作をするには，途中に他の状態があってはじゃまで作用できないので，作用する状態をいつも一番左側にもってきて消す必要がある．このとき，状態を入れ替えるとフェルミ粒子の波動関数は反対称であるから符号が変わることになる．作用したあとの状態は，約束通り最初の順番で表示する．c_2 が状態 $|1,1,1,0,1,\cdots\rangle$ に作用する場合は，このことを考慮して，まず2番目の状態を1番目にもってくるがそのときに符号が反転し，その状態の粒子を消したあと元の順番で表示するから，状態は $-|1,0,1,0,1,\cdots\rangle$ に変化するとしなければならない．

これを，一般的に表すと

$$c_p|n_1,n_2,n_3,\cdots,n_p,\cdots\rangle$$
$$= \begin{cases} (-1)^{n_1+n_2+n_3+\cdots+n_{p-1}}|n_1,n_2,n_3,\cdots,n_p-1,\cdots\rangle & n_p=1 \\ 0 & n_p=0 \end{cases}$$

である．生成演算子についても同様の関係がある．結局，ある状態に生成・消滅演算子が作用した場合，その状態は次のように表しておけば，$n_p=1$ の場合も $n_p=0$ の場合も両方表すことができる．

$$c_p|n_1,n_2,n_3,\cdots,n_p,\cdots\rangle$$
$$= (-1)^{n_1+n_2+n_3+\cdots+n_{p-1}}\sqrt{n_p}\,|n_1,n_2,n_3,\cdots,n_p-1,\cdots\rangle$$

$$c_p{}^\dagger|n_1,n_2,n_3,\cdots,n_p,\cdots\rangle$$
$$= (-1)^{n_1+n_2+n_3+\cdots+n_{p-1}}\sqrt{1-n_p}\,|n_1,n_2,n_3,\cdots,n_p+1,\cdots\rangle$$

なお，ここで，$\sqrt{n_p}$，$\sqrt{1-n_p}$ は n_p が1，0の両方の場合を一緒に表現するためにつけた係数である．ボース粒子の場合は波動関数が対称であるので，(-1) のべき乗は現れないが，波動関数の規格化のために $\sqrt{n_p}$，$\sqrt{1-n_p}$ の係数が現れた．そこで，フェルミ粒子の場合もボース粒子と形をそろえて，一般的に平方根をとって表すのでここでもそれにならった．し

かし，フェルミ粒子の場合は平方根をとる必然性はない．

次に，この約束にしたがえば反交換関係が成立することを $c_\mu c_\nu + c_\nu c_\mu = 0$ を例にとって示す．

[証明] $c_\nu c_\mu |n_1, n_2, n_3, \cdots, n_\nu, \cdots, n_\mu, \cdots\rangle$ を考える．

まず，$\nu = \mu$ の場合は必ずゼロである．なぜなら，もし $n_\nu = n_\mu = 0$ の場合は，消滅演算子が作用するのでゼロであることは明らかである．もし，$n_\nu = n_\mu = 1$ であれば，まず c_μ が作用して n_μ がゼロになり，そこに c_ν が作用するので，ゼロである．$c_\mu c_\nu$ も $c_\nu c_\mu$ もゼロであるから，反交換関係は満たされる．

次に，$\nu \neq \mu$ の場合を考える．仮に $\nu < \mu$ とする．まず，$n_\nu = 0$ または $n_\mu = 0$ のようにどちらかが0の場合は，消滅演算子が作用するからゼロである．したがって，$n_\nu = 1$，$n_\mu = 1$ のときだけが問題になるので，これを計算すると

$c_\nu c_\mu |n_1, n_2, n_3, \cdots, 1_{(\nu)}, \cdots, 1_{(\mu)}, \cdots\rangle$

$= c_\nu (-1)^{n_1+n_2+n_3+\cdots+n_{\mu-1}} |n_1, n_2, n_3, \cdots, 1_{(\nu)}, \cdots, 0_{(\mu)}, \cdots\rangle$

$= (-1)^{n_1+n_2+n_3+\cdots+n_\nu+\cdots+n_{\mu-1}} (-1)^{n_1+n_2+n_3+\cdots+n_{\nu-1}} |n_1, n_2, n_3, \cdots, 0_{(\nu)}, \cdots, 0_{(\mu)}, \cdots\rangle$

であるが，一方，

$c_\mu c_\nu |n_1, n_2, n_3, \cdots, 1_{(\nu)}, \cdots, 1_{(\mu)}, \cdots\rangle$

$= c_\mu (-1)^{n_1+n_2+n_3+\cdots+n_{\nu-1}} |n_1, n_2, n_3, \cdots, 0_{(\nu)}, \cdots, 1_{(\mu)}, \cdots\rangle$

$= (-1)^{n_1+n_2+n_3+\cdots+n_{\nu-1}}$

$\times (-1)^{n_1+n_2+n_3+\cdots+n_{\nu-1}+(n_\nu-1)+\cdots+n_{\mu-1}} |n_1, n_2, n_3, \cdots, 0_{(\nu)}, \cdots, 0_{(\mu)}, \cdots\rangle$

となるので，必ず -1 だけ異なった結果となることがわかる．これは，粒子を先に消すか後に消すかの順番によっている．$\nu > \mu$ の場合も同様である．したがって，$c_\mu c_\nu + c_\nu c_\mu = 0$ は証明された．

他の反交換関係についても同様に導くことができる．

以上のことをまとめてみると，まず，量子力学では(反)交換関係が重要であって，(反)交換関係を仮定すれば量子力学が説明できることをこの節で勉強した．物理量を演算子で表したり行列で表すのは表現法が異なるだけで，

本質は(反)交換関係にある．この結果，シュレーディンガー方程式または行列の対角化によって系の状態が求められることになる．次に，(反)交換関係は波動関数の(反)対称性に起因することを導いた．ところで，波動関数の(反)対称性は第6章で勉強したように粒子の不可弁別性から導かれる．このように考えてみると，量子力学の本質は粒子の不可弁別性にあり，シュレーディンガー方程式もそこに起源があるように思える．すなわち「同種粒子は区別できない」ことが量子力学の本質といえるであろう．

§18.2　生成・消滅演算子の応用例

生成・消滅演算子を用いると，固有関数を求めなくても，系の状態をある程度議論できるので便利である．たとえば，系のハミルトニアンは次に示すように簡単に表示できることが推測される．相互作用していない自由粒子の多粒子系においては k 状態の粒子のエネルギーを ε_k とすると，ハミルトニアン $\mathcal{H}$ は

$$\mathcal{H} = \sum \varepsilon_k \, a_k{}^\dagger a_k$$

と表せるであろう．また，図18.2のように粒子間に相互作用があり，k_1 状態の粒子が相互作用の結果消滅し，k_2 状態の粒子が生成されるようなときは，その相互作用の大きさを V として，ハミルトニアンは，直感的に

$$\mathcal{H} = \sum \varepsilon_k \, a_k{}^\dagger a_k + \sum\sum V_{k_2,k_1} \, a_{k_2}{}^\dagger a_{k_1}$$

のような形に書けるであろうことが予想できる．

ここでは，具体的な応用例として，**フォノン**をとり上げてみよう．フォノ

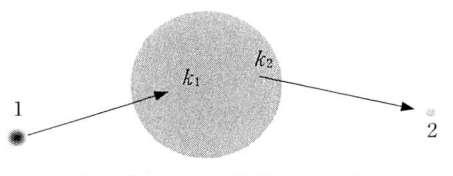

$$\mathcal{H} = \sum \varepsilon_k a_k{}^\dagger a_k + \sum\sum V_{k_2,k_1} a_{k_2}{}^\dagger a_{k_1}$$

図18.2　相互作用する粒子系

ン(音子)は，結晶を構成する原子の振動(格子振動)の波である．量子力学では，この波は粒子として見ることもでき，たとえば電気抵抗は電子がフォノン粒子と衝突して散乱されることによって生じると考えるわけである．簡単のために1次元で考えると，バネ定数 k のバネにくっついた質量 m の質点に対するシュレーディンガー方程式は

$$\left(-\frac{\hbar^2}{2m}\frac{d^2}{dx^2}+\frac{k}{2}x^2\right)\Psi = \varepsilon\Psi$$

と書ける．これはハミルトニアンの第1項は質点の運動エネルギーであり，第2項はバネのポテンシャルエネルギーであって，質点にはバネの伸びに比例した復元力 kx がはたらくので，ポテンシャルエネルギーはこれを積分して $\int_0^x kx\,dx$ となるからである．さて古典力学では，このような**1次元調和振動子** (one-dimensional harmonic oscillator) における格子振動の解は

$$x = A\cos(\omega t + \delta)$$

のように，角周波数 $\omega = \sqrt{k/m}$ の振動として表せることがわかっているので，古典力学との対応をわかりやすくするためバネ定数ではなく，角周波数をパラメータとしてシュレーディンガー方程式を表すと，

$$\left(-\frac{\hbar^2}{2m}\frac{d^2}{dx^2}+\frac{m\omega^2}{2}x^2\right)\Psi = \varepsilon\Psi$$

となる．この質点の振動波が量子化したものがフォノンである．シュレーディンガー方程式は波動方程式の一種であるが，生成・消滅演算子を使ってハミルトニアンを書き直すと，フォノンの粒子性がよく理解できるので，次にそれを示す．

演算子 a を次のように定義する．

$$a = \sqrt{\frac{m\omega}{2\hbar}}\left(x+\frac{i}{m\omega}p_x\right)$$

なぜ，このような演算子を考えたのかは重要であるが，ここでは天下りに与えられたものとしておく．この演算子のエルミート共役な演算子 $a^\dagger$ は

§18.2 生成・消滅演算子の応用例

$$a^\dagger = \sqrt{\frac{m\omega}{2\hbar}} \left(x - \frac{i}{m\omega} p_x \right)$$

である．なぜなら，位置 x や運動量 p_x などの物理量を表す演算子は，その物理量が実際にとる値である固有値が実数でなくてはならないから，エルミート演算子でなければならず，$x^\dagger = x$，$p_x{}^\dagger = p_x$ だからである．次に，$a^\dagger$ と a とがボース粒子の生成・消滅演算子であることを示そう．それには，交換関係を求めてみればよい．

$$\begin{aligned}
[a, a^\dagger] &= \left[\sqrt{\frac{m\omega}{2\hbar}} \left(x + \frac{i}{m\omega} p_x \right),\ \sqrt{\frac{m\omega}{2\hbar}} \left(x - \frac{i}{m\omega} p_x \right) \right] \\
&= \frac{m\omega}{2\hbar} \left[\left(x + \frac{i}{m\omega} p_x \right),\ \left(x - \frac{i}{m\omega} p_x \right) \right] \\
&= \frac{m\omega}{2\hbar} \left\{ [x, x] + \frac{i}{m\omega} [p_x, x] - \frac{i}{m\omega} [x, p_x] + \frac{1}{m^2\omega^2} [p_x, p_x] \right\} \\
&= \frac{m\omega}{2\hbar} \frac{i}{m\omega} 2 \frac{\hbar}{i} = 1
\end{aligned}$$

ここで，$[x, x] = 0$，$[p_x, p_x] = 0$，$[p_x, x] = \hbar/i$，$[x, p_x] = -\hbar/i$ 等の関係を使った．また，当然 $[a, a] = 0$，$[a^\dagger, a^\dagger] = 0$ であるから，$a^\dagger, a$ はボース粒子の生成・消滅演算子であることがわかる．

さて，粒子数演算子 $a^\dagger a$ を求めてみると，

$$\begin{aligned}
a^\dagger a &= \sqrt{\frac{m\omega}{2\hbar}} \left(x - \frac{i}{m\omega} p_x \right) \sqrt{\frac{m\omega}{2\hbar}} \left(x + \frac{i}{m\omega} p_x \right) \\
&= \frac{m\omega}{2\hbar} \left(x^2 - \frac{i}{m\omega} p_x x + \frac{i}{m\omega} x p_x + \frac{1}{m^2\omega^2} p_x{}^2 \right) \\
&= \frac{m\omega}{2\hbar} x^2 - \frac{m\omega}{2\hbar} \frac{i}{m\omega} \frac{\hbar}{i} + \frac{m\omega}{2\hbar} \frac{1}{m^2\omega^2} \left(\frac{\hbar}{i} \right)^2 \frac{d^2}{dx^2}
\end{aligned}$$

すなわち，

$$\hbar\omega\, a^\dagger a = \frac{m\omega^2}{2} x^2 - \frac{1}{2} \hbar\omega - \frac{\hbar^2}{2m} \frac{d^2}{dx^2}$$

となるので，ハミルトニアンと見比べてみて，ボース粒子の生成・消滅演算子を使って，ハミルトニアン $\mathcal{H}$ は

と書け，シュレーディンガー方程式はディラック流に，

$$\hbar\omega\left(a^\dagger a + \frac{1}{2}\right)|\Psi\rangle = \varepsilon|\Psi\rangle$$

と書けることがわかる．$a^\dagger a$ はボース粒子の数を表す演算子で，ボース粒子が n 個ある状態は

$$a^\dagger a|n\rangle = n|n\rangle$$

と表されることを思い出せば，この状態 $|n\rangle$ はシュレーディンガー方程式を満たしており，

$$\hbar\omega\left(a^\dagger a + \frac{1}{2}\right)|n\rangle = \varepsilon|n\rangle$$

である．したがって，エネルギー固有値はボース粒子数 n を使って，

$$\varepsilon = \hbar\omega\left(n + \frac{1}{2}\right)$$

であることがわかる．

　エネルギーが一番低い基底状態はボース粒子が1つもない $n=0$ の状態で，$\varepsilon_0 = \hbar\omega/2$ の零点エネルギーをもつ．また，ボース粒子が1つ増えると系のエネルギーは $\hbar\omega$ だけ増えるから，このことは1つのボース粒子のエネルギーが $\hbar\omega$ であることを示している．逆に格子振動がエネルギー $\hbar\omega$ をもった相互作用していないボース粒子の集まりとして表せることがわかる．

　このように，生成・消滅演算子を使った表現は直感的であり，波動関数の具体的な形を表に出さずに系の性質を議論できるので非常に便利である．

§18.3　ボゴリューボフ変換

　次に生成・消滅演算子による記述法が有効であることを例を使って示してみよう．一例として，2種類のボース粒子が相互作用している系を考え，そのハミルトニアンが次のように書かれるとする．

§18.3 ボゴリューボフ変換

$$\mathcal{H} = \omega\, a^\dagger a + \varepsilon(ab^\dagger + ba^\dagger)$$

ここで，$a^\dagger, b^\dagger, a, b$ は 2 種類のボース粒子の生成・消滅演算子である．このハミルトニアンは "a" 粒子が ω というエネルギーをもっており，"b" 粒子と相互作用をしているが，その相互作用の大きさは ε であることを表している．

ここで，新しく演算子 α, β を定義し系を互いに相互作用していない 2 つの独立な粒子 "α" 粒子と "β" 粒子で表せることを示してみよう．新しい演算子 α, β を演算子 a, b の 1 次結合で次のように定義する．

$$\alpha = ua + vb$$
$$\beta = -va + ub$$

このように置く理由は，付録 A1 に示すハイゼンベルグの運動方程式を作ってみれば理解できるが，ここでは天下り的にこのように置けばうまくいくことを示すに留める．興味のある読者は付録 A1 にしたがって，演算子 a（または b）の時間変化を求めてみれば，そこに演算子 a だけでなく演算子 b（または演算子 b だけでなく演算子 a）が混ざってくるので，時間とともに変化しない，すなわち相互作用しない独立な演算子を作るには，あらかじめ両者を混ぜ合わせておくことが必要だとわかるであろう．

さて，ここで u, v は演算子ではなく普通の数 (実数) であるが，これらを α, β がボース粒子の交換関係を満たすように選ぶことにする．すなわち，

$[\alpha, \alpha^\dagger] = [(ua + vb),\ (ua + vb)^\dagger] = u^2[a, a^\dagger] + v^2[b, b^\dagger] = u^2 + v^2$

$[\beta, \beta^\dagger] = [(-va + ub),\ (-va + ub)^\dagger]$

$\qquad = v^2[a, a^\dagger] + u^2[b, b^\dagger] = v^2 + u^2$

$[\alpha, \beta^\dagger] = [(ua + vb),\ (-va + ub)^\dagger] = -uv[a, a^\dagger] + uv[b, b^\dagger] = 0$

………………………

$[\alpha, \beta] = [(ua + vb),\ (-va + ub)] = 0$

………………………

であるから $u^2 + v^2 = 1$ であるように選べばよい．そこで，この関係が満

たされるように θ をパラメータとして，$u = \cos\theta$, $v = \sin\theta$ と表すことにしよう．この新しい演算子を使ってハミルトニアンを表すと，

$$a^\dagger a = (\cos\theta\, a^\dagger - \sin\theta\, \beta^\dagger)(\cos\theta\, \alpha - \sin\theta\, \beta)$$
$$= \cos^2\theta\, a^\dagger a - \sin\theta\cos\theta\, a^\dagger \beta - \sin\theta\cos\theta\, \alpha\beta^\dagger + \sin^2\theta\, \beta^\dagger \beta$$
$$ab^\dagger = (\cos\theta\, \alpha - \sin\theta\, \beta)(\sin\theta\, \alpha^\dagger + \cos\theta\, \beta^\dagger)$$
$$= \cos\theta\sin\theta\, \alpha\alpha^\dagger + \cos^2\theta\, \alpha\beta^\dagger - \sin^2\theta\, \alpha^\dagger\beta - \sin\theta\cos\theta\, \beta\beta^\dagger$$
$$ba^\dagger = (\sin\theta\, \alpha + \cos\theta\, \beta)(\cos\theta\, \alpha^\dagger - \sin\theta\, \beta^\dagger)$$
$$= \cos\theta\sin\theta\, \alpha\alpha^\dagger - \sin^2\theta\, \alpha\beta^\dagger + \cos^2\theta\, \alpha^\dagger\beta - \sin\theta\cos\theta\, \beta\beta^\dagger$$

であることを使って，

$$\mathcal{H} = (\omega\cos^2\theta + 2\varepsilon\sin\theta\cos\theta)\alpha^\dagger\alpha + (\omega\sin^2\theta - 2\varepsilon\sin\theta\cos\theta)\beta^\dagger\beta$$
$$+ [\varepsilon(\cos^2\theta - \sin^2\theta) - \omega\sin\theta\cos\theta](\alpha^\dagger\beta + \alpha\beta^\dagger)$$

となる．ところで，θ にはまだ自由度があるので，クロスタームがゼロになるように選ぶことができる．つまり

$$\varepsilon(\cos^2\theta - \sin^2\theta) - \omega\sin\theta\cos\theta = 0, \quad \tan 2\theta = \frac{2\varepsilon}{\omega}$$

のように選べば，ハミルトニアンは

$$\mathcal{H} = E_\alpha\, \alpha^\dagger\alpha + E_\beta\, \beta^\dagger\beta$$

の形に書けることになる．これは E_α というエネルギーをもったボース粒子と，E_β というエネルギーをもったボース粒子が相互作用せずに独立に存在することを示している．実際に θ を代入すれば E_α, E_β のエネルギーは求

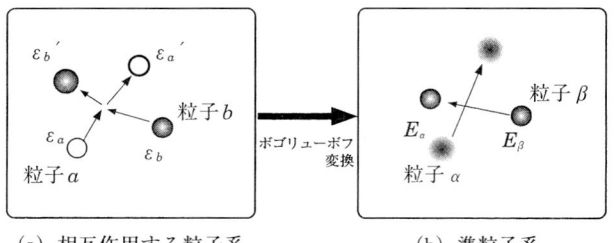

図 18.3 準粒子系

(a) 相互作用する粒子系 　　(b) 準粒子系

められる．このように，生成・消滅演算子を使うことによって容易に解が求められる場合がしばしばある．ここで勉強したような変換は**ボゴリューボフ変換**（Bogolyubov transformation）とよばれている．もともと，相互作用していた a 粒子と b 粒子のボース粒子系はボゴリューボフ変換を行うことによって，見かけ上独立な α 粒子と β 粒子のボース粒子系で表せることがわかった．このような変換は行列力学における行列の対角化に相当する．見かけ上独立な粒子は**準粒子**（quasi-particle）とよばれる．

問　　題

［1］ボース粒子 a がボース粒子 b と相互作用している系のハミルトニアンが $\mathcal{H} = \omega a^\dagger a + \varepsilon(ab + a^\dagger b^\dagger)$ と表されている．α, β をボース粒子の演算子として，$a = c\alpha + s\beta^\dagger$，$b = s\alpha^\dagger + c\beta$ と置き，係数 c, s を適当に選ぶとハミルトニアンは $\mathcal{H} = E_0 + \omega_1 \alpha^\dagger \alpha + \omega_2 \beta^\dagger \beta$ のように変換され，この系は2つの相互作用していない独立なボース粒子 α, β からなる系とみなせることを示しなさい．

付　　　　録

A1.　ハイゼンベルクの運動方程式

第11章において，古典力学におけるハミルトンの運動方程式を勉強したついでに，量子力学においては，物理量の演算子 A について次の運動方程式が成立することを導いておこう．

$$\frac{dA}{dt} = \frac{1}{i\hbar}[A, \mathcal{H}] \tag{A 1.1}$$

この関係式を**ハイゼンベルクの運動方程式**（Heisenberg's equation of motion）という．演算子の時間微分とはどういう意味があるのか疑問をもつ人もいると思うが，とりあえず形式的にこの関係式が成立することを証明する．

式（A 1.1）を証明する前にまず，座標 x と運動量 p_x を変数とする任意の関数 $f(x, p_x)$ について，次の関係が成立することを示す．

$$\frac{\partial f}{\partial x} = \frac{i}{\hbar}[p_x, f], \qquad \frac{\partial f}{\partial p_x} = -\frac{i}{\hbar}[x, f] \tag{A 1.2}$$

まず，$f = x$ のときこれらの式が成立することはすぐわかる．なぜなら，$\frac{\partial x}{\partial x} = 1$，$[p_x, x] = \frac{\hbar}{i}$ であるので最初の式が成り立っている．また，$\frac{\partial x}{\partial p_x} = 0$，$[x, x] = 0$ で2番目の式も成立している．同様にして，$f = p_x$ のときも式（A 1.2）が成立していることが確かめられる．

さらに関数 f_1，f_2 について式（A 1.2）が成立したとすると c_1，c_2 を定数として，1次結合 $c_1 f_1 + c_2 f_2$ についてもこの関係が成立するし，積 $f_1 f_2$ に対しても成立することが確かめられる．ここでは，例として $f_1 f_2$ に対して1番目の式が成立することを示しておこう．左辺は積の微分であるから

$$\frac{\partial f_1 f_2}{\partial x} = \frac{\partial f_1}{\partial x} f_2 + f_1 \frac{\partial f_2}{\partial x} = \frac{i}{\hbar} \{[p_x, f_1] f_2 + f_1 [p_x, f_2]\}$$

であり，右辺は交換子の演算規則を使えば $\frac{i}{\hbar}[p_x, f_1 f_2] = \frac{i}{\hbar}\{[p_x, f_1]f_2 + f_1[p_x, f_2]\}$ であるから，左辺 = 右辺 であることが確かめられた．

以上のことから，関数 f が x, x^2, x^3, ⋯⋯, p_x, p_x^2, p_x^3, ⋯⋯ および，これらの積や1次結合の場合に式（A 1.2）が成立することになるので，x および p_x について展開された任意の関数について，式（A 1.2）が成立すると考えられる．

次に同じようにして，式（A 1.1）が証明できる．まず，A が x のとき，式（A 1.1）の左辺はハミルトンの運動方程式と式（A 1.2）の結果を使って，$\frac{dx}{dt} = \frac{\partial \mathcal{H}}{\partial p_x} = -\frac{i}{\hbar}[x, \mathcal{H}] = \frac{1}{i\hbar}[x, \mathcal{H}]$ と計算されるので，式（A 1.1）が成立していることが確かめられる．また，A が p_x のときも同様に成立することがわかる．さらに A_1, A_2 について成立したとすると c_1, c_2 を定数として，$c_1 A_1 + c_2 A_2$ についても成立するし，積 $A_1 A_2$ に対しても成立することが確かめられる．結局，任意の物理量演算子 A に対して式（A 1.1）が成立することを証明できた．

式（A 1.1）のハイゼンベルクの運動方程式を使えば，第 7 章で述べたように，ハミルトニアンと交換する物理量は時間とともに変化しない保存量であることがわかる．

さて，演算子の時間変化とはどういう意味かわかりにくいが，ここでは次のように考えておくことにしよう．われわれにとって実際の意味が感じられるのは，波動関数 Ψ でもなく，演算子 A でもない．すでに，物理量が n 状態でとる値は $\langle A \rangle_n = \int \Psi_n^* A \Psi_n \, dr$ のように表されることを学んだが，このような積分が実際に人間が感じる量である．波動関数は定常状態では，$\exp\left(-i\frac{\varepsilon}{\hbar}t\right)$ の時間ファクターをもっていたが，これは形式的に波動関数が $\exp\left(-i\frac{\mathcal{H}}{\hbar}t\right)$ のような時間ファクターをもっていると書いてもよい．なぜなら，$\exp\left(-i\frac{\mathcal{H}}{\hbar}t\right)\Psi_n =$

$\exp\left(-i\dfrac{\varepsilon_n}{\hbar}t\right)\Psi_n$ だからである．このファクターは波動関数のファクターと思わずに，演算子の中に含めて考えておいても実質的には同じである．つまり，

$$\langle A\rangle_n = \int\left\{\varphi_n(\boldsymbol{r})^*\exp\left(i\dfrac{\mathcal{H}}{\hbar}t\right)\right\}A\left\{\exp\left(-i\dfrac{\mathcal{H}}{\hbar}t\right)\varphi_n(\boldsymbol{r})\right\}d\boldsymbol{r}$$

$$= \int\varphi_n(\boldsymbol{r})^*\left\{\exp\left(i\dfrac{\mathcal{H}}{\hbar}t\right)A\exp\left(-i\dfrac{\mathcal{H}}{\hbar}t\right)\right\}\varphi_n(\boldsymbol{r})\,d\boldsymbol{r}$$

であるので，第1式のように，波動関数が時間依存性をもっているとみてもよいし，第2式のように演算子が時間依存性をもっていると思ってもよい．第1式のような表し方を**シュレーディンガー表示**（Schrödinger representation），第2式のような表し方を**ハイゼンベルク表示**（Heisenberg representation）という．ハイゼンベルクの運動方程式はハイゼンベルク表示に基づく式である．

A2. 水素原子の問題に現れる微分方程式

A2.1 球面調和関数の固有値

中心力場の角度変数 θ に対する微分方程式 式 (12.16) に現れる変数分離定数が $\lambda = l(l+1)$ となることを導いてみよう．

$$\dfrac{d}{dx}\left\{(1-x^2)\dfrac{dy}{dx}\right\} + \left(\lambda - \dfrac{m^2}{1-x^2}\right)y = 0$$

問題が起こる可能性があるのは $x = \pm 1$ の点であるから，この近傍の性質を調べてみる．まず，$x = 1$ の近傍について調べるため，$\xi \equiv 1 - x$ と置くと $y(x) \to P(\xi)$，$\dfrac{d}{dx} \to -\dfrac{d}{d\xi}$ のように変換され，元の微分方程式は

$$\dfrac{d}{d\xi}\left\{\xi(2-\xi)\dfrac{dP}{d\xi}\right\} + \left(\lambda - \dfrac{m^2}{\xi(2-\xi)}\right)P = 0$$

となる．ここで，$\xi \to 0$ の極限を考えると

$$\dfrac{d}{d\xi}\left(2\xi\dfrac{dP}{d\xi}\right) \cong \dfrac{m^2}{2\xi}P$$

のように近似できる．この微分方程式の解は $P = \xi^\mu$ の形であることが予想でき

A2. 水素原子の問題に現れる微分方程式

る．なぜなら ξ で 1 回微分して ξ を掛けたものが元の関数になっているからであるが，実際これを代入してみると，

$$\text{右辺} = \frac{d}{d\xi}\left(2\xi \frac{dP}{d\xi}\right) = \frac{d}{d\xi}(2\mu\,\xi^\mu) = 2\mu^2 \xi^{\mu-1}$$

$$\text{左辺} = \frac{m^2}{2\xi} P = \frac{1}{2} m^2 \xi^{\mu-1}$$

となり，

$$\mu = \pm \frac{|m|}{2}$$

とすれば，両辺が一致することがわかる．ただし，マイナス符号の場合は $\xi \to 0$ の極限で $P = \xi^\mu$ が発散してしまうので，物理的に意味があるのはプラスの場合だけである．そこで，$\xi \to 0$ の極限では解は

$$P \propto \xi^{|m|/2}$$

であることがわかる．つまり，$x = 1$ の近傍では，

$$y \to (1-x)^{|m|/2}$$

である．同様にして，$x = -1$ の場合は

$$y \to (1+x)^{|m|/2}$$

となることがわかるので，解を次のように置いて微分方程式を解いてみよう．

$$y \equiv (1-x)^{|m|/2}(1+x)^{|m|/2} F(x) = (1-x^2)^{|m|/2} F(x)$$

微分方程式に代入するために微分を求めると，

$$\frac{dy}{dx} = \frac{|m|}{2}(-2x)(1-x^2)^{|m|/2-1} F + (1-x^2)^{|m|/2} \frac{dF}{dx}$$

$$(1-x^2)\frac{dy}{dx} = -|m|x(1-x^2)^{|m|/2} F + (1-x^2)^{|m|/2+1} \frac{dF}{dx}$$

$$\frac{d}{dx}\left\{(1-x^2)\frac{dy}{dx}\right\} = \left\{-|m|^2 x \frac{(-2x)}{2}(1-x^2)^{|m|/2-1} - |m|x(1-x^2)^{|m|/2}\right\} F$$

$$- |m|x(1-x^2)^{|m|/2}\frac{dF}{dx} + \left(\frac{|m|}{2}+1\right)(-2x)(1-x^2)^{|m|/2} \frac{dF}{dx}$$

$$+ (1-x^2)^{|m|/2+1} \frac{d^2F}{dx^2}$$

であるので，結局 微分方程式は次のように表される．

$$(1-x^2)^{|m|/2+1}\frac{d^2F}{dx^2} + (1-x^2)^{|m|/2}(-|m|x-|m|x-2x)\frac{dF}{dx}$$
$$+ (1-x^2)^{|m|/2-1}(|m|^2x^2-|m|+|m|x^2)F$$
$$+ \{\lambda(1-x^2)^{|m|/2} - |m|^2(1-x^2)^{|m|/2-1}\}F = 0$$

$$(1-x^2)\frac{d^2F}{dx^2} - 2(|m|+1)x\frac{dF}{dx} + \{\lambda - |m|(|m|+1)\}F = 0$$

ここで，関数 F を級数に展開して解く．すなわち，

$$F(x) = \sum a_k x^k, \quad \frac{dF}{dx} = \sum a_k k x^{k-1}, \quad \frac{d^2F}{dx^2} = \sum a_k k(k-1)x^{k-2}$$

を代入し

$$\sum a_k k(k-1)x^{k-2} - \sum a_k k(k-1)x^k - \sum 2(|m|+1)a_k k x^k$$
$$+ \sum \{\lambda - |m|(|m|+1)\}a_k x^k = 0$$

級数の添え字を置き換えて，べき乗の項をそろえると，

$$\sum \{(k+2)(k+1)a_{k+2} + [-k^2+k-2|m|k-2k$$
$$+ \lambda - |m|(|m|+1)]a_k\}x^k = 0$$

が得られる．この式が成立するためには係数がゼロでなければならないから

$$a_{k+2} = \frac{(k+|m|)(k+|m|+1) - \lambda}{(k+2)(k+1)} a_k$$

となり，解が求められた．ただし，$k\to\infty$ のとき，$a_{k+2} \cong a_k$ であるので，$x = \pm 1$ ではこの級数は発散してしまう．もともと，$x = \pm 1$ というのは角度座標を表しているが，座標軸のとり方は任意で，特別な値ではないから，ここで関数が発散することはありえない．したがって，意味のある解であるためにはこのような発散が起こってはならない．そのためには，級数は有限で打ち切られていなければならないから

$$\lambda = (k+|m|)(k+|m|+1)$$

が成立しなければならない．ここで，$l \equiv k + |m|$ と置くと，

$$\lambda = l(l+1)$$

が物理的に意味のある解を与えるための条件であることがわかる．k は級数の添え字であるから，$0, 1, 2, \cdots$ の整数であるし，m は磁気量子数で $0, \pm 1$,

±2, ⋯ の整数であったから、l は 0, 1, 2, ⋯ の整数である。また、$|m|$ は l を超えることはできず、最大でも l であることも導かれる。このような条件で具体的に級数を求めれば解が得られるが、そのやり方は物理数学等の参考書を参考にされたい。

A2.2 動径シュレーディンガー方程式の解

水素原子に対する動径シュレーディンガー方程式 式(13.2)の解を求めてみよう。

$$-\frac{\hbar^2}{2m_e}\frac{d^2\chi}{dr^2} + \left\{\frac{-e^2}{4\pi\epsilon_0 r} + \frac{\hbar^2}{2m_e}\frac{l(l+1)}{r^2}\right\}\chi = \varepsilon\chi \qquad (\text{A 2.1})$$

まず、解の性質を調べるため、極限でどのような解をもつか調べる。

① $r \to 0$ の極限

$1/r^2$ の項が一番大きく利く項なので、

$$-\frac{\hbar^2}{2m_e}\frac{d^2\chi}{dr^2} + \frac{\hbar^2}{2m_e}\frac{l(l+1)}{r^2}\chi \sim 0$$

$$\frac{d^2\chi}{dr^2} \sim \frac{l(l+1)}{r^2}\chi$$

と近似できる。この微分方程式の解は $\chi_l = r^{l+1}$ または r^{-l} である。たとえば $\chi_l = r^{l+1}$ の場合は、$\chi_l' = (l+1)r^l$、$\chi_l'' = l(l+1)r^{l-1}$ であるから、左辺 $= l(l+1)r^{l-1} = l(l+1)r^{l+1}/r^2 =$ 右辺 となって、確かに方程式を満たしているからである。$\chi_l = r^{-l}$ も同様に解であることがわかる。ただし、$\chi_l = r^{-l}$ の解は、$|\chi|^2$ が $r \to 0$ のとき無限大となり、電子がすべて原点の原子核の位置に集まってしまうことになる。つまり、水素原子はつぶれてしまうことになるので、$\chi_l = r^{-l}$ は物理的に意味のある解とは考えられない。

② $r \to \infty$ の極限

定数項が一番大きく利く項なので、

$$-\frac{\hbar^2}{2m_e}\frac{d^2\chi}{dr^2} \sim \varepsilon\chi$$

と近似できる。この微分方程式の解は 2 つの場合で異なる。

i) $\varepsilon < 0$ の場合

この微分方程式の解は

$$\chi = c_1 \exp\left(-\frac{\sqrt{2m_e|\varepsilon|}}{\hbar} r\right) + c_2 \exp\left(\frac{\sqrt{2m_e|\varepsilon|}}{\hbar} r\right)$$

である.ただし,第2項は $r \to \infty$ のとき発散してしまい,電子はすべて無限のかなたにあることになって,物理的に意味のない解である.

ii) $\varepsilon > 0$ の場合

$$\chi = c_1 \exp\left(-i\frac{\sqrt{2m_e\varepsilon}}{\hbar} r\right) + c_2 \exp\left(i\frac{\sqrt{2m_e\varepsilon}}{\hbar} r\right)$$

である.

$\varepsilon > 0$ の場合は $|\chi|^2$ は $r \to \infty$ のとき振動している.これは電子が広く広がって存在していることを意味する.ところで,定常解には暗黙のうちにいつも $\exp\left(-i\frac{\varepsilon}{\hbar}t\right)$ の時間依存性が含まれていることを思い出すと,χ の第1項,第2項はそれぞれ r の負方向,正方向に進む球面波を表していることになるので,このような状態は電子が無限遠から飛来して,無限遠に飛び去るような原子核による電子の散乱に対応していると考えることができる.このような散乱の問題は第16章で扱う.

いま,水素原子の状態を考え,原子核の近くに電子が束縛されているとすると,$\varepsilon < 0$ の場合に相当していることがわかる.そこで,極限状態の結果を参考にして解を次のように置く.

$$\chi_l \equiv r^{l+1} \exp\left(-\frac{\sqrt{2m_e|\varepsilon|}}{\hbar} r\right) f(r) \tag{A 2.2}$$

さて,微分方程式 式(A 2.1) を解くわけであるが,式を簡単化するため,

$$r \equiv \frac{4\pi\epsilon_0\hbar^2}{m_e e^2}\xi, \quad |\varepsilon| \equiv \frac{m_e e^4}{(4\pi\epsilon_0)^2\hbar^2}\eta$$

と置いて整理すると,

$$-\frac{d^2\chi}{d\xi^2} + \frac{l(l+1)}{\xi^2}\chi - \frac{2}{\xi}\chi = -2\eta\chi$$

となる.さらに,

A2. 水素原子の問題に現れる微分方程式

$$\alpha \equiv \frac{1}{\sqrt{2\eta}}, \qquad \rho = \frac{2\xi}{\alpha}$$

と置くと，次式が得られる．

$$\frac{d^2\chi}{d\rho^2} + \left\{-\frac{1}{4} - \frac{l(l+1)}{\rho^2} + \frac{\alpha}{\rho}\right\}\chi = 0 \qquad (A\,2.3)$$

また，同様にパラメータを置き換えて，式（A 2.2）は

$$\chi(\rho) \equiv \rho^{l+1}\,\mathrm{e}^{-\rho/2}\,F(\rho)$$

となるので，これを式（A 2.3）に代入して，ρ を変数とする関数 $F(\rho)$ の微分方程式に書き直す．途中の式変形は省略するが，むずかしい計算ではないので，丁寧に計算すれば

$$\rho F'' + \{2(l+1) - \rho\}F' + (\alpha - l - 1)F = 0 \qquad (A\,2.4)$$

が得られる．この微分方程式の解は**ラゲールの多項式**（Laguerre's polynomial）で与えられることがわかっている．

どのようにして量子化が生じるのか理解するために，ここで式（A 2.4）を解いてみよう．まず，解を級数で表し，

$$F(\rho) = \sum c_k\,\rho^k$$

と置く．ここで，係数 c_k が求められれば，解が得られたことになる．

$$F' = \sum c_k\,k\rho^{k-1}$$
$$F'' = \sum c_k\,k(k-1)\,\rho^{k-2}$$

などを式（A 2.4）に代入すれば，

$$\sum \{c_k\,k(k-1)\,\rho^{k-1} + 2(l+1)\,c_k\,k\rho^{k-1} - c_k\,k\,\rho^k + (\alpha - l - 1)\,c_k\,\rho^k\} = 0$$

ここで，前の2つの $\sum$ の項（ρ^{k-1} についての項）について，和をとる順番を1つずらして，ρ のべき数 k をそろえると

$$\sum \{[(k+1)k + 2(l+1)(k+1)]c_{k+1} + (\alpha - l - 1 - k)c_k\}\rho^k = 0$$

である．この式が成立するためには ρ^k の係数が零でなければならないから，

$$[(k+1)k + 2(l+1)(k+1)]c_{k+1} + (\alpha - l - 1 - k)c_k = 0$$

であり，係数の間には次の関係が成立する必要がある．

$$c_{k+1} = \frac{k + 1 + l - \alpha}{(k+1)k + 2(l+1)(k+1)}\,c_k \qquad (A\,2.5)$$

この式は c_0 が決まれば c_1 が決まり，c_1 が決まれば c_2 が決まり，…とこのように順番に係数が決まるので c_0 さえ決まれば係数がすべて決まり，解が求められたことになる．c_0 は積分定数であるが規格化の条件で決められるから，解は求められた．

さて，係数 c_k を見積ってみると，k が大きな場合は，

$$c_{k+1} = \frac{1}{k} c_k = \frac{1}{k} \frac{1}{k-1} c_{k-1} = \frac{1}{k} \frac{1}{k-1} \frac{1}{k-2} c_{k-2} = \cdots \sim \frac{1}{k!} c_0$$

である．これを級数展開した係数に代入すると

$$F(\rho) \sim c_0 \sum_{k=0}^{\infty} \frac{1}{k!} \rho^k = c_0 \, e^{\rho}$$

と見積られる．元の $\chi(\rho)$ は

$$\chi(\rho) = \rho^{l+1} e^{-\rho/2} F(\rho) \sim c_0 \, \rho^{l+1} e^{\rho/2}$$

となるが，この式は $\rho \to \infty$，つまり $r \to \infty$ のとき発散してしまう．つまり，電子はすべて無限大のかなたに行ってしまうことになって，物理的に意味のない解になってしまう．このような困難が生じないためには，式（A 2.5）の係数間の連鎖がどこかで断ち切られていなければならない．したがって，物理的に意味のある解は次の条件を満たす特別な場合だけである．

$$k + 1 + l - \alpha = 0$$
$$\therefore \quad \alpha = k + 1 + l \tag{A 2.6}$$

この式の右辺を n と置くと，

$$n = k + 1 + l$$

である．ところで，この式の k は級数の添え字であったので，$0, 1, 2, 3, \cdots$ の整数である．l は前節においてすでに $0, 1, 2, 3, \cdots$ の整数でなければならないことがわかっている．したがって，n は $1, 2, 3, \cdots$ の整数である．また，l は n 以上にならないことがわかる．α を元のパラメータに置き換えれば系のエネルギーが求められるが，エネルギーは連続的な値はとれず整数 n，l が関係した特別な値になることがわかる．

動径波動関数はラゲールの多項式 $F(\rho)$ がわかれば $\chi(\rho) = e^{-\rho/2} \rho^{l+1} F(\rho)$ からパラメータを書き換えて求められる．たとえば，$n=1$ のときの波動関数を考え

てみよう。$n=1$ のときは $l=0$ の場合にしか解がない。式(A 2.5)から $c_1=0$, $c_2=0, \cdots$ であるから $F_{10}=c_0$ である。したがって $\chi(\rho)=c_0\,e^{-\rho/2}\rho$ である。さて、置き換えたパラメータを元にもどせば、

$$\rho = \frac{2\xi}{\alpha} = 2\xi\sqrt{2\eta} = \frac{2m_e\,e^2}{4\pi\epsilon_0\hbar^2}\,r\,\frac{\sqrt{2}(4\pi\epsilon_0)\hbar}{\sqrt{m_e}\,e^2}\sqrt{|\varepsilon_1|} = \frac{2m_e\,e^2}{4\pi\epsilon_0\hbar^2}\,r = \frac{2r}{a_0}$$

であるから

$$\chi_{10}(r) = c_0\,\frac{2r}{a_0}\,e^{-r/a_0}$$

となる。積分定数 c_0 は規格化の条件から定まる。ただし、パラメータ a_0 はボーア半径で、$a_0 = 4\pi\epsilon_0\hbar^2/m_e\,e^2$ である。

A3. 摂動論の例題

A3.1 一様な電場中に置かれた水素原子(基底状態)

2次摂動近似の例題として、一様な電場中に置かれた水素原子の基底状態をとり上げてみよう。z 方向に一様に強さ E の電場が加わった場合、水素原子のエネルギー準位がどのようになるかを摂動論を使って調べる。原子は全体として中性であるが、原子核は正の電荷を、電子は負の電荷をもっており、電場によって力を受けて変位し分極して電子状態が変化する(図 A 3.1)。

さて、電子の電場中のポテンシャルエネルギーは $V=eEz$ である。なぜなら、電子は z 方向に $-eE$ の力を受けているが、ポテンシャルエネルギー $V=eEz$

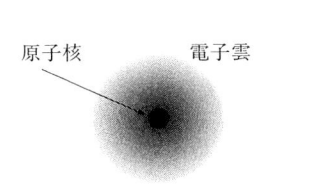

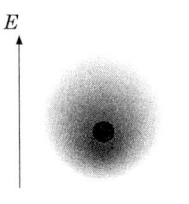

図 A3.1 一様な電場中の水素原子

から力 $\boldsymbol{f} = -\operatorname{grad} V$ を求めてみると,

$$\boldsymbol{f} = -\operatorname{grad} V = -\frac{\partial V}{\partial x}\boldsymbol{i} - \frac{\partial V}{\partial y}\boldsymbol{j} - \frac{\partial V}{\partial z}\boldsymbol{k} = -eE\boldsymbol{k}$$

となり,確かに力が表されているからである.この摂動ポテンシャルエネルギーを極座標で表示すると

$$\mathcal{H}' = eEr\cos\theta$$

である.水素原子の基底状態 1s 状態は,第 12 章で求めたように,

$$\Psi_{1s}^{(0)} = R_{1s}Y_0^0 = \left(\frac{1}{a_0}\right)^{3/2} 2\mathrm{e}^{-r/a_0}\frac{1}{\sqrt{4\pi}} = \left(\frac{1}{\pi a_0^3}\right)^{1/2}\mathrm{e}^{-r/a_0}$$

$$\varepsilon_{1s}^{(0)} = -\frac{e^2}{4\pi\epsilon_0}\frac{1}{2a_0}$$

であるので,1 次の摂動エネルギーは式 (13.11) により,

$$\varepsilon_{1s}^{(1)} = \langle 1s|\mathcal{H}'|1s\rangle$$

を計算して,

$$\varepsilon_{1s}^{(1)} = \int \Psi_{1s}^{(0)*}(eEr\cos\theta)\Psi_{1s}^{(0)}d\boldsymbol{r}$$

$$= \frac{1}{\pi a_0^3}eE\int_0^\infty r\,\mathrm{e}^{-2r/a_0}\,r^2\,dr\int_0^\pi \cos\theta\sin\theta\,d\theta\int_0^{2\pi}d\phi$$

$$= 0$$

と求められる.つまり,1 次近似の範囲では基底状態のエネルギーは変化しない.次に 2 次の摂動エネルギーであるが,式 (13.13) に基づいて

$$\varepsilon_{1s}^{(2)} = \sum_{nlm}{}'\frac{|\langle 1s|\mathcal{H}'|nlm\rangle|^2}{\varepsilon_{1s}^{(0)} - \varepsilon_{nlm}^{(0)}}$$

を計算すればよい.ここで,和は 1s 状態以外のすべての nlm の状態についてとることになる.

上式の分子について考えてみる.まず,m の異なる波動関数が直交することと摂動ポテンシャルエネルギーには角度 ϕ が含まれていないことから,$m = 0$ 以外の項はゼロになることがわかる.このことは角度 ϕ の部分の積分を実際にやってみればすぐにわかる.

また,摂動ポテンシャルエネルギーに $\cos\theta$ が含まれているが,これと直交す

A3. 摂動論の例題

る関数系との積分はすべてゼロになるので，角度 θ に対する波動関数をみてみれば，残るのは $l = 1$ の場合だけであることがわかる．これは $\cos\theta = \sqrt{4\pi/3}\ Y_1^0$ であり，Y_l^m が直交関数系をなすので，異なる lm 間の積分はゼロになることからも確かめられる．

したがって，分子については，すべての n について積分

$$|\langle 1s|\mathcal{H}'|np0\rangle| = \left(\frac{1}{\pi a_0^3}\right)^{1/2} eE\sqrt{\frac{4\pi}{3}} \int_0^\infty R_{np} r\ e^{-r/a_0}\ r^2\ dr$$

を求め，その和を計算すればよい．たとえば，$n = 2$ の場合は

$$R_{2p} = \left(\frac{1}{a_0}\right)^{3/2} \frac{1}{2\sqrt{6}} \frac{r}{a_0} e^{-r/2a_0}$$

であるので，これを代入し積分する．このとき，部分積分法を使って計算していくと

$$|\langle 1s|\mathcal{H}'|2p0\rangle| = \frac{128}{243}\sqrt{2}\ a_0\ eE = 0.745\ a_0\ eE$$

が得られる．

一方，分母は $\varepsilon_{1s}^{(0)} - \varepsilon_{2p0}^{(0)} = -\dfrac{e^2}{4\pi\epsilon_0}\dfrac{1}{2a_0}\left(\dfrac{1}{1^2} - \dfrac{1}{2^2}\right) = -\dfrac{e^2}{4\pi\epsilon_0}\dfrac{3e^2}{8a_0}$ のように求められるので，$n = 2$ までの和の範囲では

$$\varepsilon_{1s}^{(2)} \sim \frac{(0.745\ a_0\ eE)^2}{-\dfrac{1}{4\pi\epsilon_0}\dfrac{3e^2}{8a_0}} = -1.48(4\pi\epsilon_0)\ a_0^3\ E^2$$

のように求められる．同様に $n = 3, 4, \cdots$ の値を求めて無限次までの和をとれば，あまり収束性はよくないが，2次の摂動エネルギーが正確に決められる．

このように，2次の摂動補正エネルギーは若干係数に誤差が含まれているが

$$\Delta\varepsilon_{1s} \sim -1.48(4\pi\epsilon_0)\ a_0^3\ E^2$$

のように書けることがわかった．さて，物性論では誘電体に電場 E が加わったときのエネルギー変化が物質に固有な**分極率**（poralizability）χ を使って $\Delta\varepsilon = (1/2)\chi E^2$ のように書けることがわかっている．これは1次摂動のエネルギー補正がゼロで，2次以上の摂動で変化することに対応している．また，分極率 χ は $\chi = 2.96(4\pi\epsilon_0)\ a_0^3$ のように与えられることがわかる．

A3.2　一様な電場中に置かれた水素原子(励起状態)

縮退状態に対する 1 次の摂動近似の例題として，一様な電場中に置かれた水素原子の励起状態を調べてみよう．さて，基底 (1s) 状態は 1 次摂動の範囲では変化しないことを前節で勉強したが，ここでは $n = 2$ の励起状態が受ける変化を調べることにしよう．$n = 2$ の状態はエネルギー $\varepsilon_2 = -\dfrac{e^2}{(4\pi\epsilon_0)8a_0^2}$ であるが，この状態は 2s で $m = 0$ の状態 1 つと，2p で $m = 1, 0, -1$ の状態 3 つの，計 4 重に縮退している．このような縮退がどのように解けるかを調べてみよう．4 重に縮退した状態に摂動が加わったときのエネルギーは式 (13.18) を使って計算できる．実際に計算してみると，

$$\begin{vmatrix} \langle 2s|\mathcal{H}'|2s\rangle - \varepsilon_2^{(1)} & \langle 2s|\mathcal{H}'|2p1\rangle & \langle 2s|\mathcal{H}'|2p0\rangle & \langle 2s|\mathcal{H}'|2p-1\rangle \\ \langle 2p1|\mathcal{H}'|2s\rangle & \langle 2p1|\mathcal{H}'|2p1\rangle - \varepsilon_2^{(1)} & \langle 2p1|\mathcal{H}'|2p0\rangle & \langle 2p1|\mathcal{H}'|2p-1\rangle \\ \langle 2p0|\mathcal{H}'|2s\rangle & \langle 2p0|\mathcal{H}'|2p1\rangle & \langle 2p0|\mathcal{H}'|2p0\rangle - \varepsilon_2^{(1)} & \langle 2p0|\mathcal{H}'|2p-1\rangle \\ \langle 2p-1|\mathcal{H}'|2s\rangle & \langle 2p-1|\mathcal{H}'|2p1\rangle & \langle 2p-1|\mathcal{H}'|2p0\rangle & \langle 2p-1|\mathcal{H}'|2p-1\rangle - \varepsilon_2^{(1)} \end{vmatrix} = 0$$

なる行列式を解けばよいことがわかる．ここで，摂動 $\mathcal{H}'$ は $\mathcal{H}' = eEr\cos\theta$ で角度 ϕ にはよらないから，m の異なる状態間の要素がゼロになることは積分を計算してみればすぐにわかる．なぜなら，m の異なる波動関数は直交しており，$\int_0^{2\pi} e^{-im\phi} e^{im'\phi} d\phi = 0 \ (m \neq m')$ だからである．θ に対する積分を同様にして考えると，結局，ゼロでない積分は 2s と 2p0 の間の積分だけであることがわかる．したがって，

$$\begin{vmatrix} -\varepsilon_2^{(1)} & 0 & \langle 2s|\mathcal{H}'|2p0\rangle & 0 \\ 0 & -\varepsilon_2^{(1)} & 0 & 0 \\ \langle 2p0|\mathcal{H}'|2s\rangle & 0 & -\varepsilon_2^{(1)} & 0 \\ 0 & 0 & 0 & -\varepsilon_2^{(1)} \end{vmatrix} = 0$$

となるが，行列式の性質を使えば，

A3. 摂動論の例題

$$-\varepsilon_2^{(1)} \begin{vmatrix} -\varepsilon_2^{(1)} & 0 & \langle 2\mathrm{s}|\mathcal{H}'|2\mathrm{p}0\rangle \\ 0 & -\varepsilon_2^{(1)} & 0 \\ \langle 2\mathrm{p}0|\mathcal{H}'|2\mathrm{s}\rangle & 0 & -\varepsilon_2^{(1)} \end{vmatrix} = 0$$

であることが導かれる．さらに行列式の 2 行目と 3 行目，2 列目と 3 列目を入れ替えて整理すると，結局 次の 2 行 2 列の行列式を解けばよいことになる．

$$(\varepsilon_2^{(1)})^2 \begin{vmatrix} -\varepsilon_2^{(1)} & \langle 2\mathrm{s}|\mathcal{H}'|2\mathrm{p}0\rangle \\ \langle 2\mathrm{p}0|\mathcal{H}'|2\mathrm{s}\rangle & -\varepsilon_2^{(1)} \end{vmatrix} = 0$$

それぞれの波動関数を代入して

$\langle 2\mathrm{s}|\mathcal{H}'|2\mathrm{p}0\rangle$

$$= eE \int_0^\infty \left(\frac{1}{a_0}\right)^{3/2} \frac{1}{\sqrt{2}} \left(1 - \frac{1}{2}\frac{r}{a_0}\right) \mathrm{e}^{-r/2a_0} \, r \left(\frac{1}{a_0}\right)^{3/2} \frac{1}{2\sqrt{6}} \frac{r}{a_0} \mathrm{e}^{-r/2a_0} \, r^2 \, dr$$
$$\times \int_0^\infty \frac{1}{\sqrt{2}} \cos\theta \sqrt{\frac{3}{2}} \cos\theta \sin\theta \, d\theta \int_0^{2\pi} \frac{1}{\sqrt{2\pi}} \frac{1}{\sqrt{2\pi}} \, d\phi$$

のように積分を計算すればよい．ここでは実際に定積分の値は求めないが，縮退した 4 つの状態の 2 次摂動補正は行列式を計算して $(\varepsilon_2^{(1)})^2\{(\varepsilon_2^{(1)})^2 - \langle 2\mathrm{s}|\mathcal{H}'|2\mathrm{p}0\rangle^2\}$ $= 0$ から求めることができる．解は重根の 0 と $\pm\langle 2\mathrm{s}|\mathcal{H}'|2\mathrm{p}0\rangle$ の 4 つである．以上の結果を状態に対応させて整理すると，2p 状態のうち，$m=1$ と -1 の状態は $\varepsilon_2^{(1)} = 0$ でエネルギーは変わらず縮退したままであり，2s 状態と 2p で $m=0$ の状態とが混じり合って，エネルギーが $\pm\langle 2\mathrm{s}|\mathcal{H}'|2\mathrm{p}0\rangle$ だけ異なる 2 つに分かれて縮退が解けることがわかる（結果は図 14.2 を参照）．

参　考　書

以下の文献を参考にした．
　金沢秀夫：「量子力学」（朝倉書店）
　金沢秀夫，小出昭一郎：「量子力学演習」（朝倉書店）
　小出昭一郎：「量子力学 (I), (II)」（裳華房）
　R. P. Feynman："The Feynman Lectures on Physics III"（Addison-Wesley Publishing Co.）
　朝永振一郎「量子力学 I, II」（みすず書房）

つぎに読む本としては，学部の3～4生向けに
　L. F. Schiff："Quantum Mechanics"（McGraw-Hill）

物性関係を学ぶ大学院の学生に
　C. Kittel："Quantum Theory of Solids"（Wiley）
　高橋 康：「物性研究者のための 場の量子論 I, II」（培風館）
等をおすすめする．

索　引

ア

アインシュタイン–ド・
　ブロイの関係式　9

イ

1次演算子　72
1次元調和振動子　222
1次摂動エネルギー
　160
位相のずれ　195
一般化運動量　124
一般化座標　124
井戸型ポテンシャル　41

ウ

運動量　18
　　一般化——　124

エ

エネルギー準位　45
エルミート演算子　72
エルミート行列　206
演算子　19
　　1次——　72
　　昇降——　86
　　消滅——　216
　　生成——　216
　　粒子数——　217

カ

ガウス曲線(誤差曲線)
　31
角運動量　80
確率の流れ　34

キ

q 数　35
規格化　30
期待値　35
基底関数　210
基底ベクトル　210
球面調和関数　142
行列　203
　　——力学　203
　　エルミート——　206
　　転置共役——　207

ク

偶奇性(パリティー)　44
クーパーペア　119
グリーン関数　197
クロネッカーのデルタ
　159

ケ

ケットベクトル　205

コ

交換　71

　

交換関係　72
交換子　71
誤差曲線(ガウス曲線)
　31
固有関数　20
固有値　20
　　——問題　20

サ

最小作用の原理　120
散乱　188
散乱振幅　190
散乱断面積　191

シ

c 数　35
磁気モーメント　91
磁気量子数　143
試行関数　178
周期的境界条件　110
縮退(縮重)　67
主量子数　148
シュレーディンガー方程
　式　18
　　動径——　146
準粒子　227
昇降演算子　86
状態密度　114
衝突パラメータ　195
消滅演算子　216

索引

ス
水素原子　132
スカラーポテンシャル　127
スピン　62

セ
生成演算子　216
摂動　156
　1次——エネルギー　160
　2次——エネルギー　163
ゼロ点運動　51
ゼロ点エネルギー　51
遷移確率　172

タ
対称　59

チ
中心力場　133
超伝導体　118
直交　34

テ
ディラックのデルタ関数　197
転置共役行列　207

ト
動径シュレーディンガー方程式　146
動径波動関数　148

ド・ブロイ波　9
トンネル効果　54

ニ
2次摂動エネルギー　163
二重性　6

ハ
ハイゼンベルクの運動方程式　126, 228
ハイトラー-ロンドンの方法　181
パウリの原理　62
ハミルトニアン　19
ハミルトンの運動方程式　125
パリティー（偶奇性）　44
波数　10
波動関数　20
　動径——　148
反交換子　218
反対称　60

フ
フェルミエネルギー　65
フェルミの黄金律　173
フェルミ粒子　60
フォノン　221
ブラベクトル　205
プランクの定数　8
フーリエ変換　10
不確定性原理　96
不可弁別性　57
部分波　195

分極率　239

ヘ
ベクトルポテンシャル　127
ヘリウム原子　164, 178
変分原理　175
変分法　175

ホ
ボーア磁子　92
ボーア半径　149
ボゴリューボフ変換　227
ボース凝縮　63
ボース粒子　60
ボルン近似　200
方位量子数　143
保存量　75

ユ
ユニタリー変換　211

ラ
ラグランジアン　121
ラグランジュの運動方程式　123
ラゲールの多項式　148

リ
粒子数演算子　217
リュードベリ定数　153
量子仮説　8
量子数　45
　磁気——　143

主 —— 148
方位 —— 143

ル

ルジャンドルの多項式
　　140

著者略歴

1947年 東京都出身．慶應義塾大学工学部卒業．同大学工学研究科修士課程修了．日立製作所中央研究所主任研究員を経て，現在，慶大名誉教授．工学博士

工 科 系 量 子 力 学

検 印 省 略	2003年1月10日	第 1 版発行
	2009年2月20日	第 5 版発行
	2024年3月10日	第5版9刷発行

定価はカバーに表示してあります．

著　者　椎　木　一　夫（しいき かずお）

発 行 者　吉　野　和　浩

発 行 所　〒102-0081 東京都千代田区四番町8-1
　　　　　電　話　03-3262-9166
　　　　　株式会社　裳　華　房

印刷製本　株式会社デジタルパブリッシングサービス

増刷表示について
2009年4月より「増刷」表示を『版』から『刷』に変更いたしました．詳しい表示基準は弊社ホームページ
http://www.shokabo.co.jp/
をご覧ください．

一般社団法人
自然科学書協会会員

JCOPY 〈出版者著作権管理機構 委託出版物〉
本書の無断複製は著作権法上での例外を除き禁じられています．複製される場合は，そのつど事前に，出版者著作権管理機構（電話03-5244-5088，FAX03-5244-5089, e-mail: info@jcopy.or.jp）の許諾を得てください．

ISBN 978-4-7853-2216-8

© 椎木一夫, 2003　　Printed in Japan

基礎からの 量子力学

上村 洸・山本貴博 共著　Ａ５判／388頁／定価 4180円（税込）

　量子力学リテラシーの時代を踏まえた学習に重点を置き，近年非常に重要となってきた"物質の量子力学"までを一貫して解説．物性系や材料系，物質工学系の学生にとっても最適の入門書となろう．なお，基礎から丁寧に書かれているので，ニュートン力学と基礎の電磁気学，数学も微分積分と微分方程式，簡単な行列の計算程度を学んでいれば，十分理解できる内容となっている．
【主要目次】1．躍動する量子力学　2．量子力学の起源　3．シュレーディンガーの波動力学　4．量子力学の一般原理と諸性質　5．1次元のポテンシャル問題　6．中心力ポテンシャルの中の粒子　7．原子の電子状態 〜同種粒子系の量子力学〜　8．分子の形成 〜水素分子〜　9．周期ポテンシャルの中の電子状態〜ブロッホの定理〜　10．結晶の中の電子状態 〜原子から結晶へ〜　11．シュレーディンガー方程式の近似解法　12．電子と光子の相互作用　13．配位子場の量子論 〜量子力学の宝庫探索〜

演習で学ぶ 量子力学　【裳華房フィジックスライブラリー】

小野寺嘉孝 著　Ａ５判／198頁／定価 2530円（税込）

　取り上げる内容を基礎的な部分に絞り，その範囲内で丁寧なわかりやすい説明を心がけて執筆した．また，演習に力点を置く構成とし，学んだことをすぐにその場で「演習」により確認するというスタイルを取り入れた．なお，一部の演習問題は，実行形式のファイルが裳華房Webサイトからダウンロードできる．
【主要目次】1．光と物質の波動性と粒子性　2．解析力学の復習　3．不確定性関係　4．シュレーディンガー方程式　5．波束と群速度　6．1次元ポテンシャル散乱、トンネル効果　7．1次元ポテンシャルの束縛状態　8．調和振動子　9．量子力学の一般論

工科系のための 解析力学

河辺哲次 著　Ａ５判／216頁／定価 2640円（税込）

　工学部では，解析力学を道具として使いこなし，如何に工学的な問題にアプローチするかがより重視される．本書は，1〜3章を解析力学の基礎知識の解説，4〜5章を具体的かつ基本的な工学的問題へのアプローチとしての演習とした．
【主要目次】1．ニュートン力学と解析力学　2．ラグランジュ形式の基礎　3．ハミルトン形式の基礎　4．力学問題へのアプローチ　5．振動問題へのアプローチ

本質から理解する 数学的手法

荒木 修・齋藤智彦 共著　Ａ５判／210頁／定価 2530円（税込）

　大学理工系の初学年で学ぶ基礎数学について，「学ぶことにどんな意味があるのか」「何が重要か」「本質は何か」「何の役に立つのか」という問題意識を常に持って考えるためのヒントや解答を記した．話の流れを重視した「読み物」風のスタイルで，直感に訴えるような図や絵を多用した．
【主要目次】1．基本の「き」　2．テイラー展開　3．多変数・ベクトル関数の微分　4．線積分・面積分・体積積分　5．ベクトル場の発散と回転　6．フーリエ級数・変換とラプラス変換　7．微分方程式　8．行列と線形代数　9．群論の初歩

裳華房ホームページ　https://www.shokabo.co.jp/